PHP 程序员面试笔试宝典

猿媛之家 组 编

琉忆 楚秦 等编著

机械工业出版社

本书针对当前各大 IT 企业面试笔试中特性与侧重点，精心挑选了近 3 年以来近百家顶级 IT 企业的 PHP 面试笔试真题，这些企业涉及业务包括系统软件、搜索引擎、电子商务、手机 APP、安全软件等，所选面试笔试真题非常具有代表性与参考性。同时，本书对这些题目进行了合理的划分与归类，并且对其进行了庖丁解牛式的分析与讲解，针对试题中涉及的部分重难点问题，本书都进行了适当地扩展与延伸，力求对知识点的讲解清晰而不紊乱，全面而不啰嗦，不仅如此，本书除了对 PHP 的基础语言知识进行深度剖析以外，还针对数据库、设计模式等相关知识的笔试面试做了非常详细的介绍。读者通过本书不仅能够获取到求职的知识，同时还可以更有针对性地进行求职准备，最终能够收获一份满意的工作。

本书是一本计算机相关专业毕业生面试笔试的求职用书，同时也适合期望在计算机软、硬件行业大显身手的计算机爱好者阅读。本书起于 PHP 面试笔试，但收获的不止面试笔试，还有更多的 PHP 实用操作技能。书中附有大量面试笔试真题，让读者能够最大限度地提升应试技能。

图书在版编目（CIP）数据

PHP 程序员面试笔试宝典 / 猿媛之家组编；琉忆等编著. —北京：机械工业出版社，2018.9

ISBN 978-7-111-61260-5

Ⅰ. ①P… Ⅱ. ①猿… ②琉… Ⅲ. ①PHP 语言—程序设计 Ⅳ. ①TP312.8

中国版本图书馆 CIP 数据核字（2018）第 245588 号

机械工业出版社（北京市百万庄大街 22 号 邮政编码 100037）

策划编辑：时 静 责任编辑：时 静

责任校对：张艳霞 责任印制：张 博

三河市宏达印刷有限公司印刷

2019 年 1 月第 1 版·第 1 次印刷

184mm×260mm·20 印张·449 千字

0001－3000 册

标准书号：ISBN 978-7-111-61260-5

定价：69.00 元

凡购本书，如有缺页、倒页、脱页，由本社发行部调换

电话服务　　　　　　　　　　　　　网络服务

服务咨询热线：（010）88361066　　机工官网：www.cmpbook.com

读者购书热线：（010）68326294　　机工官博：weibo.com/cmp1952

　　　　　　　（010）88379203　　教育服务网：www.cmpedu.com

封面无防伪标均为盗版　　　　　　金 书 网：www.golden-book.com

前　　言

《PHP 程序员面试笔试宝典》是一本帮助 PHP 求职者快速复习 PHP 知识点、成功应聘 PHP 岗位的书，它可以帮助 PHP 求职者轻松地应对各类笔试和面试。

本书主要针对 PHP 常考的知识点进行了梳理和整理，通过这些知识点，以点为面、全面系统地帮助读者发现自己的知识盲点，从而查漏补缺，帮助他们快速构建属于自己的 PHP 知识架构。由于这些知识点都是在笔试或面试的过程中经常遇到的，因此为了让读者能够更深入地理解这些相关的知识点，本书还在知识点的后面配上了相关的真题与解析，通过真题与解析加深读者的理解。

编者花费了几个月的时间，对 PHP 的知识点和各大互联网公司应用的技术和面试的问题进行了深入了解。针对面试 PHP 岗位的常考考点，整理出这本《PHP 程序员面试笔试宝典》。

本书具有以下几大优点：

（1）知识点更全面　首先针对各大互联网公司的面试笔试真题、面试技术问题等反推知识点，然后再通过这些知识点全面地铺开整理出一张清晰的 PHP 知识网，让每个 PHP 求职者能够通过阅读本书达到全面掌握这张 PHP 知识网的目的，进而轻松应对面试与笔试。

（2）更专业　本书针对各大互联网公司常考的题目进行汇总，并将其中的知识点进行提炼，有针对性地对 PHP 中的考点进行了详细解析，读者只需要花几分钟的时间就可以掌握这些知识点。

（3）解答更全面　针对知识点，本书列出了相关的真题以便读者进行知识点的巩固与学习，以题带知识，让求职者更深刻地理解知识点是如何出现在考题中的。

由于本书的篇幅有限，可能存在部分知识点的遗漏，所以想了解更多关于 PHP 面试、知识点的内容可以关注 **"琉忆编程库"**（**www.shuaiqi100.com**），或者微信公众号和小程序 **"琉忆编程库"**，在上面每天会更新 PHP 面试技巧和知识，与每位求职者一起探索编程的世界。

由于编者水平有限，书中难免存在一些不足之处，恳请广大读者批评指正。有什么意见、建议或交流都可以通过邮箱 **330168885@qq.com** 或 yuancoder@foxmail.com 联系我们。

最后真诚地祝愿读者面试一帆风顺，马到成功。

编　者

目　录

前言

上篇：面试笔试经验技巧篇

经验技巧 1	如何巧妙地回答面试官的问题	2
经验技巧 2	如何回答技术性的问题	3
经验技巧 3	如何回答非技术性问题	4
经验技巧 4	如何回答快速估算类问题	5
经验技巧 5	如何回答算法设计问题	6
经验技巧 6	如何回答系统设计题	8
经验技巧 7	如何解决求职中的时间冲突问题	11
经验技巧 8	如果面试问题曾经遇见过，是否要告知面试官	12
经验技巧 9	在被企业拒绝后是否可以再申请	12
经验技巧 10	如何应对自己不会回答的问题	13
经验技巧 11	如何应对面试官的"激将法"语言	13
经验技巧 12	如何处理与面试官持不同观点这个问题	14
经验技巧 13	什么是职场暗语	14
经验技巧 14	如何进行自我介绍？	18
经验技巧 15	如何克服面试中紧张的情绪？	19
经验技巧 16	如何准备集体面试？	21
经验技巧 17	如何准备电话面试？	23
经验技巧 18	签约和违约需要注意哪些事情？	24

下篇：面试笔试技术攻克篇

第 1 章　PHP 基础知识	29
1.1　PHP 语言	29
1.1.1　PHP 与 ASP、JSP 有什么区别？	29
1.1.2　PHP 与 HTML 有什么区别？	31
1.1.3　PHP 的优点是什么？	32
1.1.4　PHP 的输出语句有哪些？	33
1.1.5　如何区分单引号与双引号？	35
1.1.6　什么是 XML？	37
1.2　面向对象技术	40
1.2.1　面向对象与面向过程有什么区别？	40

1.2.2 面向对象的特征是什么？ 41

1.2.3 面向对象的开发方式有什么优点？ 41

1.2.4 类与对象的区别是什么？ 41

1.2.5 PHP5 中魔术方法有哪些？ 43

1.2.6 值传递与引用传递有什么区别？ 51

1.2.7 什么是对象克隆？ 52

1.2.8 什么是延迟静态绑定？ 56

1.2.9 作用域范围有哪几种？ 57

1.2.10 什么是构造函数？什么是析构函数？ 58

1.2.11 什么是继承？ 60

1.2.12 抽象类与接口有什么区别与联系？ 63

1.2.13 什么是多态？ 65

1.3 关键字 67

1.3.1 final 有什么作用？ 67

1.3.2 finally 有什么作用？ 68

1.3.3 assert 有什么作用？ 69

1.3.4 static 有什么作用？ 70

1.3.5 global 有什么作用？ 72

1.3.6 this、self 和 parent 的区别是什么？ 73

1.3.7 include 与 require 有什么区别？ 75

1.3.8 break、continue 与 return 有什么区别与联系？ 77

1.3.9 switch 有什么作用？ 79

1.4 常量与变量 81

1.4.1 什么是常量？ 81

1.4.2 什么是变量？ 84

1.4.3 如何判断变量是否存在、是否为非空字符或非零？ 87

1.4.4 变量的作用域范围有哪几种？ 87

1.4.5 如何对变量进行引用？ 89

1.5 数据类型 90

1.5.1 基本数据类型有哪些？ 90

1.5.2 如何进行类型转换？ 92

1.6 运算符 93

1.6.1 运算符的种类有哪些？ 93

1.6.2 ++与—的含义是什么？ 100

1.7 字符串 101

1.7.1 字符串处理函数有哪些？ 101

1.7.2 ═与═══有什么区别？ 106

1.8 正则表达式 106

1.9 函数 111

1.9.1　传值和引用的区别是什么?··111

1.9.2　什么是默认参数?··114

1.9.3　什么是函数返回值?··114

1.9.4　如何进行函数调用?··115

1.10　数组··117

1.10.1　如何进行数组的定义与声明?··117

1.10.2　什么是多维数组?··121

1.10.3　数组函数有哪些?··124

1.11　文件管理··130

1.11.1　有哪些文件操作?··130

1.11.2　涉及文件操作的函数有哪些?··134

1.12　异常处理与错误处理··137

1.12.1　什么是异常处理与错误处理?··137

1.12.2　error_reporting()的作用是什么?···138

1.12.3　如何进行异常捕捉与处理?···139

1.12.4　如何实现自定义的异常类?···141

1.13　内存管理··141

1.13.1　什么是内存管理?··141

1.13.2　什么是垃圾回收?··142

1.14　Redis···143

1.14.1　什么是 Redis?···143

1.14.2　Redis 的常见问题有哪些?···145

1.15　Memcache··147

第 2 章　PHP Web 与框架··153

2.1　PHP Web···153

2.1.1　Session 与 Cookie 的区别是什么?··153

2.1.2　GET 和 POST 有什么区别?···158

2.1.3　如何预防各类安全性问题?···160

2.1.4　HTTP 状态码的含义是什么?···161

2.1.5　utf-8 编码需要注意哪些问题?···164

2.1.6　如何进行网站的优化?··165

2.2　模板··166

2.3　框架··167

2.3.1　什么是 MVC?···167

2.3.2　PHP 的开发框架有哪些?···168

2.3.3　什么是 CI 框架?··168

2.4　JavaScript、HTML、CSS 等··171

第 3 章　PHP 进阶知识···173

3.1　时间和日期管理···173

3.1.1 如何输出年-月-日？ 173
3.1.2 如何输出时-分-秒？ 174
3.1.3 如何输出闰年-星期-天？ 175
3.1.4 PHP 相关的日期函数有哪些？ 176
3.2 缓存 179
3.3 文件管理 180
3.3.1 PHP 中文件操作函数有哪些？ 180
3.3.2 如何进行文件上传？ 183
3.3.3 如何进行文件下载？ 185
3.3.4 如何进行版本管理？ 186
3.4 验证码 187

第4章 设计模式 188
4.1 常见的设计模式有哪些？ 188
4.2 什么是单例模式？ 190
4.3 什么是工厂模式？ 191
4.4 什么是观察者模式？ 192

第5章 数据库 196
5.1 数据库基础知识 196
5.1.1 SQL 语言的功能有哪些？ 197
5.1.2 内连接与外连接有什么区别？ 199
5.1.3 什么是事务？ 200
5.1.4 什么是存储过程？它与函数有什么区别与联系？ 202
5.1.5 一二三四范式有何区别？ 202
5.1.6 什么是触发器？ 204
5.1.7 什么是游标？ 205
5.1.8 如果数据库日志满了，那么会出现什么情况？ 206
5.1.9 UNION 和 UNION ALL 有什么区别？ 206
5.1.10 什么是视图？ 207
5.1.11 什么是数据库三级封锁协议？ 207
5.1.12 索引的优缺点 208
5.2 MySQL 基础知识 209
5.2.1 PHP 操作 MySQL 的函数有哪些？ 210
5.2.2 PHP 连接 MySQL 的方法是什么？ 211
5.2.3 MySQLi 访问数据库的方法 214
5.2.4 如何进行 MySQL 操作？ 218
5.2.5 MySQL 支持哪些字段类型？ 227
5.2.6 什么是索引？ 230
5.2.7 什么是数据库引擎？ 232
5.2.8 如何进行数据库分页？ 233

5.2.9 什么是数据库权限？ ··237

5.2.10 PHP Web 访问 MySQL 方法是什么？ ····································238

5.2.11 如何高效操作 MySQL？ ··240

5.3 MySQL 高级管理 ···240

5.3.1 如何对 MySQL 进行优化？ ···240

5.3.2 如何进行数据库优化？ ··244

5.3.3 如何进行数据库操作优化？ ···247

5.3.4 如何进行数据库表优化？ ···249

第6章 操作系统 ···255

6.1 进程管理 ···255

6.1.1 进程与线程有什么区别？ ···255

6.1.2 线程同步有哪些机制？ ··256

6.1.3 内核线程和用户线程的区别 ···256

6.2 内存管理 ···257

6.2.1 内存管理有哪几种方式？ ···257

6.2.2 什么是虚拟内存？ ··258

6.2.3 什么是内存碎片？什么是内碎片？什么是外碎片？ ··················258

6.2.4 虚拟地址、逻辑地址、线性地址、物理地址有什么区别？ ·········259

6.2.5 Cache 替换算法有哪些？ ···259

6.3 用户编程接口 ···261

6.3.1 库函数调用与系统调用有什么不同？ ··261

6.3.2 静态链接与动态链接有什么区别？ ···261

6.3.3 静态链接库与动态链接库有什么区别？ ·····································262

6.3.4 用户态和核心态有什么区别？ ···262

6.3.5 用户栈与内核栈有什么区别？ ···263

第7章 网络 ···264

7.1 TCP/IP ···264

7.1.1 协议 ···264

7.1.2 TCP/IP ··265

7.1.3 常见笔试题 ··265

7.2 RESTful 架构风格 ···266

7.2.1 REST ··266

7.2.2 约束条件 ···267

7.2.3 常见笔试题 ··267

7.3 HTTP ···268

7.3.1 URI 和 URL ···268

7.3.2 HTTP 协议 ··269

7.3.3 HTTP 报文 ···271

7.3.4 HTTP 首部 ···272

7.3.5 缓存 ·· 273

7.3.6 常见笔试题 ·· 275

7.4 TCP ·· 276

7.4.1 连接管理 ··· 276

7.4.2 确认应答 ··· 278

7.4.3 窗口控制 ··· 280

7.4.4 重传控制 ··· 281

7.4.5 常见笔试题 ·· 281

7.5 HTTPS ·· 282

7.5.1 加密 ·· 283

7.5.2 数字签名 ··· 283

7.5.3 数字证书 ··· 284

7.5.4 安全通信机制 ····································· 284

7.5.5 常见笔试题 ·· 286

7.6 HTTP/2.0 ·· 286

7.6.1 二进制分帧层 ····································· 287

7.6.2 多路通信 ··· 287

7.6.3 请求优先级 ·· 288

7.6.4 服务器推送 ·· 288

7.6.5 首部压缩 ··· 289

7.6.6 常见笔试题 ·· 289

第8章 大数据 ·· 290

8.1 从大量的 URL 中找出相同的 URL ············· 290

8.2 求高频词 ·· 290

8.3 找出访问百度最多的 IP ···························· 291

8.4 在大量的数据中找出不重复的整数 ·············· 292

8.5 在大量的数据中判断一个数是否存在 ··········· 292

8.6 如何查询最热门的查询串 ·························· 293

8.7 统计不同电话号码的个数 ·························· 294

8.8 从 5 亿个数中找出中位数 ·························· 295

8.9 按照 query 的频度排序 ····························· 296

8.10 找出排名前 500 的数 ······························ 297

附录 真题及答案 ··· 298

真题 1 ·· 298

真题 2 ·· 300

真题 3 ·· 303

真题 1 答案 ··· 305

真题 2 答案 ··· 306

真题 3 答案 ··· 308

上篇：面试笔试经验技巧篇

想找到一份程序员的工作，一点技术都没有显然是不行的，但是，只有技术也是不够的。面试笔试经验技巧篇主要提供PHP程序员面试笔试经验、面试笔试问题方法讨论等。通过本篇的学习，求职者必将获取到丰富的应试技巧与方法。

经验技巧 1　如何巧妙地回答面试官的问题

所谓"来者不善，善者不来"，程序员面试中，求职者不可避免地需要回答面试官各种"刁钻"、犀利的问题，回答面试官的问题千万不能简单地回答"是"或者"不是"，而应该具体分析"是"或者"不是"的理由。

回答面试官的问题是一门很深的学问。那么，面对面试官提出的各类问题，如何才能条理清晰地回答呢？如何才能让自己的回答不至于撞上枪口呢？如何才能让自己的答案令面试官满意呢？

谈话是一门艺术，回答问题也是一门艺术。同样的话，不同的回答方式，往往也会产生出不同的效果，甚至是截然不同的效果。在此，编者提出以下几点建议，供读者参考。

首先，回答问题务必谦虚谨慎。既不能让面试官觉得自己很自卑、唯唯诺诺，也不能让面试官觉得自己清高自负，而应该通过问题的回答表现出自己自信从容、不卑不亢的一面。例如，当面试官提出"你在项目中起到了什么作用"的问题时，如果求职者回答：我完成了团队中最难的工作，此时就会给面试官一种居功自傲的感觉，而如果回答：我完成了文件系统的构建工作，这个工作被认为是整个项目中最具有挑战性的一部分内容，因为它几乎无法重用以前的框架，需要重新设计。这种回答不仅不傲慢，反而有理有据，更能打动面试官。

其次，回答面试官的问题时，不要什么都说，要适当地留有悬念。人一般都有猎奇的心理，面试官自然也不例外。而且，人们往往对好奇的事情更有兴趣、更加偏爱，也更加记忆深刻。所以，在回答面试官问题时，切记说关键点而非细节，说重点而非和盘托出，通过关键点，吸引面试官的注意力，等待他们继续"刨根问底"。例如，当面试官对你的简历中一个算法问题有兴趣，希望了解时，可以如下回答：我设计的这种查找算法，对于 80%或以上的情况，都可以将时间复杂度从 $O(n)$降低到 $O(\log n)$，如果您有兴趣，我可以详细给您分析具体的细节。

最后，回答问题要条理清晰、简单明了，最好使用"三段式"方式。所谓"三段式"，有点类似于中学作文中的写作风格，包括"场景/任务""行动"和"结果"三部分内容。以面试官提的问题"你在团队建设中，遇到的最大挑战是什么"为例，第一步，分析场景/任务：在我参与的一个 ERP 项目中，我们团队一共四个人，除了我以外的其他三个人中，两个人能力很强，人也比较好相处，但有一个人却不太好相处，每次我们小组讨论问题时，他都不太爱说话，分配给他的任务也很难完成。第二步，分析行动：为了提高团队的综合实力，我决定找个时间和他单独谈一谈。于是我利用周末时间，约他一起吃饭，吃饭的时候顺便讨论了一下我们的项目，我询问了一些项目中他遇到的问题，通过他的回答，我发现他并不懒，也不糊涂，只是对项目不太了解，缺乏经验，缺乏自信而已，所以越来越孤立，越来越不愿意讨论问题。为了解决这个问题，我尝试着把问题细化到他可以完成的程度，从而建立起他的自信心。第三步，分析结果：他是小组中水平最弱的人，但是，慢慢地，他的技术变得越来越厉害了，也能够按时完成安排给他的工作了，人也越来越自信了，也越来越喜欢参与我们的讨论，并发表自己的看法，我们也都愿意与他一起合作了。"三段式"回答的一个最明显的好处就是条理清晰，既有描述，也有结果，有根有据，让面试官一目了然。

回答问题的技巧，是一门大学问。求职者可以在平时的生活中加以练习，提高自己与人沟通的技能，等到面试时，自然就得心应手了。

经验技巧2　如何回答技术性的问题

程序员面试中，面试官会经常询问一些技术性的问题，有的问题可能比较简单，都是历年的面试、笔试真题，求职者在平时的复习中会经常遇到。但有的题目可能比较难，来源于Google、Microsoft 等大企业的题库或是企业自己为了招聘需要设计的题库，求职者可能从来没见过或者不能完整地、独立地想到解决方案，而这些题目往往又是企业比较关注的。

如何能够回答好这些技术性的问题呢？编者建议：会做的一定要拿满分，不会做的一定要拿部分分。即对于简单的题目，求职者要努力做到完全正确，毕竟这些题目，只要复习得当，完全回答正确一点问题都没有（编者认识的一个朋友曾把《编程之美》《编程珠玑》《程序员面试笔试宝典》上面的技术性题目与答案全都背熟，找工作时遇到该类问题解决得非常轻松）；对于难度比较大的题目，不要惊慌，也不要害怕，即使无法完全做出来，也要努力思考问题，哪怕是半成品也要写出来，至少要把自己的思路表达给面试官，让面试官知道你的想法，而不是完全回答不会或者放弃，因为面试官很多时候除了关注求职者的独立思考问题的能力以外，还会关注求职者技术能力的可塑性，观察求职者是否能够在别人的引导下去正确地解决问题。所以，对于不会的问题，面试官很有可能会循序渐进地启发求职者去思考，通过这个过程，让面试官更加了解求职者。

一般而言，在回答技术性问题时，求职者大可不必胆战心惊，除非是没学过的新知识，否则，一般都可以采用以下六个步骤来分析解决。

（1）勇于提问

面试官提出的问题，有时候可能过于抽象，让求职者不知所措，或者无从下手，因此，对于面试中的疑惑，求职者要勇敢地提出来，多向面试官提问，把不明确或二义性的情况都问清楚。不用担心你的问题会让面试官烦恼，影响面试成绩，相反还对面试结果产生积极的影响：一方面，提问可以让面试官知道求职者在思考，也可以给面试官一个心思缜密的好印象；另一方面，方便后续自己对问题的解答。

例如，面试官提出一个问题：设计一个高效的排序算法。求职者可能没有头绪，排序对象是链表还是数组？数据类型是整型、浮点型、字符型还是结构体类型？数据基本有序还是杂乱无序？数据量有多大，1000 以内还是百万以上？此时，求职者大可以将自己的疑问提出来，问题清楚了，解决方案也自然就出来了。

（2）高效设计

对于技术性问题，如何才能打动面试官？完成基本功能是必需的，仅此而已吗？显然不是，完成基本功能最多只能算及格水平，要想达到优秀水平，至少还应该考虑更多的内容，以排序算法为例：时间是否高效？空间是否高效？数据量不大时也许没有问题，如果是海量数据呢？是否考虑了相关环节，如数据的"增删改查"？是否考虑了代码的可扩展性、安全性、完整性以及鲁棒性。如果是网站设计，是否考虑了大规模数据访问的情况？是否需要考虑分布式系统架构？是否考虑了开源框架的使用？

（3）伪代码先行

有时候实际代码会比较复杂，上手就写很有可能会漏洞百出、条理混乱，所以求职者可以首先征求面试官的同意，在编写实际代码前，写一个伪代码或者画好流程图，这样做往往会让思路更加清晰明了。

（4）控制节奏

如果是算法设计题，面试官都会给求职者一个时间限制用以完成设计，一般为 20min。完成得太慢，会给面试官留下能力不行的印象，但完成得太快，如果不能保证百分百正确，也会给面试官留下毛手毛脚的印象。速度快当然是好事情，但只有速度，没有质量，速度快根本不会给面试加分。所以，编者建议，回答问题的节奏最好不要太慢，也不要太快，如果实在是完成得比较快，也不要急于提交给面试官，最好能够利用剩余的时间，认真检查一些边界情况、异常情况及极性情况等，看是否也能满足要求。

（5）规范编码

回答技术性问题时，多数都是纸上写代码，离开了编译器的帮助，求职者要想让面试官对自己的代码一看即懂，除了字迹要工整外，最好是能够严格遵循编码规范：函数变量命名、换行缩进、语句嵌套和代码布局等。同时，代码设计应该具有完整性，保证代码能够完成基本功能、输入边界值能够得到正确的输出、对各种不合规范的非法输入能够做出合理的错误处理，否则写出的代码即使无比高效，面试官也不一定看得懂或者看起来非常费劲，这些对面试成功都是非常不利的。

（6）精心测试

任何软件都有 bug，但不能因为如此就纵容自己的代码，允许错误百出。尤其是在面试过程中，实现功能也许并不十分困难，困难的是在有限的时间内设计出的算法，各种异常是否都得到了有效的处理，各种边界值是否都在算法设计的范围内。

测试代码是让代码变得完备的高效方式之一，也是一名优秀程序员必备的素质之一。所以，在编写代码前，求职者最好能够了解一些基本的测试知识，做一些基本的单元测试、功能测试、边界测试以及异常测试。

在回答技术性问题时，千万别一句话都不说，面试官面试的时间是有限的，他们希望在有限的时间内尽可能地多了解求职者，如果求职者坐在那里一句话不说，不仅会让面试官觉得求职者技术水平不行，思考问题能力以及沟通能力可能都存在问题。

其实，在面试时，求职者往往会存在一种思想误区，把技术性面试的结果看得太重要了。面试过程中的技术性问题，结果固然重要，但也并非最重要的内容，因为面试官看重的不仅仅是最终的结果，还包括求职者在解决问题的过程中体现出来的逻辑思维能力以及分析问题的能力。所以，求职者在与面试官的"博弈"中，要适当地提问，通过提问获取面试官的反馈信息，并抓住这些有用的信息进行辅助思考，进而提高面试的成功率。

经验技巧 3　如何回答非技术性问题

评价一个人的能力，除了专业能力，还有一些非专业能力，如智力、沟通能力和反应能力等，所以在 IT 企业招聘过程的笔试、面试环节中，并非所有的内容都是 C/C++/Java、数据结构与算法及操作系统等专业知识，也包括其他一些非技术类的知识，如智力题、推理题和作文题等。技术水平测试可以考查一个求职者的专业素养，而非技术类测试则更强调求职者的综合素质，包括数学分析能力、反应能力、临场应变能力、思维灵活性、文字表达能力和性格特征等内容。考查的形式多种多样，部分与公务员考查相似，主要包括行政职业能力测验（简称"行测"）（占大多数）、性格测试（大部分都有）、应用文和开放问题等内容。

每个人都有自己的答题技巧，答题方式也各不相同，以下是一些相对比较好的答题技巧（以行测为例）：

1）合理有效的时间管理。由于题目的难易不同，答题要分清轻重缓急，最好的做法是不按顺序答题。"行测"中有各种题型，如数量关系、图形推理、应用题、资料分析和文字逻辑等，不同的人擅长的题型是不一样的，因此应该首先回答自己最擅长的问题。例如，如果对数字比较敏感，那么就先答数量关系。

2）注意时间的把握。由于题量一般都比较大，可以先按照总时间/题数来计算每道题的平均答题时间，如 10s，如果看到某一道题 5s 后还没思路，则马上做后面的题。在做行测题目时，以在最短的时间内拿到最多分为目标。

3）平时多关注图表类题目，培养迅速抓住图表中各个数字要素间相互逻辑关系的能力。

4）做题要集中精力、全神贯注，才能将自己的水平最大限度地发挥出来。

5）学会关键字查找，通过关键字查找，能够提高做题效率。

6）提高估算能力，有很多时候，估算能够极大地提高做题速度，同时保证正确率。

除了行测以外，一些企业非常相信个人性格对入职匹配的影响，所以都会引入相关的性格测试题用于测试求职者的性格特性，看其是否适合所投递的职位。大多数情况下，只要按照自己的真实想法选择就行了，因为测试是为了得出正确的结果，所以大多测试题前后都有相互验证的题目。如果求职者自作聪明，则很可能导致测试前后不符，这样很容易让企业发现求职者是个不诚实的人，从而首先予以筛除。

经验技巧 4　如何回答快速估算类问题

有些大企业的面试官，总喜欢出一些快速估算类问题，对他们而言，这些问题只是手段，不是目的，能够得到一个满意的结果固然是他们所需要的，但更重要的是通过这些题目可以考查求职者的快速反应能力以及逻辑思维能力。由于求职者平时准备的时候可能对此类问题有所遗漏，一时很难想到解决的方案。而且，这些题目乍一看确实是毫无头绪，无从下手，其实求职者只要冷静下来，稍加分析，就能找到答案。因为此类题目比较灵活，属于开放性试题，一般没有标准答案，只要弄清楚回答要点，分析合理到位，具有说服力，能够自圆其说，就是正确答案。

例如，面试官可能会问这样一个问题："请估算一下一家商场在促销时一天的营业额？"求职者又不是统计局官员，如何能够得出一个准确的数据呢？求职者又不是商场负责人，如何能够得出一个准确的数据呢？即使求职者是商场的负责人，也不可能弄得清清楚楚明明白白吧？

难道此题就无解了吗？其实不然，本题只要能够分析出一个概数就行了，不一定要精确数据，而分析概数的前提就是做出各种假设。以该问题为例，可以尝试从以下思路入手：从商场规模、商铺规模入手，通过每平方米的租金，估算出商场的日租金，再根据商铺的成本构成，得到全商场日均交易额，再考虑促销时的销售额与平时销售额的倍数关系，乘以倍数，即可得到促销时一天的营业额。具体而言，包括以下估计数值：

1）以一家较大规模商场为例，商场一般按 6 层计算，每层长约 100m，宽约 100m，合计 60000m² 的面积。

2）商铺规模占商场规模的一半左右，合计 30000m²。

3）商铺租金约为 40 元/m²，估算出年租金为 40×30000×365 元=4.38 亿元。

4）对商户而言，租金一般占销售额 20%，则年销售额为 4.38 亿元×5=21.9 亿元。计算平均日销售额为 21.9 亿元/365=600 万元。

5）促销时的日销售额一般是平时的 10 倍，所以约为 600 万元×10=6000 万元。

此类题目涉及面比较广，如估算一下北京小吃店的数量？估算一下中国在过去一年方便面的市场销售额是多少？估算一下长江的水的质量？估算一下一个行进在小雨中的人 5 分钟内身上淋到的雨的质量？估算一下东方明珠电视塔的质量？估算一下中国一年一共用掉了多少块尿布？估算一下杭州的轮胎数量？但一般都是即兴发挥，不是哪道题记住答案就可以应付得了的。遇到此类问题，一步步抽丝剥茧，才是解决之道。

经验技巧5　如何回答算法设计问题

程序员面试中的很多算法设计问题，都是历年来各家企业的"炒现饭"，不管求职者以前对算法知识掌握得是否扎实，理解得是否深入，只要面试前买本《程序员面试笔试宝典》，应付此类题目完全没有问题。但遗憾的是，很多世界级知名企业也深知这一点，如果纯粹是出一些毫无技术含量的题目，对于考前"突击手"而言，可能会占尽便宜，但对于那些技术好的人而言是非常不公平的。所以，为了把优秀的求职者与一般的求职者更好地区分开来，面试题会年年推陈出新，越来越倾向于出一些有技术含量的"新"题，这些题目以及答案，不再是以前的问题了，而是经过精心设计的好题。

在程序员面试中，算法的地位就如同是 GRE 或托福考试在出国留学中的地位一样，必须但不是最重要的，它只是众多考核方面中的一个方面而已。虽然如此，但并非说就不用去准备算法知识了，因为算法知识回答得好，必然会成为面试的加分项，对于求职成功，有百利而无一害。那么如何应对此类题目呢？很显然，编者不可能将此类题目都在《程序员面试笔试宝典》中一一解答，一是由于内容过多，篇幅有限，二是也没必要，今年考过了，以后一般就不会再考了，不然还是没有区分度。编者认为，靠死记硬背肯定是行不通的，解答此类算法设计问题，需要求职者具有扎实的基本功和良好的运用能力，因为这些能力需要求职者"十年磨一剑"；但"授之以鱼不如授之以渔"编者可以提供一些比较好的答题方法和解题思路，以供求职者在面试时应对此类算法设计问题。

（1）归纳法

此方法通过写出问题的一些特定的例子，分析总结其中的规律。具体而言，就是通过列举少量的特殊情况，经过分析，最后找出一般的关系。例如，某人有一对兔子饲养在围墙中，如果它们每个月生一对兔子，且新生的兔子在第二个月后也是每个月生一对兔子，问一年后围墙中共有多少对兔子。

使用归纳法解答此题，首先想到的就是第一个月有多少对兔子。第一个月最初的一对兔子生下一对兔子，此时围墙内共有两对兔子。第二个月仍是最初的一对兔子生下一对兔子，共有 3 对兔子。到第三个月除最初的兔子新生一对兔子外，第一个月生的兔子也开始生兔子，因此共有 5 对兔子。通过举例，可以看出，从第二个月开始，每一个月兔子总数都是前两个月兔子总数之和，Un+1=Un+Un-1。一年后，围墙中的兔子总数为 377 对。

此种方法比较抽象，也不可能对所有的情况进行列举，所以得出的结论只是一种猜测，还需要进行证明。

（2）相似法

如果面试官提出的问题与求职者以前用某个算法解决过的问题相似，此时就可以触类旁通，尝试改进原有算法来解决这个新问题。而通常情况下，此种方法都会比较奏效。

例如，实现字符串的逆序打印，也许求职者从来就没遇到过此问题，但将字符串逆序肯定在求职准备的过程中是见过的。将字符串逆序的算法稍加处理，即可实现字符串的逆序打印。

（3）简化法

此方法首先将问题简单化，如改变数据类型、空间大小等，然后尝试着将简化后的问题解决，一旦有了一个算法或者思路可以解决这个问题，再将问题还原，尝试着用此类方法解决原有问题。

例如，在海量日志数据中提取出某日访问×××网站次数最多的那个 IP。由于数据量巨大，直接进行排序显然不可行，但如果数据规模不大时，采用直接排序是一种好的解决方法。那么如何将问题规模缩小呢？这时可以使用 Hash 法，Hash 往往可以缩小问题规模，然后在简化过的数据里面使用常规排序算法即可找出此问题的答案。

（4）递归法

为了降低问题的复杂度，很多时候都会将问题逐层分解，最后归结为一些最简单的问题，这就是递归。此种方法，首先要能够解决最基本的情况，然后以此为基础，解决接下来的问题。

例如，在寻求全排列时，可能会感觉无从下手，但仔细推敲，会发现后一种排列组合往往是在前一种排列组合的基础上进行的重新排列。只要知道了前一种排列组合的各类组合情况，只需将最后一个元素插入到前面各种组合的排列里面，就实现了目标：即先截去字符串 s[1...n]中的最后一个字母，生成所有 s[1...n-1]的全排列，然后再将最后一个字母插入到每一个可插入的位置。

（5）分治法

任何一个可以用计算机求解的问题所需的计算时间都与其规模有关。问题的规模越小，越容易直接求解，解题所需的计算时间也越少。而分治法正是充分考虑到这一内容，将一个难以直接解决的大问题，分割成一些规模较小的相同问题，以便各个击破，分而治之。分治法一般包含以下三个步骤：

1）将问题的实例划分为几个较小的实例，最好具有相等的规模。

2）对这些较小的实例求解，而最常见的方法一般是递归。

3）如果有必要，合并这些较小问题的解，以得到原始问题的解。

分治法是程序员面试常考的算法之一，一般适用于二分查找、大整数相乘、求最大子数组和、找出伪币、金块问题、矩阵乘法、残缺棋盘、归并排序、快速排序、距离最近的点对、导线与开关等。

（6）Hash 法

很多面试、笔试题目，都要求求职者给出的算法尽可能高效。什么样的算法是高效的？一般而言，时间复杂度越低的算法越高效。而要想达到时间复杂度的高效，很多时候就必须在空间上有所牺牲，用空间来换时间。而用空间换时间最有效的方式就是 Hash 法、大数组和位图法。当然，有时，面试官也会对空间大小进行限制，那么此时求职者只能再去思考其他的方法了。

其实，凡是涉及大规模数据处理的算法设计中，Hash 法就是最好的方法之一。

（7）轮询法

在设计每道面试、笔试题时，往往会有一个载体，这个载体便是数据结构，如数组、链表、二叉树或图等，当载体确定后，可用的算法自然而然地就会显现出来。可问题是很多时候并不确定这个载体是什么，当无法确定这个载体时，一般也就很难想到合适的方法了。

编者建议，此时，求职者可以采用最原始的思考问题的方法——轮询法。常考的数据结构与算法一共就几种（见表 0-1），即使不完全一样，也是由此衍生出来的或者相似的。

表 0-1　最常考的数据结构与算法知识点

数据结构	算　　法	概　　念
链表	广度（深度）优先搜索	位操作
数组	递归	设计模式
二叉树	二分查找	内存管理（堆、栈等）
树	排序（归并排序、快速排序等）	—
堆（大顶堆、小顶堆）	树的插入/删除/查找/遍历等	—
栈	图论	—
队列	Hash 法	—
向量	分治法	—
Hash 表	动态规划	

此种方法看似笨拙，却很实用，只要求职者对常见的数据结构与算法烂熟于心，一点都没有问题。

为了更好地理解这些方法，求职者可以在平时的准备过程中，应用此类方法去答题，做题多了，自然对各种方法也就熟能生巧了，面试时再遇到此类问题，也就能够得心应手了。当然，千万不要相信能够在一夜之间练成"绝世神功"。算法设计的功底就是平时一点一滴的付出和思维的磨炼。方法与技巧只能锦上添花，却不会让自己变得从容自信，真正的功力还是需要一个长期的积累过程的。

经验技巧 6　如何回答系统设计题

应届生在面试时，偶尔也会遇到一些系统设计题，而这些题目往往只是测试求职者的知识面，或者测试求职者对系统架构方面的了解，一般不会涉及具体的编码工作。虽然如此，对于此类问题，很多人还是感觉难以应对，也不知道从何处答题。

如何应对此类题目呢？在正式介绍基础知识之前，首先列举几个常见的系统设计相关的面试、笔试题。

题目 1：设计一个 DNS 的 Cache 结构，要求能够满足 5000 次/s 以上的查询，满足 IP 数据的快速插入，查询的速度要快（题目还给出了一系列的数据，比如站点数总共为 5000 万、IP 地址有 1000 万等）。

题目 2：有 N 台机器，M 个文件，文件可以以任意方式存放到任意机器上，文件可任意分割成若干块。假设这 N 台机器的宕机率小于 33%，要想在宕机时可以从其他未宕机的机器中完整导出这 M 个文件，求最好的存放与分割策略。

题目 3：假设有 30 台服务器，每台服务器上面都存有上百亿条数据（有可能重复），如何找出这 30 台机器中，根据某关键字重复出现次数最多的前 100 条？要求使用 Hadoop 来实现。

题目 4：设计一个系统，要求写速度尽可能快，并说明设计原理。

题目 5：设计一个高并发系统，说明架构和关键技术要点。

题目 6：有 25TB 的 log(query->queryinfo)，log 在不断地增长，设计一个方案，给出一个 query 能快速返回 queryinfo。

以上所有问题中凡是不涉及高并发的，基本可以采用 Google 的三个技术解决，即 GFS、MapReduce 和 Bigtable，这三个技术被称为 "Google 三驾马车"。Google 只公开了论文而未开源代码，开源界对此非常有兴趣，仿照这三篇论文实现了一系列软件，如 Hadoop、HBase、HDFS 及 Cassandra 等。

在 Google 这些技术还未出现之前，企业界在设计大规模分布式系统时，采用的架构往往是 DataBase+Sharding+Cache，现在很多网站（比如淘宝网、新浪微博）仍采用这种架构。在这种架构中，仍有很多问题值得去探讨，如采用哪种数据库，是 SQL 界的 MySQL 还是 NoSQL 界的 Redis/TFS，两者有何优劣？采用什么方式 sharding（数据分片），是水平分片还是垂直分片？据网上资料显示，淘宝网、新浪微博图片存储中曾采用的架构是 Redis/MySQL/TFS+Sharding+Cache，该架构解释如下：前端 Cache 是为了提高响应速度，后端数据库则用于数据永久存储，防止数据丢失，而 Sharding 是为了在多台机器间分摊负载。最前端由大块的 Cache 组成，要保证至少 99%（淘宝网图片存储模块是真实的）的访问数据落在 Cache 中，这样可以保证用户访问速度，减少后端数据库的压力。此外，为了保证前端 Cache 中的数据与后端数据库中的数据一致，需要有一个中间件异步更新（为什么使用异步？理由是，同步代价太高）数据。新浪有个开源软件叫 Memcachedb（整合了 Berkeley DB 和 Memcached），正是用于完成此功能。另外，为了分摊负载压力和海量数据，会将用户微博信息经过分片后存放到不同节点上（称为 "Sharding"）。

这种架构优点非常明显——简单，在数据量和用户量较小时完全可以胜任。但缺点是扩展性和容错性太差，维护成本非常高，尤其是数据量和用户量暴增之后，系统不能通过简单地增加机器解决该问题。

鉴于此，新的架构应运而生。新的架构仍然采用 Google 公司的架构模式与设计思想，以下将分别就此内容进行分析。

GFS 是一个可扩展的分布式文件系统，用于大型的、分布式的、对大量数据进行访问的应用。它运行于廉价的普通硬件上，提供容错功能。现在开源界有 HDFS（Hadoop Distributed File System），该文件系统虽然弥补了数据库+Sharding 的很多缺点，但自身仍存在一些问题，比如由于采用 master/slave 架构，因此存在单点故障问题；元数据信息全部存放在 master 端的内存中，因而不适合存储小文件，或者说如果存储大量小文件，那么存储的总数据量不会太大。

MapReduce　是针对分布式并行计算的一套编程模型。其最大的优点是，编程接口简单，自动备份（数据默认情况下会自动备三份），自动容错和隐藏跨机器间的通信。在 Hadoop 中，MapReduce 作为分布计算框架，而 HDFS 作为底层的分布式存储系统，但 MapReduce 不是与 HDFS 耦合在一起的，完全可以使用自己的分布式文件系统替换 HDFS。当前 MapReduce 有很多开源实现，如 Java 实现 Hadoop MapReduce、C++实现 Sector/sphere 等，甚至有些数据库厂商将 MapReduce 集成到数据库中了。

BigTable　俗称"大表"，是用来存储结构化数据的。编者认为，BigTable 开源实现最多，包括 HBase、Cassandra 和 levelDB 等，使用也非常广泛。

除了 Google 的这"三驾马车"以外，还有其他一些技术可供学习与使用。

Dynamo　亚马逊的 key-value 模式的存储平台，可用性和扩展性都很好，采用 DHT（Distributed Hash Table）对数据分片，解决单点故障问题，在 Cassandra 中也借鉴了该技术，在 BT 和电驴这两种下载引擎中，也采用了类似算法。

虚拟节点技术　该技术常用于分布式数据分片中。具体应用场景：有一大块数据（可能 TB 级或者 PB 级），需按照某个字段（key）分片存储到几十（或者更多）台机器上，同时想尽量负载均衡且容易扩展。传统做法是：Hash(key) mod N，这种方法最大的缺点是不容易扩展，即增加或者减少机器均会导致数据全部重分布，代价太大。于是新技术诞生了，其中一种是上面提到的 DHT，现在已经被很多大型系统采用，还有一种是对"Hash(key) mod N"的改进：假设要将数据分布到 20 台机器上，传统做法是 Hash(key) mod 20，而改进后，N 取值要远大于 20，比如是 20000000，然后采用额外一张表记录每个节点存储的 key 的模值，比如：

node1：0～1000000

node2：1000001～2000000

……

这样，当添加一个新的节点时，只需将每个节点上部分数据移动给新节点，同时修改一下该表即可。

Thrift　Thrift 是一个跨语言的 RPC 框架，分别解释"RPC"和"跨语言"如下：RPC 是远程过程调用，其使用方式与调用一个普通函数一样，但执行体发生在远程机器上；跨语言是指不同语言之间进行通信，比如 C/S 架构中，Server 端采用 C++编写，Client 端采用 PHP 编写，怎样让两者之间通信，Thrift 是一种很好的方式。

本篇最前面的几道题均可以映射到以上几个系统的某个模块中。

1）关于高并发系统设计，主要有以下几个关键技术点：缓存、索引、数据分片及锁粒度尽可能小。

2）题目 2 涉及现在通用的分布式文件系统的副本存放策略。一般是将大文件切分成小的 block（如 64MB）后，以 block 为单位存放三份到不同的节点上，这三份数据的位置需根据网络拓扑结构配置，一般而言，如果不考虑跨数据中心，可以这样存放：两个副本存放在同一个机架的不同节点上，而另外一个副本存放在另一个机架上，这样从效率和可靠性上，都是最优的（这个 Google 公布的文档中有专门的证明，有兴趣的读者可参阅一下）。如果考虑跨数据中心，可将两份存在一个数据中心的不同机架上，另一份放到另一个数据中心。

3）题目 4 涉及 BigTable 的模型。主要思想：将随机写转化为顺序写，进而大大提高写速度。具体方法：由于磁盘物理结构的独特设计，其并发的随机写（主要是因为磁盘寻道时间长）非常慢，考虑到这一点，在 BigTable 模型中，首先会将并发写的大批数据放到一个内存表（称为"memtable"）中，当该表大到一定程度后，会顺序写到一个磁盘表（称为"SSTable"）中，这种写是顺序写，效率极高。此时，随机读可不可以这样优化？答案是：看情况。通常而言，如果读并发度不高，则不可以这么做，因为如果将多个读重新排列组合后再执行，系统的响应时间太慢，用户可能接受不了，而如果读并发度极高，也许可以采用类似机制。

经验技巧 7   如何解决求职中的时间冲突问题

对求职者而言，求职季就是一个赶场季，一天少则几家、十几家企业入校招聘，多则几十家、上百家企业招兵买马。企业多，选择项自然也多，这固然是一件好事情，但由于招聘企业实在是太多，自然而然会导致另外一个问题的发生：同一天企业扎堆，且都是自己心仪或欣赏的大企业。如果不能够提前掌握企业的宣讲时间、地点，是很容易迟到或错过的。但有时候即使掌握了宣讲时间、笔试和面试时间，还是会因为时间冲突而必须有所取舍。

到底该如何取舍呢？该如何应对这种时间冲突的问题呢？在此，编者将自己的一些想法和经验分享出来，供读者参考。

1）如果多家心仪企业的校园宣讲时间发生冲突（前提是只宣讲、不笔试，否则请看后面的建议），此时最好的解决方法是和同学或朋友商量好，各去一家，然后大家进行信息共享。

2）如果多家心仪企业的笔试时间发生冲突，此时只能选择其一，毕竟企业的笔试时间都是考虑到了成百上千人的安排，需要提前安排考场、考务人员和阅卷人员等，不可能为了某一个人而轻易改变。所以，最好选择自己更有兴趣的企业参加笔试。

3）如果多家心仪企业的面试时间发生冲突，不要轻易放弃。对面试官而言，面试任何人都是一样的，因为面试官谁都不认识，而面试时间也是灵活性比较大的，一般可以通过电话协商。求职者可以与相关工作人员（一般是企业的 HR）进行沟通，以正当理由（如学校的事宜、导师的事宜或家庭的事宜等，前提是必须能够说服人，不要给出的理由连自己都说服不了）让其调整时间，一般都能协调下来。但为了保证协调的成功率，一般要接到面试通知后第一时间联系相关工作人员变更时间，这样他们协调起来也更方便。

以上这些建议在应用时，很多情况下也做不到全盘兼顾，当必须进行多选一的时候，求职者就要对此进行评估了，评估的项目包括对企业的中意程度、获得录取的概率及去工作的可能性等。评估的结果往往具有很强的参考性，求职者依据评估结果做出的选择一般也会比较合理。

经验技巧 8　如果面试问题曾经遇见过，是否要告知面试官

面试中，大多数题目都不是凭空想象出来的，而是有章可循，只要求职者肯花时间，耐得住寂寞，复习得当，基本上在面试前都会见过相同的或者类似的问题（当然，很多知名企业每年都会推陈出新，这些题目是很难完全复习到位的）。所以，在面试中，求职者曾经遇见过面试官提出的问题也就不足为奇了。那么，一旦出现这种情况，求职者是否要如实告诉面试官呢？

选择不告诉面试官的理由比较充分：首先，面试的题目 60%~70%都是已见题型，见过或者见过类似的不足为奇，难道要一一告知面试官吗？如果那样，估计就没有几个题不用告知面试官了。其次，即使曾经见过该问题了，也是自己辛勤耕耘、努力奋斗的结果，很多人复习不用功或者方法不到位，也许从来就没见过，而这些题也许正好是拉开求职者差距的分水岭，是面试官用来区分求职者实力的内容。最后，一旦告知面试官，面试官很有可能会不断地加大面试题的难度，对求职者的面试可能没有好处。

同样，选择告诉面试官的理由也比较充分：第一，如实告诉面试官，不仅可以彰显出求职者个人的诚实品德，还可以给面试官留下良好的印象，能够在面试中加分。第二，有些问题，即使求职者曾经复习过，但也无法保证完全回答正确，如果向面试官如实相告，没准还可以规避这一问题，避免错误的发生。第三，求职者如果见过该问题，也能轻松应答，题目简单倒也无所谓，一旦题目难度比较大，求职者却对面试官有所隐瞒，就极有可能给面试官造成一种求职者水平很强的假象，进而导致面试官的判断出现偏差，后续的面试有可能向着不利于求职者的方向发展。

其实，仁者见仁，智者见智，这个问题并没有固定的答案，需要根据实际情况来决定。针对此问题，一般而言，如果面试官不主动询问求职者，求职者也不用主动告知面试官真相。但如果求职者觉得告知面试官真相对自己更有利的时候，也可以主动告知。

经验技巧 9　在被企业拒绝后是否可以再申请

很多企业为了能够在一年一度的招聘季节中，提前将优秀的程序员锁定到自己的麾下，往往会先下手为强。他们通常采取的措施有两种：一是招聘实习生；二是多轮招聘。很多人可能会担心，万一面试时发挥不好，没被企业选中，会不会被企业接入黑名单，从此与这家企业无缘了。

一般而言，企业是不会"记仇"的，尤其是知名的大企业，对此都会有明确的表示。如果在企业的实习生招聘或在企业以前的招聘中未被录取，一般是不会被拉入企业的"黑名单"。在下一次招聘中，和其他求职者，具有相同的竞争机会（有些企业可能会要求求职者等待半年到一年时间才能应聘该企业，但上一次求职的不好表现不会被计入此次招聘中）。

录取被拒绝了，也许是在考验，也许是在等待，也许真的是拒绝。但无论出于什么原因，此时此刻都不要对自己丧失信心。所以，即使被企业拒绝了也不是什么大事，以后还是有机

会的，有志者自有千计万计，无志者只感千难万难，关键是看求职者愿意成为什么样的人。

经验技巧 10   如何应对自己不会回答的问题

在面试的过程中，对面试官提出的问题求职者并不是都能回答出来，计算机技术博大精深，很少有人能对计算机技术的各个分支学科了如指掌。而且抛开技术层面的问题，在面试那种紧张的环境中，回答不上来的情况也容易出现。面试过程中遇到自己不会回答的问题时，错误的做法是保持沉默或者支支吾吾、不懂装懂，硬着头皮胡乱说一通，这样会使面试气氛很尴尬，很难再往下继续进行。

其实面试遇到不会的问题是一件很正常的事情，没有人是万事通，即使对自己的专业有相当的研究与认识，也可能会在面试中遇到感觉没有任何印象、不知道如何回答的问题。在面试中遇到实在不懂或不会回答的问题，正确的做法是本着实事求是的原则，态度诚恳，告诉面试官不知道答案。例如，"对不起，不好意思，这个问题我回答不出来，我能向您请教吗?"

征求面试官的意见时可以说说自己的个人想法，如果面试官同意听了，就将自己的想法说出来，回答时要谦逊有礼，切不可说起没完。然后应该虚心地向面试官请教，表现出强烈的学习欲望。

所以，遇到自己不会的问题时，正确的做法是，"知之为知之，不知为不知"，不懂就是不懂，不会就是不会，一定要实事求是，坦然面对。最后也能给面试官留下诚实、坦率的好印象。

经验技巧 11   如何应对面试官的"激将法"语言

"激将法"是面试官用以淘汰求职者的一种惯用方法，它是指面试官采用怀疑、尖锐或咄咄逼人的交流方式来对求职者进行提问的方法。例如，"我觉得你比较缺乏工作经验""我们需要活泼开朗的人，你恐怕不合适""你的教育背景与我们的需求不太适合""你的成绩太差""你的英语没过六级""你的专业和我们不对口""为什么你还没找到工作"或"你竟然有好多门课不及格"等。很多求职者遇到这样的问题，会很快产生是来面试而不是来受侮辱的想法，往往会被"激怒"，于是奋起反抗。千万要记住，面试的目的是要获得工作，而不是要与面试官争高低，也许争辩取胜了，却失去了一次工作机会。所以对于此类问题求职者应该巧妙地去回答，一方面化解不友好的气氛，另一方面得到面试官的认可。

具体而言，受到这种"激将法"时，求职者首先应该保持清醒的头脑，企业让求职者来参加面试，说明已经通过了他们第一轮的筛选，至少从简历上看，已经表明求职者符合求职岗位的需要，企业对求职者还是感兴趣的。其次，做到不卑不亢，不要被面试官的思路带走，要时刻保持自己的思路和步调。此时可以换一种方式，如介绍自己的经历、工作和优势，来表现自己的抗压能力。

针对面试官提出的非名校毕业的问题，比较巧妙的回答是：比尔·盖茨也并非毕业于哈佛大学，但他一样成了世界首富，成为举世瞩目的人物。针对缺乏工作经验的问题，可以回答：每个人都是从没经验变为有经验的，如果有幸最终能够成为贵公司的一员，我将很快成为一个经验丰富的人。针对专业不对口的问题，可以回答：专业人才难得，复合型人才更难得，在某些方面，外行的灵感往往超过内行，他们一般没有思维定式，没有条条框框。面试官还可能提问：你的学历对我们来讲太高了。此时也可以很巧妙地回答：今天我带来的三张学历证书，您可以从中挑选一张您认为合适的，其他两张，您就不用管了。针对性格内向的问题，可以回答：内向的人往往具有专心致志、锲而不舍的品质，而且我善于倾听，我觉得应该把发言机会更多地留给别人。

面对面试官的"挑衅"行为，如果求职者回答得结结巴巴，或者无言以对，抑或怒形于色、据理力争，那就掉进了对方所设的陷阱。所以当求职者碰到此种情况时，最重要的一点就是保持头脑冷静，不要过分较真，以一颗平常心对待。

经验技巧 12　如何处理与面试官持不同观点这个问题

在面试的过程中，求职者所持有的观点不可能与面试官一模一样，在对某个问题的看法上，很有可能两个人相去甚远。当与面试官持不同观点时，有的求职者自作聪明，立马就反驳面试官，例如，"不见得吧！""我看未必""不会""完全不是这么回事！"或"这样的说法未必全对"等，其实，虽然也许确实不像面试官所说的，但是太过直接的反驳往往会导致面试官心理的不悦，最终的结果很可能是"逞一时之快，失一份工作"。

就算与面试官持不一样的观点，也应该委婉地表达自己的真实想法，因为我们不清楚面试官的度量，碰到心胸宽广的面试官还好，万一碰到了"小心眼"的面试官，他和你较真起来，吃亏的还是自己。

所以回答此类问题的最好方法往往是应该先赞同面试官的观点，给对方一个台阶下，然后再说明自己的观点，用"同时""而且"过渡，千万不要说"但是"，一旦说了"但是""却"就容易把自己放在面试官的对立面去。

经验技巧 13　什么是职场暗语

随着求职大势的变迁发展，以往常规的面试套路因为过于单调、简明，已经被众多"面试达人"们挖掘出了各种"破解秘诀"，形成了类似"求职宝典"的各类"面经"。面试官们也纷纷升级面试模式，为求职者们制作了更为隐蔽、间接、含混的面试题目，让那些早已流传开来的"面试攻略"毫无用武之地，一些蕴涵丰富信息但以更新面目出现的问话屡屡"秒杀"求职者，让求职者一头雾水，掉进了陷阱里面还以为"吃到肉"了。例如，"面试官从头到尾都表现出对我很感兴趣的样子，营造出马上就要录用我的氛围，为什么我最后还是落选？""为什么 HR 会问我一些与专业、能力根本无关的奇怪问题，我感觉回答得也还行，为什么最后还是被拒绝了？"其实，这都是没有听懂面试"暗语"，没有听出面试官"弦外之音"的表现。"暗语"已经成为一种测试求职者心理素质、挖掘求职者内心真实想法的有效手段。理解这些面试中的暗语，对于求职者而言，不可或缺。

以下是一些常见的面试暗语，求职者一定要弄清楚其中蕴含的深意，不然可能"躺着也中枪"，最后只能铩羽而归。

（1）请把简历先放在这，有消息我们会通知你的

面试官说出这句话，则表明他对你已经"兴趣不大"，为什么一定要等到有消息了再通知

呢？难道现在不可以吗？所以，作为求职者，此时一定不要自作聪明、一厢情愿地等待着他们有消息通知，因为他们一般不会有消息了。

（2）我不是人力资源的，你别拘束，咱们就当是聊天，随便聊聊

一般来说，能当面试官的人都是久经沙场的老将，都不太好对付。表面上彬彬有礼，看上去很和气的样子，说起话来可能偶尔还带点小结巴，但没准儿巴不得下个套把面试者套进去。所以，作为求职者，千万不能被眼前的这种"假象"所迷惑，而应该时刻保持高度警觉，面试官不经意间问出来的问题，看似随意，很可能是他最想知道的。所以千万不要把面试过程当作聊天，当作朋友之间的侃大山，不要把面试官提出的问题当作是普通问题，而应该对每一个问题都仔细思考，认真回答，切忌不经过大脑的随意接话和回答。

（3）是否可以谈谈你的要求和打算

面试官在翻阅了求职者的简历后，说出这句话，很有可能是对求职者有兴趣，此时求职者应该尽量全方位地表现个人水平与才能，但也不能引起对方的反感。

（4）面试时只是"例行公事"式的问答

如果面试时只是"例行公事"式的问答，没有什么激情或者主观性的赞许，此时希望就很渺茫了。但如果面试官对你的专长问得很细，而且表现出一种极大的关注与热情，那么此时希望会很大。作为求职者，一定要抓住机会，将自己最好的一面展示在面试官面前。

（5）你好，请坐

简单的一句话，从面试官口中说出来其含义就大不同了。一般而言，面试官说出此话，求职者回答"你好"或"您好"不重要，重要的是求职者是否"礼貌回应"和"坐不坐"。有的求职者的回应是"你好"或"您好"后直接落座，也有求职者回答"你好，谢谢"或"您好，谢谢"后落座，还有求职者一声不吭就坐下去，极个别求职者回答"谢谢"但不坐下来。前两种方法都可接受，后两者都不可接受。通过问候语，可以体现一个人的基本修养，直接影响在面试官心目中的第一印象。

（6）面试官向求职者探过身去

在面试的过程中，面试官会有一些肢体语言，了解这些肢体语言对于了解面试官的心理情况以及面试的进展情况非常重要。例如，当面试官向求职者探过身去时，一般表明面试官对求职者很感兴趣；当面试官打呵欠或者目光呆滞、游移不定，甚至打开手机看时间或打电话、接电话时，一般表明面试官此时有了厌烦的情绪；而当面试官收拾文件或从椅子上站起来，一般表明此时面试官打算结束面试。针对面试官的肢体语言，求职者也应该迎合他们：当面试官很感兴趣时，应该继续陈述自己的观点；当面试官厌烦时，此时最好停下来，询问面试官是否愿意再继续听下去；当面试官打算结束面试，领会其用意，并准备好收场白，尽快地结束面试。

（7）你从哪里知道我们的招聘信息的

面试官提出这种问题，一方面是在评估招聘渠道的有效性，另一方面是想知道求职者是否有熟人介绍。一般而言，熟人介绍总体上会有加分，但是也不全是如此。如果是一个在单位里表现不佳或者其推荐的历史记录不良的熟人介绍，则会起到相反的效果，而大多数面试官主要是为了评估自己企业发布招聘广告的有效性。

（8）你念书的时间还是比较富足的

表面上看，这是对他人的高学历表示赞赏，但同时也是一语双关，如果"高学历"的同

时还搭配上一个"高年龄"，就一定要提防面试官的质疑：比如有些人因为上学晚或者工作了以后再回校读的研究生，毕业年龄明显高出平均年龄。此时一定要向面试官解释清楚，否则面试官如果自己揣摩，往往会向不利于求职者的方向思考。例如，求职者年龄大的原因是高考复读过、考研用了两年甚至更长时间或者是先工作后读研等，如果面试官有了这种想法，最终的求职结果也就很难说了。

（9）你有男/女朋友吗？对异地恋爱怎么看待

一般而言，面试官都会询问求职者的婚恋状况，一方面是对求职者个人问题的关心，另一方面，对于女性而言，绝大多数面试官不是看中求职者的美貌性感、温柔贤惠，很有可能是在试探求职者是否近期要结婚生子，将会给企业带来什么程度的负担。"能不能接受异地恋"，很有可能是考察求职者是否能够安心在一个地方工作，或者是暗示该岗位可能需要长期出差，试探求职者如何在感情和工作上做出抉择。与此类似的问题还有：如果求职者已婚，面试官会问是否生育，如果已育可能还会问小孩谁带。所以，如果面试官有这一层面的意思，尽量要当场表态，避免将来的麻烦。

（10）你还应聘过其他什么企业

面试官提出这种问题是在考核求职者的职业生涯规划，同时评估下被其他企业录用或淘汰的可能性。当面试官对求职者提出此种问题，表明面试官对求职者是基本肯定的，只是还不能下决定是否最终录用。如果求职者还应聘过其他企业，请最好选择相关联的岗位或行业回答。一般而言，如果应聘过其他企业，一定要说自己拿到了其他企业的录用通知，如果其他的行业影响力高于现在面试的企业，无疑可以加大求职者自身的筹码，有时甚至可以因此拿到该企业的顶级录用通知，如果行业影响力低于现在面试的企业，如果回答没有拿到录用通知，则会给面试官一种误导：连这家企业都没有给录用通知，我们如果给录用通知了，岂不是说明不如这家企业。

（11）这是我的名片，你随时可以联系我

在面试结束时，面试官起身将求职者送到门口，并主动与求职者握手，提供给求职者名片或者自己的个人电话，希望日后多加联系。此时，求职者一定要明白，面试官已经对自己非常肯定了，这是被录用的信息，因为很少有面试官会放下身段，对一个已经没有录用可能的求职者还如此"厚爱"。很多面试官在整个面试过程中会一直塑造出一种即将录用求职者的假象。例如，"你如果来到我们公司，有可能会比较忙"等模棱两可的表述，但如果面试官亲手将名片呈交，言谈中也流露出兴奋、积极的意向和表情，一般是表明了一种接纳求职者的态度。

（12）你担任职务很多，时间安排得过来吗

对于有些职位，如销售岗位等，学校的积极分子往往更具优势，但在应聘研发类岗位时，却并不一定占优势。面试官提出此类问题，其实就是对一些在学校当"领导"的学生的一种反感，大量的社交活动很有可能占据学业时间，从而导致专业基础不牢固等。所以，针对上述问题，求职者在回答时，一定要告诉面试官，自己参与组织的"课外活动"并没有影响到自己的专业技能。

（13）面试结束后，面试官说"我们有消息会通知你的"

一般而言，面试官让求职者等通知，有多种可能性：①无录取意向；②面试官不是负责人，还需要请示领导；③公司对求职者不是特别满意，希望再多面试一些人，如果有比求职

者更好的就不用求职者了，没有的话会录取；④公司需要对面试过并留下来的人进行重新选择，可能会安排二次面试。所以，当面试官说这话时，表明此时成功的可能性不大，至少这一次不能给予肯定的回复，相反如果对方热情地和求职者握手言别，再加一句"欢迎你应聘本公司"，此时一般就有录用的可能了。

（14）我们会在几天后联系你

一般而言，面试官说出这句话，表明了面试官对求职者还是很感兴趣的，尤其是当面试官仔细询问求职者所能接受的薪资情况等相关情况后，否则他们会尽快结束面谈，而不是多此一举。

（15）面试官认为该结束面试时的暗语

一般而言，求职者自我介绍之后，面试官会相应地提出各类问题，然后转向谈工作。面试官先会把工作内容和职责介绍一番，接着让求职者谈谈今后工作的打算和设想，然后双方会谈及福利待遇问题，这些都是高潮话题，谈完之后求职者就应该主动做出告辞的姿态，不要盲目拖延时间。

面试官认为该结束面试时，往往会说以下暗示的话语来提醒求职者：

1）我很感激你对我们公司这项工作的关注。

2）真难为你了，跑了这么多路，多谢了。

3）谢谢你对我们招聘工作的关心，我们一旦做出决定就会立即通知你。

4）你的情况我们已经了解。你知道，在做出最后决定之前我们还要面试几位申请人。

此时，求职者应该主动站起身来，露出微笑，和面试官握手告辞，并且谢谢他，然后有礼貌地退出面试室。适时离场还包括不要在面试官结束谈话之前表现出浮躁不安、急欲离去或另去赴约的样子，过早地想离场会使面试官认为求职者应聘没有诚意或做事情没有耐心。

（16）如果让你调到其他岗位，你愿意吗

有些企业招收岗位和人员较多，在面试中，当听到面试官说出此话时，言外之意是该岗位也许已经"人满为患"或"名花有主"了，但企业对求职者兴趣不减，还是很希望求职者能成为企业的一员。面对这种提问，求职者应该迅速做出反应，如果认为对方是个不错的企业，求职者对新的岗位又有一定的把握，也可以先进单位再选岗位；如果对方企业情况一般，新岗位又不太适合自己，最好当面回答不行。

（17）你能来实习吗

对于实习这种敏感的问题，面试官一般是不会轻易提及的，除非是确实对求职者很感兴趣，相中求职者了。当求职者遇到这种情况时，一定要清楚面试官的意图，他希望求职者能够表态，如果确实可以去实习，一定及时地在面试官面前表达出来，这无疑可以给予自己更多的机会。

（18）你什么时候能到岗

当面试官问及到岗的时间时，表明面试官已经同意给录用通知了，此时只是为了确定求职者是否能够及时到岗并开始工作。如果确有难题千万不要遮遮掩掩，含糊其辞，说清楚情况，诚实守信。

针对面试中存在的这种暗语，求职者在面试过程中，一定不要"很傻很天真"，要多留心，多推敲面试官的深意，仔细想想其中的"潜台词"，从而将面试官的那点"小伎俩"看透。

经验技巧 14   如何进行自我介绍？

自我介绍是面试中至关重要的一个步骤，很多面试官对求职者提出的第一个问题往往就是"能否请您先自我介绍一下"，有时候求职者会对此很困惑，个人情况在简历里面已经写得很清楚了，为什么几乎所有的面试官都要让求职者来做一个自我介绍，这不是多此一举吗？自我介绍看似简单，其实不然，自我介绍里面的玄机很多，面试官希望通过面试中的自我介绍环节，来考查求职者以下几方面内容：

1）考查求职者是否诚实。一般而言，如果简历的内容是真实可信的，口述自我介绍时就不会有明显的出入，但如果简历有假或者"水分"比较足，那么自我介绍阶段一般就会有破绽，被面试官识破。此时，如果求职者反问面试官："简历里面都写清楚了"，面试官对求职者的印象分就会很低。

2）考查求职者是否具有敏锐的逻辑思维能力、良好的语言表达能力、精炼的总结概括能力。

3）考查求职者是否聚焦、是否简练和精干、是否具有现场的感知能力与把控能力。

4）考查求职者的自我认知能力和价值取向。自我介绍本身就是求职者对自己各方面的一个归纳总结，同时会表达一定的个人价值取向。

5）考查求职者的理解能力以及时间掌控能力。有时面试官给出的问题是"请您用 3～5min 做一个自我介绍"，而求职者有时一介绍就滔滔不绝，刹不住了，往往超过 10min，甚至 20min，逼得面试官不得不多次提醒引导，最终当然会降低面试官的好感。

看起来，自我介绍是一个求职者被面试官考查的过程，完全处于被动状态，其实也不全然，求职者也可以化被动为主动，因为自我介绍也是一个求职者向面试官自我展示的平台，求职者可以通过自我介绍向面试官展示自己的能力与才华，向面试官推销自己，提升自己在面试官心目中的第一印象。

具体而言，面试官能够接受的自我介绍时间一般不会很长，太短不利用求职者介绍自己，太长会给人拖沓的感觉，所以一般在 3min 左右，在这 3min 时间里面，求职者自我介绍的内容一般应该包括以下几个方面的内容：

（1）基本信息

通过个人基本信息的介绍，让面试官明白坐在他对面的人到底是谁。个人基本信息一般都包括姓名、籍贯、年龄、教育背景以及与应聘职位密切相关的一些个人特长等。一般为了使得面试的氛围变得轻松，求职者可以采用一些生动、幽默、个性化的介绍方式。例如，我叫邵帅，不是东北的张少帅，是香港邵逸夫的邵，帅气的帅；又如，我叫程浩，很好记的一个名字：加号、减号、除号、"程浩"，并且做一个双手交叉在胸前的手势；又如，我叫赵丹，赵本山的赵，宋丹丹的丹；再如，我叫何宝研，何是人可的何，宝研不是保送研究生的保研，宝是宝贝的宝，研是研究生的研，爸妈觉得我是他们的宝贝，也希望我能够上研究生，所以给我起了这个名字。诸如此类的方式不仅能够准确地介绍自己的基本信息，还能缓解面试初期的紧张气氛。

（2）实践经验

实践经验记录了求职者的经验和经历。在此部分，求职者主要介绍与应聘职位密切相关的实践经历，包括校内外活动经历、相关的兼职和项目经验、社会实践等情况。明确这些实践发生的时间、地点、担任的职务、采用的技术、工作内容、工作量等信息，这样让面试官觉得真实、可信，没有弄虚作假的嫌疑。同时需要指出的是，当求职者的经历比较多时，很难做到面面俱到，那些与应聘职位无关的内容，即使你引以为荣也要忍痛舍弃，例如应聘软件研发岗位，可以将支教、扶贫等与此无关的内容删除，而尽量将一些与软件开发相关的实践写进来，例如，于 2011 年 7 月至 2011 年 10 月，作为实习生，在 IBM 北京公司参与了云计算的开发项目。

（3）成果展示

成果展示代表了求职者的能力和水平，在此部分，主要进行求职者能力相关的个人业绩、获奖情况、校内外活动成果等展示，需要把各个阶段有代表性的事情描述清楚（除非高中阶段有过人的成绩，一般从大学开始记录）。

在进行成果展示的时候，需要注意以下方面的内容：

1）除了个人成绩以外，一般还应该包括团队成绩，比如数学建模大赛、程序设计大赛等。计算机成果已经远非一个人能完成，一般都是依靠一个团队完成的。

2）内容有所侧重，不要说流水账，要着重介绍那些能体现自己能力的内容；例如华为杯软件设计大赛、腾讯创新设计大赛、中兴捧月程序设计大赛等与专业相关的竞赛应该仔细介绍。

3）巧设伏笔，引导面试官向自己擅长的方面提问。例如，在介绍成果时，可以这样描述："在开发过程中遇到了很多的问题，不过我还是成功地克服并达成了业务目标。"引导面试官提问"遇到了哪些问题"，然后你就可以进一步阐述细节内容，体现出自己处理问题的能力。

（4）职业规划

职业规划代表着求职者的职业理想。在此部分求职者应该介绍自己对应聘职位、行业的个人看法和个人规划，包括求职者的职业生涯规划、未来的工作蓝图、对工作的兴趣与热情、对行业发展趋势的看法等内容。同时，求职者还要针对应聘职位合理编排每部分的内容。与应聘职位关系越密切的内容，介绍的次序越靠前，介绍得越详细。在自我介绍时，还可以适当地介绍个人爱好等方面内容，例如业余喜欢打篮球、爬山、玩玩网络游戏等。

需要特别强调的是，面试时自我介绍，对那些需要列举数据的地方要特别注意，不要与自己的个人简历表格上的内容有冲突。同时也不能在自我介绍的时候记流水账，事无巨细，从满月到毕业二十多年的事情一并回顾是不可取的，要有所突出、亮点，给面试官留下鲜明的印象，更不能主动提及个人的缺点、弱点，缺点弱点虽然可能会让面试官觉得自己很坦诚，但是一旦让面试官觉得这些缺点会使你无法胜任应聘的职位的话，就得不偿失了。

经验技巧 15　如何克服面试中紧张的情绪？

面试的成功与否，往小的方面讲，直接关系到求职者的工作问题，往大的方面讲，甚至事关求职者的前途命运。"男怕入错行，女怕嫁错郎"，在这种思想的熏陶下，人往往会产生巨大的心理负担，害怕出错，容易因此紧张、害怕，从而进入一种恶性循环，即"越紧张、越害怕，越害怕、越紧张"。

其实面试中紧张是一种非常常见的现象，在所难免，不紧张才不正常。紧张也并非坏事，适度的紧张，有利于刺激兴奋，但同样需要注意，过度的紧张会导致发挥失常。初次参加面试的人一般会因为紧张导致粗心大意、词不达意、结结巴巴，从而影响面试结果，所以克服面试紧张心理对于求职者非常重要。

克服紧张心理，首先，需要保持一颗平和的心，大多数人在面对竞争的时候都会出现紧张，所以，当求职者觉得紧张的时候，想想其他求职者也会觉得紧张，它是一种客观存在的现象，而非特例。紧张既然无法回避，那就坦然面对，正视紧张。

其次，紧张往往是太在意结果，与个人切身利益、前途命运的关联程度越强，则越紧张，其实相比较结果，更应该注重过程，"胜败乃兵家常事"，任何人都不可能一蹴而就，诸葛亮尚有六出祁山，更何况我们这些凡人了。其实机会很多，大可不要觉得此次面试失败了就没有机会了，失败并不可怕，很多时候，失败的教训相比成功的经验甚至可以学到更多的知识，从而促使自己下一次更大的成功。

再次，紧张有时是因为害怕面试官造成的，大可不必这样，面试官也是人，他们也年轻过，也经历过求职中的磕磕碰碰，都犯过错误。尽管他们现阶段可能比你强、超过你，可能若干年前，当他们还和你一样青涩的时候，他们不一定比你强，所以不必害怕他们，也不必觉得自己没用，要放松，战略上"藐视"他们，战术上重视他们。

最后，夯实基础，准备充分，从而提高自信心。在激烈竞争的职场中，一般需要具备信心、技能、沟通能力、创造能力与合作能力等多种技能，而信心又是最重要的，信心代表着一个人在事业中的精神状态以及对自己能力的正确认知。而准备得越充分，基础越扎实，自信心就会越强，成功率就会越高，自己什么都会，什么都懂，还有什么好紧张的呢？自己已经是最强的了，还害怕什么呢？纵然面试中出现了不会的问题，也要坦然面对，人无完人，有不会的东西很正常，更何况初出茅庐的学生呢？最后即使面试失利了，也不要以一次成败论英雄。

以下是几种消除过度紧张的常见技巧：

1）在面试前不要想着面试可能发生的事情，转移注意力。此时可以翻阅一本轻松活泼、有趣的杂志书籍，或者翻阅一下报纸，实在没有心思的话，可以将随身携带的有关求职的书籍打开来翻翻，调整情绪，克服面试时的怯场心理。

2）注意控制谈话节奏。一般而言，紧张会导致语速加快，既不利于面试官听清讲话内容，也会给人一种慌张的感觉，同时还容易出错，当然，讲话速度过慢，也会引起对方的反感，给人一种缺乏生气、沉闷的感觉。所以，讲话速度要张弛有度，刚开始可以慢点以缓解自己的紧张情绪，随着心态的稳定，周围气氛的缓和，可以适当地加快点语速。

3）回答面试官问题时，目光可以对准面试官的额头。魂不守舍，目光游离不定的人，会给人一种猥琐、不诚实、缺乏自信的印象，而两眼直盯着面试官，也会被误解为向对方挑战的意思，所以应该把目光集中在对方的额头上，这样既可以给对方以诚恳、自信的印象，表明自己善于倾听，也可以消除自己的紧张情绪。

作为求职者，即使最后被拒绝了，也不可因此而灰心丧气，一时的失误不等于面试失败，也不代表永远失败，重要的是求职过程。分析被拒绝的具体原因，总结经验教训，以新的姿态迎接下一次的面试才是最重要的。

经验技巧 16　如何准备集体面试？

集体面试也被称为群面、无领导小组面试。由于计算机发展至今，软件开发已经不再是个人小作坊式的活动了，而是一个需要集思广益的团队合作过程，群面作为一个考查求职者团队合作能力的手段正越来越多地被应用于企业招聘中，在计算机行业，也不例外，越来越多的 IT 企业在招聘活动中也都会涉及群面。

群面是企业常见的面试形式之一，它采用情景模拟的方式对考生进行集体面试。它一般将 5～10 人组织在一起，进行 1h 左右的与工作相关问题的讨论，讨论过程中，每一个求职者地位平等，而且不指定领导，不指定求职者应坐的位置，让求职者自行安排组织，求职者需要通过自己的努力，争取到小组中公认的角色，并为小组讨论结果贡献自己的力量，在此过程中面试官通过观察，对求职者的组织协调能力、口头表达能力、分析问题能力、团队合作能力、辩论的说服能力、领导力、情绪控制能力等各方面的能力和素质是否达到拟任岗位的要求进行把握，从而确定求职者是否符合拟任岗位的需求。

群面的一般步骤如下：

1）接受问题，成员各自分别准备发言提纲。

2）小组成员轮流发言，阐述自己观点。

3）成员交叉讨论，渐渐得出最佳方案。

4）解决方案总结并汇报讨论结果。

在群面中，每个求职者给面试官的最直接的印象就是风度、教养与见识，在整个面试过程中，面试官通过观察对求职者发言的时机、发言的内容、何时停止、遭到反驳时的态度、倾听他人谈话时的态度等给予评价。

在群面中，每个人都希望扮演一个能够被面试官接受也适合自己的角色，可是往往事与愿违，情况并不理想，有的人精于辩论，说话滔滔不绝、废话连篇、啰啰嗦嗦，却依然牛气哄哄、态度强硬，不给别人说话的机会，有的人一声不吭或者细声细语，影响小组的最终表现，这两种情况都不行。群面中，不是发言越多越好，如果没有独到、深刻的观点，发言太多相反会引起面试官的反感，而如果不说或是小声说，也很难引起面试官的注意，同样得不到面试官的青睐。所以，在整个群面的过程中，掌握一定的技巧非常重要，例如，认真倾听他人观点、不紧不慢表现从容的发言者，往往会获得较高的评价。

群面中虽然没有明确的角色划分，但是，通常情况下，可以粗略地将小组成员划分为以下几个角色：

（1）领导

群面中，领导起的作用很大，作为一名优秀的管理者，他应该根据小组其他求职者的专业和特长等，合理恰当地进行分工，并能把各阶段的陈述和总结机会，合理恰当地分给小组的其他求职者。团队中，领导的思路非常重要，只有团队里的其他求职者信任其思路，他们才愿意配合领导一起来充实这个解决思路。这个思路不一定全部由自己提出，可以综合众人心智。领导也在引导和总结其他求职者思路的时候，体现自己的领导能力和团队合作能力。

（2）记时员

计时员的主要任务是进行时间管理，在讨论过程中，要严格按讨论好的时间规划来管理时间，适当打断发言超时的同学，例如，"大家注意时间，有点超时""我觉得××说得很有道理，但是由于时间有限，我们还是听一下下一位同学的意见吧""xxx 同学，你的发言时间到了，请先停下来，请下一位发言"等。

（3）组员

普通组员的主要任务就是进行项目的讨论，将自己的观点准确无误地提交整个小组讨论，对于组内其他求职者提出的观点也可以交换意见，对于有异议的观点，互相交换看法，做到该说的就说，不该说的千万不说。

（4）记录总结员

记录总结员一般需要标记讲话内容的重点。一般而言，记录总结员需要做到以下几点：首先，记录清晰，重点标明，能够快速而准确记下每个求职者的发言要点，并结合团队整体解决思路，把相关的发言重点，用记号标明。其次，配合领导，推进讨论，及时把要点清晰地指给或传给领导看。当团队成员讨论无目的或者偏离要点时，记录总结员需要及时地将话题引入正确轨道上。最后，当大家都发言完毕时，进行总结发言，将整理出来的方案要点，逐条讲出来，在此过程中，恰当点名赞扬一下某个同学的方案。

在确定好了自己扮演的角色之后，接下来的就是技巧了，在群面中一般还需要注意以下几个方面的内容：

首先，对于一个话题，小组成员应该有自己的观点和主见，与小组其他人或其他小组的人，意见可能相同或相似，也可能存在意见不一致的情况，所以当与别人意见一致时，可以适当地阐述自己的论据，补充别人发言中存在的不足之处，而不应该简单地附和说："某某已经说过了，我与他的看法基本一致，我没什么好说的了。"这会给人一种没有主见、没有个性、缺乏独立精神的感觉，甚至还会怀疑你其实根本就没有自己的观点，有欺骗的可能。同时，当别人发言时，应该学会倾听，目光注视对方，不要有不自觉的小动作，更不应该因为对对方观点不以为然而显出轻视、不屑一顾的表情，这样会给人一种轻浮的感觉。对于别人的不同意见，也不要打断对方的发言或是抢问抢答，生怕别人不知道你反对，而是应在对方陈述完毕之后，很自然地发言，沉着应付，不要感情用事，怒形于色，言语措词也不要带刺，保持清醒的头脑，思维敏捷，更利于分析对方的观点，阐明自己的见解。要以理服人，尊重对方的意见，不能压制对方的发言，不要全面否定别人的观点，应该以探讨、交流的方式在较缓和的气氛中，充分表达自己的观点和见解。

其次，在双方交谈的过程中，求职者也应该注意自己的态度和语气。自命清高、装腔作势、能言善辩、口若悬河、"语不惊人死不休"、危言耸听、哗众取宠、喋喋不休的人，不但不能引起面试官的好感，反而会给人留下傲慢、自私、放肆的印象，破坏交谈的气氛，很难达到彼此沟通的目的，从而影响到面试结果。

正确的做法主要包括以下六点：第一，充满自信，放下包袱，大胆开口，群面虽然是众多求职者之间的较量，但它本身并不可怕，每个人都是公平的，对于每个求职者而言，如果胆小怯场，沉默不语，不敢放声交谈，那就等于失去了被面试官考查的机会，很难被面试官认可。第二，讲话注意语速和音调，不要遇到激动的事情就抬高嗓门，遇到不确定的事情、心虚的时候就小声嘀咕，停顿时应该显得像是在思考的样子。第三，论证充分，辩驳有力，有理不在声高，千万不能夸夸其谈、不着边际、胡言乱语。语不在多而在于精，而且言多必失，观点鲜明，论证严密，一语中的，可起到一鸣惊人的作用，当表达与人不同的意见和反驳别人先前的言论时，也不要恶语相加，既要能够清楚表达自己的立场，也不要令别人难堪，等对方回答完毕后再回答，切忌打断他人说话。第四，尊重队友，友善待人，每一个求职者都希望抓住机会多发言，以便表现自己，而过分表现自己，对对方观点无端攻击、横加指责、恶语相向，往往会给面试官一种不重视合作、没有团队精神的感觉，而在团队中，有这种人的存在是要不得的。第五，不搞"一言堂"，不可滔滔不绝，垄断发言，也不能长期沉默，处处被动，每次发言都必须有条有理、有根据。第六，准备手表、纸笔，记录时间和要点，随身携带一个手表和小笔记本，在别人滔滔不绝地讨论时，你可以做些记录，表明你在注意听，而不是"事不关己高高挂起"的心态。

常见的群面题形式多样，但万变不离其宗，例如，以下三个题目就是一些大型的 IT 企业中出现过的群面真题：①如果唐僧去西天取经，可以带八个人去，李逵、孔子、瓦特、林黛玉、郑和、武则天、牛顿、李白，请你把这八个人按照你想带的意愿从强到弱排序，并解释为什么这么排序。②做一个成功的领导者，可能取决于很多的因素，比如，善于鼓舞人、能充分发挥下属优势、处事公正、能坚持原则又不失灵活性、办事能力强、幽默、独立有主见、言谈举止有风度、有亲和力、有威严感、善于沟通、熟悉业务知识、善于化解人际冲突、有明确的目标、能通观全局、有决断力，请你分别从上面所列的因素中选出一个你认为最重要和最不重要的因素。③各位乘坐的轮船触礁，15min 内要转移到荒岛，船上有指南针、剃须镜、饮用水、蚊帐、压缩饼干（一箱）、航海图（一套）、救生圈（一箱）、柴油（10L）、小收音机（一台）、驱鲨剂（一箱）、$20m^2$ 雨布一块、二锅头（一箱）、5m 细缆绳、巧克力 1kg、钓鱼工具（一套）、火柴、香烟，哪些要优先带走。

只要掌握了以上提出的一些群面技巧，任何群面题目都能迎刃而解。

经验技巧 17　　如何准备电话面试？

用人单位在收到简历之后，有时候由于求职者众多，而且很多求职者的个人简历中的"水分"也越来越大，如何才能在鱼龙混杂的众多简历中挑选出具有真材实料的人才是每一个企业都面临的巨大问题，所以为了在面试前做进一步的筛选，用人单位往往以电话的形式对求职者进行首轮面试，从而进行初步筛选。

电话面试的时间一般会持续 20～30min，面试官通过短暂的电话交流用以核实求职者的背景和语言表达能力，电话面试不像面对面交流时那样直接，表现余地也相对较小，所以对于求职者来说，如何在短暂的时间、非面对面的环境中脱颖而出是每一个电话面试求职者都值得深思的问题。

对于电话面试，求职者需要以饱满的热情、积极的心态坦然面对。首先，当求职者接到企业打来的电话时，可能因为正在上课或者正在运动或者正在公交车上而无法正常交流，所以如果事先没有任何准备，最好首先试探看看对方是否可以给一些准备时间稍后再进行电话面试，如"对不起，我正在有事，能不能换个时间给您打电话？"等，最忌讳说自己没有准备，即使是真的毫无准备，也不能如此回答，否则可能会引起面试官的反感，认为求职者不重视该企业或面试的机会，导致最终失去机会。而一旦赢得时间，就需要赶紧准备，马上摊开求职资料写一份提纲，从容应答，最好预先准备好简历上的东西，背熟，确保能够清晰流畅地说出，还可以事先准备一下可能会遇到的问题，有备无患。然后找一个安静的环境，确保手机信号畅通，声音清晰，电量充足。坦然放松地与对方进行电话交谈时，应该将对方单位名称、招聘岗位以及你所感兴趣的职位等弄清楚。

其次，电话面试的内容一般是确认简历的真实性，看看是否有漏洞，是否有失实的地方。回答过程中的任何犹豫都有可能给对方造成说谎的印象，因此，最好将简历放在手边，可以看着内容回答提问。对简历内容确认之后，面试官会针对应聘岗位问些专业技术方面的问题，比如专业技能、对应聘职位的看法等，对于这些问题，不要慌张，抓住问题要点，尽可能如实回答。

再次，就是接听电话要冷静，注意语速，不要说话太急，不要夸夸其谈。接受电话面试时你也不会知道电话那头的"对手"是谁，所以在回答一些专业问题时，答案要尽量显示对那些专业术语非常熟悉，并能用简短的语言表达清楚，重点突出，不要回答得含糊不清。面试官可能会对求职者提出各种五花八门甚至让求职者感觉很"偏"的问题，以此来衡量你是否适合本公司，同时求职者也可以向面试官提出任何你想了解的问题，但待遇问题是一个"雷区"，最好不要提及，否则面试官会认为你比较功利。

在面试过程中不要机械地背诵准备的材料。回答问题时语速不必太快，要简明扼要，发音吐字要清晰，表述要简洁、精辟，不拐弯抹角，不要使用宣誓、方言或行话，即使听起来让人感觉你很酷很时尚，也别这么说。由于是电话面试，声音会受到多种因素的影响，如果问题确实没有听清楚，求职者要很有礼貌地请面试官重述一次，不要不懂装懂、似懂非懂、答非所问，如有必要，甚至还可以要求面试官改用其他方式重述他的问题。回答问题的时候还可以在旁边放杯水，口渴时候润润喉，如果能够准备计算器与一定的工具书在身边就更好不过了，不要吸烟、吃东西或嚼口香糖。使用某某先生或女士等称谓，时不时在对话中以此称呼对方，也可以数次提及公司的名字，不过不要去姓留名地称呼对方，除非对方提出你可以。保持微笑，微笑会改变说话者的声音，会给面试官留下积极乐观的印象。

最后，注意礼貌，当电话结束时，要记得感谢面试官，显示你的职业修养，可以这么说："感谢您的来电，谢谢您对我的认可，我的电话号码是：151xxxxxxxx，我希望能有机会与您面谈，您有任何问题可以随时给我打电话，打扰您了，谢谢。"如果对方直接约定面试，一定要拿笔记下时间、地点，重复一次，保证准时参加面试。

如果有可能的话，在面试结束之后，记录下刚才被问到的问题以及所做的回答，然后发出感谢信，这样无论自己是否达到了企业的要求，至少可以让对方知道自己对这份工作真的很有意、很认真。在感谢信里面，重申自己对占用了面试官时间的感激以及给一些其他问题的答复是很重要的，如果发现在面试的时候有一个很重要的经历没有被提到或是有一些优点没来得及向面试官提及，那么这封感谢信将是补充这些附加信息最好的地方。感谢信发出以后，可以将可能得到反馈信息的时间在电子邮件日历或者桌子的日历上做一个记号，如果在此之后的一周内没有得到任何答复，也不要做最坏的打算，轻言放弃。可能是因为时间表订得太紧了，也可能是面试官太忙暂时无法给你回复，此时，可以打个电话给面试官询问一下相关情况，但是切忌说话太多。如果仍然没有音讯的话，下一个电话就需要询问关于进行面对面面试的人选是否已经决定或者你什么时候可以得到答复。如果能够得到一个预约见面的日期，就表明已经通过了电话面试。

经验技巧 18 签约和违约需要注意哪些事情？

经过了紧张激烈的笔试面试后，最后过五关斩六将，终于得到了用人单位的认可，拿到了用人单位的 offer，接着要做的事情就是与用人单位进行签约，以保住"胜利的果实"。然而大部人并不满足现状，尽管已经找到了一份工作，可是仍然会继续进行求职，在随后的求职过程中，如果遇到了感觉更加适合自己的单位后，可是已经与其他单位进行了签约，只有先与已经签约单位办理解约手续，才能与新单位进行签约，此时就涉及了违约。签约与违约是求职过程中一种非常常见的现象，是一种双向选择的过程，所以求职者不必为此有过大的心理压力与负担。

（1）签约

通常所说的签约，一般指的是求职者与企业签订三方协议，而不是签 offer 或劳动合同。offer 只是企业对求职者的一个单方面录用意向，它不具备足够的约束力，如果只是签订了offer，企业可以随时拒绝求职者，求职者也可以随时拒绝企业。

在签订三方协议前，首先需要弄懂一个概念，什么是三方协议？三方协议不等同于劳动合同，但毕业生由签约到正式工作之间会存在一段时间差，签订三方协议就具有一定的广泛性，它是由学校、毕业生、用人单位三方共同签署后才能生效的，它也是学校制订就业方案、用人单位申请用人指标的主要依据，对签约的三方面都有一定的约束。所以，签约是一件非常严肃的事情，在签订三方协议的时候，求职者一定要认真阅读三方协议上的相关事项，不要最后发现"上当了"，悔之晚矣。

具体而言，在签约前，求职者一定要做好充分的调查工作，包括企业的规模、效益、管理制度、隶属单位、福利待遇等内容，在与企业进行沟通的时候，企业可能说得天花乱坠，但是到了白纸黑字的时候，他们也不敢胡乱造次，所以，在三方协议上一般写明与户口、薪酬、违约金相关的内容信息。需要注意的是，如果准备继续读书深造或准备出国留学，应该事先向企业说明清楚，并且写在协议书中，如果恶意隐瞒，对求职者自身和企业而言都将会带来不好的影响和不可预知的麻烦，"害人也害己"。

1）户口。北京、上海作为我国的政治、经济中心，是无数有志青年梦寐以求的地方，同时，由于城市发展的限制，国家对该地区的户口管制比较严格，户口对于希望去往北京、上海工作的求职者非常关键，所以在与企业进行签约的时候，一定要区分"解决户口""可以解决户口""排队解决户口""抽签解决户口""可能解决户口""一般不解决户口""不解决户口"等各种用词之间的微妙关系。

2）薪酬。薪酬是每一个求职者最关心的问题，也是最困惑的问题，什么才是高薪？税前工资与税后工资有什么区别？"五险一金"是什么？奖金能占工资的多大比例？

其实，作为一名求职者，在与企业谈论薪酬时，千万不要只看面上的钱，也不要只看短期内的收入，同时也不要听信 HR 说的可能的收入，而要看自己实际真正能到手的年收入、当地的消费水平，以及未来的发展前景。具体而言，薪酬主要包括以下几个方面的内容：工资、奖金、补贴、福利、股票（期权）、保险和公积金。

① 基本工资。基本工资分为税前工资与税后工资两种，除此之外，还需要问清楚，发放工资的月数，因为很多企业每年发放工资的月数不是 12 个月，例如，税前工资 7500 元，发13 个月工资，则年收入为 7500 元×13=97500 元。很多企业有年底双薪，还有一些单位会发14～16 个月工资，所以，一定要看年收入，而不是月收入。

② 奖金。很多企业的奖金都占收入很大一部分。对于奖金，不同的单位情况也各不相同，奖金的数额也不一样，所以一定要问清楚奖金，一般 HR 们说的奖金的区限，普通求职者或

者应届毕业生只能拿到最低数，即取下限。

③ 补贴。有些单位会有一些补贴，一般包括通信补贴、住房补贴、交通补贴、伙食补贴等。

④ 福利。对于一些国企和事业单位来说，往往会有一些福利，而福利一般很难用金钱来衡量，例如，防暑降温费、取暖费、生活用品等。

⑤ 股票。对于很多企业而言，股票是一种非常有诱惑力的激励手段，但一般来说，已经上市的公司提供股票的可能性不大，反倒是一些即将上市的公司提供股票的可能性较大。所以，一定要看准机遇，走一步看三步，视野开阔，不能只贪图眼下的工资，要是有提供股票的企业，即使工资比较低，也应该认真考虑。

⑥ "五险一金"。即养老保险、医疗保险、失业保险、人身意外伤害保险、生育保险和住房公积金。如果求职者到私营企业、民营机构或被聘用到不占其行政编制的机关企事业单位，就需要向用人单位提出社会保险问题，至少要参加"基本养老保险"和"大病医疗保险"。

所以，在三方协议中，一定要尽可能详细地将薪酬描述清楚，白纸黑字，这样能够给予自己最大的保护，否则，很有可能会被企业给忽悠了，最终经济上遭受了巨大的损失。

3）违约金。任何企业都无权不让求职者进行违约，每个企业都有追寻更优秀员工的权利，每个求职者都有追求更适合自己发展的企业的权利，所以违约是一项非常正常的行为。一般而言，在签约时，企业的签约负责人会主动与求职者提及违约金是多少，然后写到三方协议的备注栏里，也有少数企业不需要违约金，只是需要等待办理违约函的时间更长一些。

签约具有一定的程序，首先求职者凭借企业的接收函到学校院系领取教育部的就业协议书，然后将该就业协议书交由企业，企业签署意见后再交给学校，最后学校签字后，此协议书生效。由于签约是各方进行交互的过程，作为弱势群体的一方，一定要认真保护自己的合法权益，当求职者将手中唯一的一份三方协议寄给企业后，此时有权利要求企业尽快签署三方协议，如果发现企业有拖延的情况，可主动与企业联系询问情况，必要时可向学院或学校就业中心寻求帮助。当求职者收到企业已签字盖章的三方协议后，应尽快确认协议书中的内容，如发现有任何问题，应及时与企业联系。如对协议书没有异议，应尽快在协议书上签字，完成签约手续。如果条件允许，应该尽可能采取现场签约的方式以减少不必要的沟通障碍，如果因为条件限制需进行异地签约，则签约双方应保持良好的沟通和配合，尽快履行签约手续。

由于三方协议不等同于劳动合同，求职者到企业报到后，一般而言需要经过三个月到一年不等的试用期，试用期结束后，通过考核方可签订正式的劳动合同，因此，在签约前了解合同书的内容是十分必要的，尤其是合同书的工作年限和待遇。

（2）违约

随着招聘工作的展开，当求职者遇到了一个他觉得更适合自己的单位的时候，由于已经与其他单位完成了签约，此时，就涉及一个违约的过程。经过求职者、用人单位、学校共同签订的三方协议书具有法律效应，任何一方如果擅自解除，就称为违约。

是否值得违约是一个很难说清的问题，因人而异，所以，在进行违约前，一定要认真考虑清楚，计算一下违约成本，具体应该考虑以下几个方面的问题：

1）新单位是否比原单位高一个档次？如果两家企业确实不在一个数量级，可以违约，但如果两家企业差不多，没有多大的区别，就没有违约的必要。

2）新单位的签约最晚时间是什么时候？如果最晚签约时间还无法办理与原单位的违约手续、拿到学校新的三方协议，就不要冒险进行违约。如果实在无法与原单位在规定的日期内办理违约手续、拿不到新的三方协议办理签约手续，可以尝试与企业签订两方协议。

对于求职者而言，被用人单位拒绝是一件非常痛苦的事情，但是拒绝一家用人单位去选择另一家用人单位更是一件痛苦的事情，谁都不知道最终的选择是否正确。所以，对于违约，一定要谨慎，一旦违约，无论对单位、学校还是个人，都会造成巨大的伤害。同时自己可能会为违约行为付出巨大的代价，例如巨额的违约金。

违约的原因其实很简单，就是遇到了更好的单位。一个基本的违约流程一般包括以下四个步骤：

第一步，求职者需要与原签约单位进行协商，向原签约单位提出违约请求，按照三方协议规定，交纳一定的违约金（但并非所有单位都会收取违约金），从原签约单位开出解约函。

第二步，求职者从新单位获取接收函，即 offer。

第三步，将原签约单位的解约函与新单位的接收函一并带往学校就业指导中心，同时填写一份申请违约表，从学校领取新的三方协议（有时也不需要接收函）。

第四步，携带新的三方协议与新单位签约。

对于违约，还是不太容易的，所以，确定违约后，求职者一定要冷静。具体而言，首先，解约一般需要一个过程，需要一定的时间，所以当求职者需要进行违约时，应确保接收单位能够等待足够长的时间，以便求职者能够与原签约单位进行解约，此时最好能够给接收单位说明实际情况。如果接收单位无法等待求职者办理该手续，切忌盲目解约，以免最后"竹篮打水一场空"。

其次，与原单位进行解约时，不要态度蛮横，一定要态度诚恳，委婉地说明违约原因，同时为自己的行为进行必要的道歉。需要注意的是，说明违约原因也不能太过于伤害企业，例如，"你们效益不行""工资太低""管理不够人性化"等都是非常不好的说法，也很难被原签约单位所接受。虽然他们无法要求求职者必须来上班，但是他们只要稍微拖延办理违约手续，对求职者而言，可能影响是致命的：无法按时与新单位签约。"我父母希望我能找一个离家近一点的工作，虽然我也觉得贵公司非常优秀，但是我还是希望能够尊重父母的意见"就不失为一种好的方法，一来没有批判他们不好，二来也表明并非自己主观愿望不愿意来工作，而是出于孝心，所以不得已而为之。

具体的违约过程分两个时间段：派遣前（开据报到证前）；派遣后（开据报到证后）。派遣前进行违约的程序一般包括：原单位出具退函；本人申请并经由所在院系政治辅导员或分管领导签字盖章；新单位的三方协议。派遣后的违约程序一般包括：原单位出具退函，并通知单位将档案退回原所在院系；本人申请并经由所在院系政治辅导员或分管领导签字盖章；新单位的三方协议；原单位报到证，最后带上这些材料，到所在学校就业中心办理改派手续即可。

签约要慎重，违约更要慎重。违约不仅需要支付一定额度的违约金，对于还未能就业的应届毕业生来说也是一笔大的数目，同时也浪费了一个机会，对用人单位、求职者都是一件耗费精力的事情。

下篇：面试笔试技术攻克篇

　　面试笔试技术攻克篇主要针对近3年以来近百家顶级IT企业的面试笔试真题而设计，这些企业涉及面非常广泛，面试笔试真题难易适中，非常具有代表性与参考性。本篇对这些真题以及其背后的知识点进行了深度剖析，并且对部分真题进行了庖丁解牛式的分析与讲解，针对真题中涉及的部分重难点问题，本篇都进行了适当的扩展与延伸，力求对知识点的讲解清晰而不紊乱，全面而不啰嗦，使得读者能够通过本书不仅获取到求职的知识，同时更有针对性地进行求职准备，最终能够收获一份满意的工作。

第1章　PHP 基础知识

　　PHP 也称为超文本预处理器，是一种开源的服务端脚本语言。目前，在全球拥有的 100 万站点中，有 70%左右的站点是使用 PHP 开发的，PHP 被广泛地应用于各种服务端前端及应用的开发。在面试笔试中 PHP 基础知识经常被考到，通过基础知识可以了解一个 PHP 程序员的功底如何。如果连 PHP 基础都没能掌握的人，那么很难在笔试中胜出。所以熟练地掌握 PHP 基础知识显得非常重要。这一章节将详细地介绍所有可能考到的 PHP 基础知识。

1.1　PHP 语言

　　PHP（原始为 Personal Home Page 的缩写，后改名为 PHP: Hypertext Preprocessor，中文译为超文本预处理器）是一种开放源代码的开源脚本语言。它融合了 C 语言、Java 语言、Perl 语言等的优势和特点，利于学习，使用广泛。PHP 主要用于服务端的脚本程序，其可以完成任何其他的 CGI（Common Gateway Interface，通用网关接口）程序能够完成的工作，例如，收集表单数据、生成动态网页等。

1.1.1　PHP 与 ASP、JSP 有什么区别?

　　ASP 全名 Active Server Pages，是一个基于 Windows 平台的 Web 服务器端的开发环境，利用它可以产生和运行动态的、交互的、高性能的 Web 服务应用程序，它只能在微软平台上使用，移植性不好。ASP 采用脚本语言 VB Script、JScript（JavaScript）作为自己的开发语言。国内早期大部分网站都用它来开发。但因微软全面转向，ASP.NET 放弃了 ASP 的 Web 开发模式，所以现在已经被淘汰使用。

　　PHP 是一种跨平台的服务器端的嵌入式脚本语言。它大量地借用 C、Java 和 Perl 语言的语法，并耦合 PHP 自己的特性，使 Web 开发者能够快速地写出动态生成页面。它可嵌入 HTML 中，非常适合 Web 开发，而且它支持目前绝大多数数据库。除此以外，PHP 是完全免费的，不用花钱，开发人员就可以从 PHP 官方站点（http://www.php.net）自由下载。而且开发人员可以不受限制地获得源码，甚至可以从中加入自己需要的特色，开发效率高，成本低。

　　JSP 是 Sun 公司推出的一种网络编程语言，跨平台运行，安全性高，运行效率也高。它的开发语言主要基于 Java。

　　ASP、JSP、PHP 三者都提供在 HTML 代码中混合某种程序代码、由语言引擎解释执行，但 JSP 代码被编译成 Servlet 并由 Java 虚拟机解释执行，这种编译操作仅在对 JSP 页面的第一次请求时发生。在 ASP、PHP、JSP 环境下，HTML 代码主要负责描述信息的显示样式，而程序代码则用来描述处理逻辑。普通的 HTML 页面只依赖于 Web 服务器，而 ASP、PHP、JSP 页面需要附加的语言引擎分析和执行程序代码。程序代码的执行结果被重新嵌入 HTML 代码中，然后一起发送给浏览器。ASP、PHP、JSP 三者都是面向 Web 服务器的技术，客户端浏览器不需要任何附加的软件支持。

【真题 1】 请分别列出 HTML、JavaScript、CSS、Java、PHP、Python 的注释代码形式。

参考答案：

语　言	注释代码形式
HTML	<!-- HTML 注释 -->
JavaScript	// JavaScript 注释 /* * JavaScript 多行注释 */
CSS	/* CSS 注释 */
Java	// Java 注释 /* * Java 多行注释 */
PHP	// PHP 单行注释 # PHP 单行注释 /* * PHP 多行注释 */
Python	# Python 单行注释 " Python 多行注释 "

【真题 2】 为什么有些 PHP 代码最后不加?>?

参考答案：不加结束标签可以避免尾部的空白字符意外输出，对代码产生某些不必要的影响。

分析：与 C 语言或 Perl 语言一样，PHP 需要在每个语句后用分号结束指令。一段 PHP 代码中的结束标记隐含表示了一个分号；在一个 PHP 代码段中的最后一行，可以不使用分号结束。如果后面还有新行，则代码段的结束标记包含了行结束。

示例代码如下：

```php
<?php
    echo "This is a test";
?>
<?php echo "This is a test"; ?>
<?php echo 'We omitted the last closing tag';
```

文件末尾的 PHP 代码段结束标记可以不要，有些情况下当使用 include() 或者 require() 时省略掉会更好些，这样不期望的白空格就不会出现在文件末尾，之后仍然可以输出响应标头。在使用输出缓冲时也很便利，就不会看到由包含文件生成的不期望的白空格。

【真题 3】 以下有关 PHP 的说法中，错误的是（　　　）。

A．PHP 官方推荐使用 Apache 的 prefork 模式，此模式下建议选用 Non Thread Safe 版本

B．FastCGI 下选择 Non Thread Safe 版本，ISAPI 下选择 Thread Safe 版本

C．用 PHP 彩蛋能大致获取 PHP 的版本，PHP 中一共隐藏了 4 个彩蛋

D．因为官方不建议将 Non Thread Safe 用于生产环境，所以，选择 Thread Safe 版本的 PHP 来使用

参考答案：D。

分析：PHP 从 5.2.10 版本开始存在有 Non Thread Safe 与 Thread Safe 两种版本可供选择。

Non Thread Safe 意思是非线程安全，在执行时不进行线程检查；Thread Safe 意思是线程安全，执行时会进行线程（Thread）安全检查，以防止有新要求就启动新线程的 CGI 执行方式耗尽系统资源。FastCGI 执行方式是以单一线程来执行操作，所以不需要进行线程的安全检查，除去线程安全检查的防护反而可以提高执行效率，如果是以 FastCGI（搭配 IIS）执行 PHP，那么建议下载执行 Non Thread Safe 的 PHP。因为有许多 PHP 模块都不是线程安全的，以 ISAPI 来执行 PHP，所以需要使用 Thread Safe 的 PHP（搭配 Apache）。Non Thread Safe 非线程安全与 IIS 搭配环境，Thread Safe 线程安全与 Apache 搭配环境。因此，选项 B 的说法是正确的。

官方并不建议使用 Non Thread Safe 用于生产环境，但是 Fastcgi 下必须选择 Non Thread Safe 版本，不一定要选择 Thread Safe 版本的 PHP 来使用。所以，选项 D 的说法错误。

1.1.2　PHP 与 HTML 有什么区别?

当 PHP 解析一个文件时，会寻找开始和结束标记，标记告诉 PHP 开始和停止解释其中的代码。此种方式的解析可以使 PHP 嵌入各种不同的文档中，凡是在一对开始和结束标记之外的内容都会被 PHP 解析器忽略。大多数情况下，PHP 都是嵌入在 HTML 文档中的，在 HTML 中嵌入 PHP 有以下两种方法。

（1）常规使用

常规使用即在常规的 HTML 中嵌入 PHP 代码。如下所示，创建一个 test 脚本，命名为 test.php。示例代码如下：

```
<html>
    <head>
        <title>PHP in html Test</title>
    </head>
    <body>
        <?php echo '<p>Hello World</p>'; ?>
    </body>
</html>
```

上面 HTML 代码的功能是，在 PHP 代码中，打印 Hello World。需要注意的是，在 HTML 中嵌入 PHP 代码需要使用<?php ?> tags 标签。

（2）高级使用

示例代码如下：

```
<html>
    <head>PHP in HTML</head>
    <body>
    <ul><?php for($i=1;$i<=3;$i++){ ?><li>listnum<?php echo $i; ?></li><?php } ?></ul>
    </body>
</html>
```

上述 HTML 代码的功能是循环打印三个列表内容。

程序的运行结果为

```
list num 1
list num 2
```

【真题 4】 PHP 可以与 HTML 混编，当 get 请求传递一个 rgb 颜色，命名为 bgcolor 时，自动改变背景颜色的 PHP 代码为（   ）。

A．<?php   <body bgcolor="$_GET['bgcolor']"></body> ?>

B．<html><body bgcolor=" <?php $_GET['bgcolor'];?>"></body></html>

C．<body bgcolor="<?php echo $_GET['bgcolor'];?>"></body>

D．<?php echo '<body bgcolor='.$_GET['rgbcolor'].'></body>' ?>

参考答案：C。

分析：在 HTML 中嵌入 PHP 需要使用<?php ?> tags 标签，在标签内可以正常使用 PHP 代码，选项 B 虽然获取到了 bgcolor 的值，但是没有输出导致 bgcolor 的值为空，选项 C 把获取到的颜色值输出，则 bgcolor 可以获取到值。所以，选项 B 错误，选项 C 正确。

1.1.3 PHP 的优点是什么？

具体而言，PHP 的主要优点表现为如下几个方面的内容：

1）开源性和免费性。PHP 是一个免费开源的语言，用户可以自由地获取最新版的 PHP 核心和扩展组件，甚至源代码和运行环境都是完全开源免费的，对于安全系数较高的公司或项目可以自行更改源代码程序。

2）跨平台性和组件丰富。PHP 是一种非常容易学习和使用的一门语言，它的语法特点类似于 C 语言，但又没有 C 语言复杂的地址操作，而且又加入了面向对象的概念，再加上它具有简洁的语法规则，使得它操作编辑都非常简单，实用性很强。PHP 的可扩展性非常强大，它甚至可以部署在用户可以想到的所有操作系统的环境上。它还拥有非常强大的组件支持功能，开发一个普通的项目几乎不再要收集和查找，只要在 PHP 的类库中搜索。

3）面向过程和面向对象并用。在 PHP 语言的使用中，可以分别使用面向过程和面向对象，而且可以将 PHP 面向过程和面向对象两者一起混用，这是其他很多编程语言都不具备的。

4）语言简单，开发高效。语法简单，结构清晰，让很多没有专业编程基础的朋友都可以轻松掌握。PHP 在编译和开发过程中既保留了传统的混编模式，也提供了 MVC 的三层架构风格，让 PHP 在开发部署项目时的效率非常高，而不需要太多的知识体系来完成它。

5）运行高效性。由于 PHP 运行在相应的平台解释器上，消耗系统资源比较少，运行的环境简单。所以，PHP 运行效率很高。

6）配置和部署相对简单。相对于 Java 应用的开发来说，例如，常用的 structs、Spring、Hibernate、Tomcat 等很多地方需要配置的模块，甚至每个 SQL 语句都要先配置，重新部署类文件等经常需要重启 Web 服务器。而在 PHP 的开发过程中，则只需要关注 PHP 自身的配置文件和 Web 服务器的配置（例如，Nginx/Lighttpd/Apache 等）。

7）应用广泛。PHP 不仅可以开发常见的 Web 应用，而且还可以开发桌面应用（php-gtk）、命令脚本（shell 脚本或计划任务）和手机 APP 应用（Android）等。

8）有强大的功能函数库支持。PHP 有丰富的功能处理函数，包括强大的数组与字符串函数、目录文件函数、对不同文件类型的处理函数、支持所有数据库函数、对不同网络协议的支持等。

【真题 5】 PHP 有哪些优点和用途？

参考答案：PHP 是一种开放源代码的开源脚本语言。用户可以使用 PHP 和 HTML 生成网站主页。

具体而言，PHP 的用途有以下几个方面的内容：

1）Web 开发、实现订单、网络通信、在线支付、一切互联网可以实现的工作。

2）脚本的开发、Shell 脚本、Windows 的计划任务等。

3）软件的开发，PHP-GTK 等第三方的软件，使用 PHP 语法配合其他的语言开发软件。

【真题 6】 PHP 是一门（ ）。

A．编译性语言　　　　B．解释性语言　　　　C．脚本语言　　　　D．非语言

参考答案：C。

分析：用编译性语言编写的程序在被执行之前，需要一个专门的编译过程，把程序编译成为机器语言的文件，例如 exe 文件，如果以后要运行，那么就不用重新编译了，直接使用编译的结果就行了（exe 文件进行执行），因为编译只做了一次，运行时不需要编译，所以，编译性语言的程序执行效率高。编译性语言包括 C/C++、Pascal/Object Pascal（Delphi）。

解释性语言的程序不需要编译，在运行程序的时候才翻译，由于每执行一次就需要逐行翻译一次，所以，解释性语言的效率比较低。现代解释性语言通常把源程序编译成中间代码，然后用解释器把中间代码一条条翻译成目标机器代码后执行。解释性语言包括 Java、JavaScript、Perl、Python、Ruby、MATLAB 等。

脚本语言是为了缩短传统的编写—编译—链接—运行过程而创建的计算机编程语言，它一般都有相应的脚本引擎来解释执行，一般需要解释器才能运行。一个脚本通常是解释运行而非编译。脚本语言包括 Python、JavaScript、ASP、PHP、PERL 等。所以，选项 C 正确。

【真题 7】 解释性语言的特性包括（ ）。

A．非独立　　　　B．效率低　　　　C．独立　　　　D．效率高

参考答案：A、B。

分析：解释性语言的程序不需要预先编译，在运行程序时才翻译成机器语言，每种解释性语言都是执行时才翻译，每执行一次就翻译一次效率非常低，并且依靠编译器才能将解释性语言翻译成机器语言，所以是非独立的。

所以，本题的答案为 A、B。

1.1.4　PHP 的输出语句有哪些?

PHP 的输出语句主要有以下几种：

1）echo。echo 可以用来输出字符到网页上，因为它是 PHP 语句而不是一个函数，所以没必要对它使用括号。然而，如果希望向 echo 传递一个以上的参数，那么使用括号将会生成解析错误。此外，因为 echo 并不返回值，所以不能使用它来赋值。下面给出几个常见的例子：

```php
<?php
    $a = echo("Hello World");   // 错误，因为 echo 没返回值，不能用来赋值
    echo "Hello World"; // 正确，输出 Hello World
    echo ("Hello World"); //正确，输出 Hello World
    echo ("Hello","Wrold"); //错误，因为传递多个参数的时候不能用括号
```

```
echo "Hello"," World"," is", " web";  // 正确，不用括号的时候可以用逗号隔开多个值
echo "$hWorld"; // 如果 $h = "Hello"，则会输出 Hello World。使用双引号，会用变量的值代
                //替变量名
echo '$hWorld '; //输出$hWorld，使用单引号不对变量进行解析，直接输出引号中的内容
?>
```

2）print。它和 echo 的功能几乎一样，凡是一个可以使用的地方，另一个也可以使用。也可以用来输出字符到网页上，实际上，它也不是一个函数，因此在使用的时候也无需对其使用括号。print 不支持逗号分隔多个变量的语法（只能输出一个字符串）。此外，在向 print 传递一个以上的参数时，如果使用括号会发生解析错误。注意，print 总是返回 1 的，这个和 echo 不一样，也就是可以使用 print 来赋值，不过没有实际意义。由于它比 echo 多了个返回值，因此效率也就没有 echo 高。使用示例如下：

```
<?php
$x = print("Hello World"); // 输出 Hello World
echo $x; // 输出 1
print "Hello World";      //输出 Hello World
?>
```

3）printf。printf 用来输出格式化的字符串。它的语法为 printf(format,arg1,arg2,arg++)，其中，参数 format 是转换的格式，arg1、arg2、arg++ 参数将被插入 format 中的百分号（%）符号处。该函数是逐步执行的，它把 arg1 插入 format 的第一个%处，arg2 插入第二个%处，以此类推。如果%符号多于 arg 参数，则必须使用占位符。占位符被插入%符号之后，由数字和 "\$" 组成。下面给出几个常见的 format：

* %%——返回百分比符号
* %b——二进制数
* %c——依照 ASCII 值的字符
* %d——带符号十进制数
* %e——科学计数法（例如 1.5e+3）
* %u——无符号十进制数
* %f——浮点数（local settings aware）
* %F——浮点数（not local settings aware）
* %o——八进制数
* %s——字符串
* %x——十六进制数（小写字母）
* %X——十六进制数（大写字母）

使用示例如下：

```
<?php
printf("First %s %s。","hello", "world"); // First hello world
printf("This is %1\$s %1\$s","A", "B"); //输出 This is A A，因为只显示第一个参数两次，而没有用
                                        //到第二个参数
?>
```

4）sprintf。它与 printf 的使用方法相同，唯一不同的就是该函数把格式化的字符串写入一个变量中，而不是输出来。使用示例如下：

```php
<?php
    sprintf("This is %1\$s %1\$s","A", "B");   //没有任何输出
    $out = sprintf("This is %1\$s %1\$s","A", "B");
    echo $out;   //输出 This is A A
?>
```

5）print_r。print_r 显示关于一个变量的易于理解的信息。主要用来输出数组、对象等复合数据类型。使用示例如下：

```php
<?php
    $a = array ('a' => 'A, 'b' => 'B', 'c' => array ('a','b','c'));
    print_r ($a);
?>
```

输出结果为

```
Array
(
    [a] => A
    [b] => B
    [c] => Array
        (
            [0] => a
            [1] => b
            [2] => c
        )
)
```

6）var_dump。var_dump 主要用于调试，它的作用是输出变量的内容、类型或字符串的内容、类型、长度。使用示例如下：

```php
<?php
    $a=1.5;
    var_dump($a); //float(1.5)
    $a=2
    var_dump($a); //int(2)
?>
```

【真题 8】 echo、print 和 print_r 有什么区别？

参考答案：echo 是一个语言结构，没有返回值。print 返回 int 类型的值。print_r 是一个函数，返回 bool 类型值，按结构输出变量的值。

1.1.5　如何区分单引号与双引号?

在 PHP 中，可以使用单引号或者双引号来表示字符串。

定义一个字符串的最简单的方法是用单引号把它包围起来。如果字符串是包围在双引号

中，那么 PHP 将对一些特殊的字符进行解析，见下表。

转 义 符	说　　明
\n	换行（LF or 0x0A (10) in ASCII）
\r	回车（CR or 0x0D (13) in ASCII）
\t	水平方向的 tab（HT or 0x09 (9) in ASCII）
\v	竖直方向的 tab（VT or 0x0B (11) in ASCII）（since PHP 5.2.5）
\f	换页（FF or 0x0C (12) in ASCII）（since PHP 5.2.5）
\\	反斜线
\$	美金 dollar 标记
\"	双引号
\[0-7]{1,3}	符合该表达式顺序的字符串是一个八进制的字符
\x[0-9A-Fa-f]{1,2}	符合该表达式顺序的字符串是一个十六进制的字符

和单引号字符串一样，如果输出上述字符之外的字符，那么反斜线会被打印出来。在 PHP5.1.1 以前，\{$var} 中的反斜线还不会被显示出来。

对于自定义的变量而言，一个是可以解析变量的，另外一个是会把变量直接输出来的，同时，单引号与双引号在字符处理上单引号要优于双引号。下面从不同的角度出发来介绍二者的区别。

1）转义的字符不同。单引号只支持两种转义：\'和\\。双引号支持更多的转义。

```php
<?php
    echo "She said,\"Hello\" ";//输出：She said, "Hello"。由于需要对"进行转义，字符串只能使用
                               //双引号，单引号不支持对"转义
    print 'I\'m OK.';          // 输出：I'm OK.
?>
```

2）对变量的解析不同。单引号字符串中出现的变量不会被变量的值替代，即 PHP 不会解析单引号中的变量，而是将变量名原样输出。双引号字符串最重要的一点是其中的变量名会被变量值替代，即可以解析双引号中包含的变量。

```php
<?php
    $age = 20;
    $str1 = 'I am $age years old';
    $str2 = "I am $age years old";
    echo $str1,'<br />'; //输出：　I am $age years old
    echo $str2,'<br />'; // 输出：I am 20 years old;
?>
```

3）单引号不需要考虑变量的解析，速度比双引号快。所以，一般推荐使用单引号。当然，有的时候双引号也比较好用，例如在拼接 SQL 语句时。以下是使用单引号与双引号的例子。

```php
$sql="insert into T values ('$name', '$age')";
```

【真题 9】 在 PHP 中，单引号和双引号所包围的字符串的区别是（　　　）。

A. 单引号解析其中\r\t 等转义字符，而双引号不解析

B. 双引号速度快，单引号速度慢

C. 单引号速度快，双引号速度慢

D. 双引号解析其中以$开头的变量，而单引号不解析

参考答案：D。

分析：双引号是可以解析$符开头的变量和转义字符的，而单引号不解析也不转义字符。所以，选项 A 错误，选项 D 正确。

对于选项 B 和选项 C，由于题目中明确说了引号内包含的是字符串，因此不需要对变量进行解析，在这种情况下双引号和单引号的效率是相同的。选项 B 和选项 C 都是错误的。

1.1.6 什么是 XML？

XML 是"可扩展性标识语言（eXtensible Markup Language）"的缩写，是一种类似于 HTML 的标记性语言。但是与 HTML 不同，XML 主要用于描述数据和存放数据，而 HTML 主要用于显示数据。XML 是一种流行的半结构化文件格式，以一种类似数据库的格式存储数据。在实际应用中，一些简单的、安全性较低的数据往往使用 XML 文件的格式进行存储。这样做的好处很多，一方面可以通过减少与数据库的交互性操作提高读取效率，另一方面可以有效利用 XML 的优越性降低程序的编写难度。

PHP 提供了一整套的读取 XML 文件的方法，很容易地就可以编写基于 XML 的脚本程序。本章将要介绍 PHP 与 XML 的操作方法，并对几个常用的 XML 类库做一些简要介绍。

通过 XML，开发者可以根据自己的需要创建标记的名称。例如，下面的 XML 代码可以用来描述一条学生信息（info.xml）。

```
<info>
    <num>01</num>
    <name>lucy</name>
    <sex>girl</sex>
</info>
```

其中<info></info>标签标记了这是一个学生信息，信息中包括学号、姓名、性别信息。

（1）存储 XML

可以通过创建一个 SimpleXML 对象来临时存储 XML 数据。对 XML 进行的操作都是通过操作 SimpleXML 对象来完成的。可以通过使用 simplexml_load_flie 函数读取一个 XML 文件来完成创建，其语法格式如下：

```
simplexml_load_file(string filename)
```

这里的 filename 变量是用于存储 XML 数据文件的文件名及其所在路径。以下代码使用 simplexml_load_file 函数来创建一个 SimpleXML 对象。

```php
<?php
    $xml = simplexml_load_file('info.xml');
    print_r($xml);
?>
```

程序的输出结果如下：

```
SimpleXMLElement Object
(
    [num] => 01
    [name] => lucy
    [sex] => girl
)
```

也可以直接访问 XML 的元素：

```php
<?php
    $xml = simplexml_load_file('info.xml');
    echo "$xml->num"."\n";
    echo "$xml->name"."\n";
    echo "$xml->sex"."\n";
?>
```

程序的运行结果为

```
01
lucy
girl
```

（2）标准化 XML 数据

SimpleXML 还提供了一种标准化 XML 数据的方法 asXML。asXML 方法可以有效地将 SimpleXML 对象中的内容按照 XML 1.0 标准进行重新编排并以字符串的数据类型返回。以下代码实现了对上面 XML 数据的标准化：

```php
<?php
    $xml = simplexml_load_file('info.xml');
    echo $xml->asXML();
?>
```

程序的运行结果为

```xml
<?xml version="1.0"?>
<info>
    <num>01</num>
    <name>lucy</name>
    <sex>girl</sex>
</info>
```

（3）动态创建 XML 文件

在实际的项目开发中，经常需要动态生成 XML 文件，之前的组件不能提供此种功能，需要使用 DOM 组件来进行创建。DOM 是文档对象模型 Document Object Model 的缩写，DOM 组件提供了对 XML 文档的树形解析模式。以下代码使用 DOM 组件创建了一个 XML 文档：

```php
<?php
    $dom = new DomDocument(); //创建 DOM 文档
```

```php
    $info = $dom->createElement('info'); //在根节点创建 info 标签
    $dom->appendChild($info);
    $num = $dom->createElement('num'); //在 info 标签下创建 num 子标签
    $info->appendChild($num);
    $num_value = $dom->createTextNode('100001'); //赋值
    $num->appendChild($num_value);
    $name = $dom->createElement('name');
    $info->appendChild($name);
    $name_value = $dom->createTextNode('lucy');
    $name->appendChild($name_value);
    $sex = $dom->createElement('sex');
    $info->appendChild($sex);
    $sex_value = $dom->createTextNode('girl');
    $sex->appendChild($sex_value);
    //输出 XML 数据
    echo $dom->saveXML();
?>
```

程序的运行结果为

```xml
<?xml version="1.0"?>
<info>
    <num>100001</num>
    <name>lucy</name>
    <sex>girl</sex>
</info>
```

DOM 组件不但能够动态创建 XML 文件，还可以读取 XML 文件，如下代码实现对之前 XML 文件的读取：

```php
<?php
    $dom = new DomDocument(); //创建 DOM 对象
    $dom->load('info.xml'); //load XML 文件
    $root = $dom->documentElement; //获取根节点
    read_xml($root); //读取对象
    function read_xml($node)
    {
        $children = $node->childNodes; //获得所有子节点
        foreach($children as $e) //循环遍历
        {
            if($e->nodeType == XML_TEXT_NODE) //文本型
            {
                echo $e->nodeValue."\n";
            }
            else if($e->nodeType == XML_ELEMENT_NODE) //对象节点，递归调用
            {
                read_xml($e);
            }
        }
    }
?>
```

程序的运行结果为

```
01
lucy
girl
```

1.2　面向对象技术

1.2.1　面向对象与面向过程有什么区别?

面向对象是当今软件开发方法的主流方法之一，它是把数据及对数据的操作方法放在一起，作为一个相互依存的整体，即对象。对同类对象抽象出其共性，即类，类中的大多数数据，只能被本类的方法进行处理。类通过一个简单的外部接口与外界发生关系，对象与对象之间通过消息进行通信。程序流程由用户在使用中决定。例如，站在抽象的角度，人类具有身高、体重、年龄、血型等一些特称，人类会劳动、会直立行走、会吃饭、会用自己的头脑去创造工具等这些方法，人类仅仅只是一个抽象的概念，它是不存在的实体，但是所有具备人类这个群体的属性与方法的对象都称为人，这个对象人是实际存在的实体，每个人都是人这个群体的一个对象。

而面向过程是一种以事件为中心的开发方法，就是自顶向下顺序执行，逐步求精，其程序结构是按功能划分为若干个基本模块，这些模块形成一个树状结构，各模块之间的关系也比较简单，在功能上相对独立，每一模块内部一般都是由顺序、选择和循环三种基本结构组成，其模块化实现的具体方法是使用子程序，而程序流程在写程序时就已经决定。例如五子棋，面向过程的设计思路就是首先分析问题的步骤：第一步，开始游戏；第二步，黑子先走；第三步，绘制画面；第四步，判断输赢；第五步，轮到白子；第六步，绘制画面；第七步，判断输赢；第八步，返回步骤二；第九步，输出最后结果。把上面每个步骤用分别的函数来实现，就是一个面向过程的开发方法。

具体而言，二者主要有以下几个方面的不同之处。

1）出发点不同。面向对象是用符合常规思维方式来处理客观世界的问题，强调把问题域的要领直接映射到对象及对象之间的接口上。而面向过程方法则不然，它强调的是过程的抽象化与模块化，它是以过程为中心构造或处理客观世界问题的。

2）层次逻辑关系不同。面向对象方法则是用计算机逻辑来模拟客观世界中的物理存在，以对象的集合类作为处理问题的基本单位，尽可能地使计算机世界向客观世界靠拢，以使问题的处理更清晰直接，面向对象方法是用类的层次结构来体现类之间的继承和发展。面向过程方法处理问题的基本单位是能清晰准确地表达过程的模块，用模块的层次结构概括模块或模块间的关系与功能，把客观世界的问题抽象成计算机可以处理的过程。

3）数据处理方式与控制程序方式不同。面向对象方法将数据与对应的代码封装成一个整体，原则上其他对象不能直接修改其数据，即对象的修改只能由自身的成员函数完成，控制程序方式上是通过"事件驱动"来激活和运行程序。而面向过程方法是直接通过程序来处理数据，处理完毕后即可显示处理结果，在控制程序方式上是按照设计调用或返回程序，不能自由导航，各模块之间存在着控制与被控制、调用与被调用。

4）分析设计与编码转换方式不同。面向对象方法贯穿软件生命周期的分析、设计及编码之间是一种平滑过程，从分析到设计再到编码是采用一致性的模型表示，即实现的是一种无缝连接。而面向过程方法强调分析、设计及编码之间按规则进行转换，贯穿软件生命周期的分析、设计及编码之间，实现的是一种有缝的连接。

1.2.2 面向对象的特征是什么？

面向对象的主要特征有抽象、继承、封装和多态。

1）抽象。抽象就是忽略一个主题中与当前目标无关的那些方面，以便更充分地注意与当前目标有关的方面。抽象并不打算了解全部问题，而只是选择其中的一部分，暂时不用部分细节。抽象包括两个方面，一是过程抽象，二是数据抽象。

2）继承。继承是一种联结类的层次模型，并且允许和鼓励类的重用，它提供了一种明确表述共性的方法。对象的一个新类可以从现有的类中派生，这个过程称为类继承。新类继承了原始类的特性，新类称为原始类的派生类（子类），而原始类称为新类的基类（父类）。派生类可以从它的基类那里继承方法和实例变量，并且子类可以修改或增加新的方法使之更适合特殊的需要。

3）封装。封装是指将客观事物抽象成类，每个类对自身的数据和方法实行保护。类可以把自己的数据和方法只让可信的类或者对象操作，对不可信的信息进行隐藏。

4）多态。多态是指允许不同类的对象对同一消息做出响应。多态包括参数化多态和包含多态。多态性语言具有灵活、抽象、行为共享、代码共享的优势，很好地解决了应用程序函数同名问题。

1.2.3 面向对象的开发方式有什么优点？

采用面向对象的开发方式有诸多的优点，下面主要介绍其中三个优点。

1）较高的开发效率（灵活性）。采用面向对象的开发方式，可以对现实的事物进行抽象，可以把现实的事物直接映射为开发的对象，与人类的思维过程相似。例如，可以设计一个 Car 类来表示现实中的汽车，这种方式非常直观明了，也非常接近人们的正常思维。同时，由面向对象的开发方式可以通过继承或者组合的方式来实现代码的重用，因此可以大大地提高软件的开发效率。

2）保证软件的鲁棒性（重用性）。正是由于面向对象的开发方法有很高的重用性，在开发的过程中可以重用已有的而且在相关领域经过长期测试的代码，所以，自然而然地对软件的鲁棒性起到了良好的促进作用。

3）保证软件的高可维护性（扩展性）。由于采用面向对象的开发方式，使得代码的可读性非常好，同时面向对象的设计模式也使得代码结构更加清晰明了。同时针对面向对象的开发方式，已有许多非常成熟的设计模式，这些设计模式可以使程序在面对需求的变更时，只需要修改部分的模块就可以满足需求，因此维护起来非常方便。

1.2.4 类与对象的区别是什么？

1. 类与对象

对象是系统中用来描述客观事物的一个实体，它是构成系统的一个基本单位。一个对象由一组属性和对这组属性进行操作的一族服务组成。

类是具有相同属性和服务的一组对象的集合。它为属于该类的所有对象提供了统一的抽象描述，其内部包括属性和服务两个主要部分。在面向对象的编程语言中，类是一个独立的程序单位，它应该有一个类名并包括属性说明和服务说明两个主要部分。在 PHP 中类定义的格式为

```
<?php
    class 类名{
        //类体，包含类的属性和操作属性的方法
    }
?>
```

类的方法和变量的权限修饰符有如下三种：public、protected 和 private。关于这些修饰符的作用，在后面的章节将会详细介绍。

伪变量 $this 可以在当一个方法在对象内部调用时使用。$this 是一个被调用对象（该对象可以是方法所属于的对象，也可以是另一个对象，如果该方法是从第二个对象内调用的话，也适用）的引用。

类与对象的关系就如模具和铸件的关系，类的实例化结果就是对象，而这一类对象的抽象就是类。

【真题 10】 在 PHP 中，自定义一个类的方式是（　　）。

A．<?php default class Class_Name(){ //...... } ?>

B．<?php class Class_Name{ //......} ?>

C．<?php public function Class_Name(){//......}?>

D．<?php function Class_Name{//......}?>

参考答案：B。

分析：定义一个类是使用 class 关键字加类名来定义的，定义格式为：class 类名{}。实例化一个类的格式为：$object=new 类名();。

【真题 11】 获得实例化对象所属类名字的函数是（　　）。

A．get_class()　　　　　　　　　　B．get_object_vars()

C．get_class_methods()　　　　　　D．get_classname()

参考答案：A。

分析：对于选项 A，get_class()函数用于返回一个对象的类的名称。所以，选项 A 正确。

对于选项 B，get_object_vars()函数用于得到给定对象的属性。所以，选项 B 错误。

对于选项 C，get_class_methods()函数用于获取类方法的名字。所以，选项 C 错误。

对于选项 D，PHP 中没有该方法。所以，选项 D 错误。

2．类的访问符及 "=>" 的区别

在类中主要使用 "::" 和 "->" 运算符访问类中的属性和方法，而它们和 "=>" 的区别分别为：

1）"::" 运算符是调用一个类中的静态成员的方法，例如如下代码：

```
class test{
    protected static $instance;
```

```
        self::$instance="abc";
        或者  $this::$instance = "def";
    }
```

2）"->" 运算符是操作一个类中的成员变量的方法，可以是非 static 成员变量，例如如下代码：

```
class test{
    private $test;
    $this->test="abc";
}
```

3）"=>" 运算符是数组的 key 和 value 映射时使用的运算符。

语法 "index => values"，用逗号分开，定义了索引和值。

【真题 12】 以下说法错误的是（   ）。

A．在外部访问静态成员属性时，使用类名::静态成员属性名

B．在外部访问静态成员属性时，使用$实例化对象->静态成员属性名

C．在外部访问静态方法时，使用$实例化对象->静态方法名

D．在外部访问静态方法时，使用类名::静态方法名

参考答案：B、C。

分析：在类内部，一个静态方法调用另外一个静态方法（属性）的格式为 self::静态方法（静态属性）。而在类外部访问静态方法（属性）的格式为类名::静态方法（属性）。此外，静态变量是属于类的，也就是说，在没有实例化对象的时候就可以访问静态变量。所以，选项 B、选项 C 正确。

【真题 13】 假如有一个类 Person，实例化（new）一个对象$p，那么以下使用对象$p 调用 Person 类中的 getInfo 方法的写法中，正确的是（   ）。

A．$p=>getInfo();   B．$this->getInfo();

C．$p->getInfo();   D．$p::getInfo();

参考答案：C。

分析："::"主要用于访问类中的静态成员，"->"主要用于访问类中的变量和方法，"=>"主要应用在数组中的 key 和 value 映射时使用。所以，选项 A、选项 B、选项 D 错误，选项 C 正确。

1.2.5 PHP5 中魔术方法有哪些?

在 PHP 中，把所有以__（两个下画线）开头的类方法保留为魔术方法。所以在定义类方法时，不建议使用 __ 作为方法的前缀。下面分别介绍每个魔术方法的作用。

1．__get、__set、__isset、__unset

这四个方法是为在类和它们的父类中没有声明的属性而设计的。

1）在访问类属性的时候，若属性可以访问，则直接返回；若不可以被访问，则调用 __get 函数。

方法签名为：public mixed __get (string $name)

2）在设置一个对象的属性时，若属性可以访问，则直接赋值；若不可以被访问，则调用 __set 函数。

方法签名为：public void __set (string $name , mixed $value)

3）当对不可访问的属性调用 isset() 或 empty() 时，__isset() 会被调用。

方法签名为：public bool __isset (string $name)

4）当对不可访问属性调用 unset() 时，__unset() 会被调用。

方法签名为：public bool _unset (string $name)

需要注意的是，以上存在的不可访问包括属性没有定义，或者属性的访问控制为 proteced 或 private（没有访问权限的属性）。

下面通过一个例子把对象变量保存在另外一个数组中。

```php
<?php
class Test
{
    /* 保存未定义的对象变量 */
    private $data = array();
    public function __set($name, $value){
        $this->data[$name] = $value;
    }
    public function __get($name){
        if(array_key_exists($name, $this->data))
            return $this->data[$name];
        return NULL;
    }
    public function __isset($name){
        return isset($this->data[$name]);
    }
    public function __unset($name){
        unset($this->data[$name]);
    }
}
$obj = new Test;
$obj->a = 1;
echo $obj->a . "\n";
?>
```

程序的运行结果为

```
1
```

2．__construct、__destruct

1）__construct 构造函数，实例化对象时被调用。

2）__destruct 析构函数，当对象被销毁时调用。通常情况下，PHP 只会释放对象所占有的内存和相关的资源，对于程序员自己申请的资源，需要显式地去释放。通常可以把需要释放资源的操作放在析构方法中，这样可以保证在对象被释放的时候，程序员自己申请的资源也能被释放。

例如，可以在构造函数中打开一个文件，然后在析构函数中关闭文件。

```php
<?php
  class Test
  {
      protected $file = NULL;
      function __construct(){
          $this->file = fopen("test","r");
      }
      function __destruct(){
          fclose($this->file);
      }
  }
?>
```

3. __call()和__callStatic()

1）__call($method, $arg_array)：当调用一个不可访问的方法时会调用这个方法。

2）__callStatic 的工作方式与 __call() 类似，当调用的静态方法不存在或权限不足时，会自动调用__callStatic()。

使用示例如下：

```php
<?php
  class Test
  {
      public function __call ($name, $arguments) {
          echo "调用对象方法 '$name' ". implode(', ', $arguments). "\n";
      }
      public static function __callStatic ($name, $arguments) {
          echo "调用静态方法 '$name' ". implode(', ', $arguments). "\n";
      }
  }
  $obj = new Test;
  $obj->method1('参数 1');
  Test::method2('参数 2');
?>
```

程序的运行结果为

```
调用对象方法 'method1' 参数 1
调用静态方法 'method2' 参数 2
```

【真题14】 在 PHP 面向对象中，以下关于__call()方法的描述中，错误的是（　　）。

A. __call 方法在调用对象中不存在的方法时自动调用

B. __call 方法有两个参数

C. 格式如下：function __call（$方法名，$参数数组）{ //.....}

D. __call 方法在使用对象报错时自动调用

参考答案：D。

分析：__call()方法用于监视错误的方法调用。为了避免当调用的方法不存在时产生错误，

可以使用 __call()方法来避免。该方法在调用的方法不存在时会自动调用，程序仍会继续执行下去。方法原型如下：

```
function __call(string $function_name, array $arguments)
{      ......    }
```

其中，第一个参数$function_name 会自动接收不存在的方法名，第二个参数 $arguments 则以数组的方式接收不存在方法的多个参数。所以，选项 A、选项 B、选项 C 的说法都正确，选项 D 说法错误。

4. __sleep()和__wakeup()

1）__sleep 串行化的时候调用。

2）__wakeup 反串行化的时候调用。

也就是说，在执行 serialize()和 unserialize()时，会先调用这两个函数。例如，在序列化一个对象时，如果这个对象有一个数据库连接，想要在反序列化中恢复这个连接的状态，那么就可以通过重载这两个方法来实现。示例代码如下：

```php
<?php
class Test
{
    public $conn;
    private $server, $user, $pwd, $db;
    public function __construct($server, $user, $pwd, $db)
    {
        $this->server = $server;
        $this->user = $user;
        $this->pwd = $pwd;
        $this->db = $db;
        $this->connect();
    }
    private function connect()
    {
        $this->conn = mysql_connect($this->server, $this->user, $this->pwd);
        mysql_select_db($this->db, $this->conn);
    }
    public function __sleep()
    {
        return array('server', 'user', 'pwd', 'db');
    }
    public function __wakeup()
    {
        $this->connect();
    }
    public function __destruct(){
        mysql_close($conn);
    }
}
?>
```

5.__toString

__toString 在打印一个对象时被调用，可以在这个方法中实现想要打印的对象的信息，使用示例如下：

```php
<?php
class Test
{
    public $age;
    public function __toString() {
        return "age:$this->age";
    }
}
$obj = new Test();
$obj->age=20;
echo $obj;
?>
```

程序的运行结果为

```
age:20
```

【真题 15】 在 PHP 面向对象中，有一个通用方法__toString()方法，下面关于此方法的描述或定义中，错误的是（   ）。

A．此方法是在直接输出对象引用时自动调用的方法

B．如果对象中没有定义此方法，那么直接使用 echo 输出此对象，会报如下错误：Catchable fatal error: Object of class A could not be converted to string

C．此方法中一定要有一个字符串作为返回值

D．此方法用于输出信息，如下：public function __toString( ){ echo "This is Class ....";}

参考答案：D。

分析：__toString()是快速获取对象的字符串信息的便捷方式，似乎魔术方法都有一个"自动"的特性，如自动获取、自动打印等，__toString()也不例外，它是在直接输出对象引用时自动调用的方法。__toString()方法一定要有个返回值（return 语句），所以，选项 D 错误。正确的写法应该是

```
function __toString(){
    return "string value";
}
```

6.__invoke()

在引入这个魔术方法后，可以把对象名当作方法直接调用，它会间接调用这个方法，使用示例如下：

```php
<?php
class Test
{
    public function __invoke()
    {
```

```
            print "hello world";
        }
    }
    $obj = new Test;
    $obj();
?>
```

程序的运行结果为

```
hello world
```

7. __set_state()

调用 var_export 时被调用，用__set_state 的返回值作为 var_export 的返回值。使用示例如下：

```
<?php
  class People
  {
      public $name;
      public $age;
      public static function __set_state ($arr) {
          $obj = new People;
          $obj->name = $arr['name'];
          $obj->age = $arr['aage'];
          return $obj;
      }
  }
  $p = new People;
  $p->age = 20;
  $p->name = 'James';
  var_dump(var_export($p));
?>
```

程序的运行结果为

```
People::__set_state(array(
   'name' => 'James',
   'age' => 20,
)) NULL
```

8. __clone()

这个方法在对象克隆的时候被调用，PHP 提供的__clone()方法对一个对象实例进行浅拷贝，也就是说，对对象内的基本数值类型通过值传递完成拷贝，当对象内部有对象成员变量的时候，最好重写__clone 方法来实现对这个对象变量的深拷贝。使用示例如下：

```
<?php
  class People
  {
      public $age;
      public function __toString() {
```

```
            return "age:$this->age \n";
        }
    }
    class MyCloneable
    {
        public $people;
        function __clone()
        {
            $this->people = clone $this->people; //实现对象的深拷贝
        }
    }
    $obj1 = new MyCloneable();
    $obj1->people = new People();
    $obj1->people->age=20;
    $obj2 = clone $obj1;
    $obj2->people->age=30;
    echo $obj1->people;
    echo $obj2->people;
?>
```

程序的运行结果为

```
age:20 age:30
```

由此可见，通过对象拷贝后，对其中一个对象值的修改不影响另外一个对象。

9. __autoload

当实例化一个对象时，如果对应的类不存在，则该方法被调用。这个方法经常的使用方法为：在方法体中根据类名，找出类文件，然后 require_one 导入这个文件。由此，就可以成功地创建对象了，使用示例如下：

```php
Test.php:
<?php
  class Test {
      function hello() {
          echo 'Hello world';
      }
  }
?>

index.php:
<?php
  function __autoload( $class ) {
      $file = $class . '.php';
      if ( is_file($file) ) {
          require_once($file);      //导入文件
      }
  }

  $obj = new Test();
  $obj->hello();
```

```
?>
```

程序的运行结果为

```
Hello world
```

在 index.php 中，由于没有包含 Test.php，在实例化 Test 对象的时候会自动调用 __autoload 方法，参数$class 的值即为类名 Test，这个函数中会把 Test.php 引进来，由此 Test 对象可以被正确地实例化。

这种方法的缺点是需要在代码中文件路径做硬编码，当修改文件结构的时候，代码也要跟着修改。另一方面，当多个项目之间需要相互引用代码的时候，每个项目中可能都有自己的 __autoload，这样会导致两个 __autoload 冲突。当然可以把 __autoload 修改成一个。这会导致代码的可扩展性和可维护性降低。由此从 PHP5.1 开始引入了 spl_autoload，可以通过 spl_autoload_register 注册多个自定义的 autoload 方法，使用示例如下：

```php
index.php
<?php
    function loadprint( $class ) {
        $file = $class . '.php';
        if (is_file($file)) {
            require_once($file);
        }
    }
    spl_autoload_register( 'loadprint' );    //注册自定义的 autoload 方法从而避免冲突
    $obj = new Test();
    $obj->hello();
?>
```

spl_autoload 是 _autoload() 的默认实现，它会去 include_path 中寻找$class_name(.php/.inc)。除了常用的 spl_autoload_register 外，还有如下几个方法：

1）spl_autoload：_autoload() 的默认实现。

2）spl_autoload_call：这个方法会尝试调用所有已经注册的 __autoload 方法来加载请求的类。

3）spl_autoload_functions：获取所有被注册的 __autoload 方法。

4）spl_autoload_register：注册 __autoload 方法。

5）spl_autoload_unregister：注销已经注册的 __autoload 方法。

6）spl_autoload_extensions：注册并且返回 spl_autoload 方法使用的默认文件的扩展名。

【真题 16】 如果想要自动加载类，那么下面函数声明正确的是（   ）。

A．function autoload($class_name)　　　　B．function __autoload($class_name, $file)

C．function __autoload($class_name)　　　　D．function autoload($class_name, $file)

参考答案：C。

分析：自动加载类函数的正确书写方式为 function __autoload（类名），可以通过 __autoload() 方法在 PHP 引擎试图实例化一个未知的类操作时自动去加载所需的类。

所以，本题的答案为 C。

引申：PHP 有哪些魔术常量？

除了魔术变量外，PHP 还定义了如下几个常用的魔术常量。

1）__LINE__：返回文件中当前的行号。

2）__FILE__：返回当前文件的完整路径。

3）__FUNCTION__：返回所在函数名字。

4）__CLASS__：返回所在类的名字。

5）__METHOD__：返回所在类方法的名称。与__FUNCTION__不同的是，__METHOD__返回的是"class::function"的形式，而__FUNCTION__返回"function"的形式。

6）__DIR__：返回文件所在的目录。如果用在被包括文件中，则返回被包括的文件所在的目录（PHP 5.3.0 中新增）。

7）__NAMESPACE__：返回当前命名空间的名称（区分大小写）。此常量是在编译时定义的（PHP 5.3.0 新增）。

8）__TRAIT__：返回 Trait 被定义时的名字。Trait 名包括其被声明的作用区域（PHP 5.4.0 新增）。

【真题 17】 以下关于 PHP 高级特性的说法中，正确的是（   ）。

A．可以定义一个类去实现预定义接口 Iterator，然后就能像访问数组一样访问这个类创建的对象

B．spl_autoload_register()提供了一种更加灵活的方式来实现类的自动加载，不再建议使用 autoload()函数

C．PHP 在对象中调用一个不可访问方法时，invoke()方法会被自动调用

D．匿名函数也称为闭包函数，常用作回调函数参数的值，但是不能作为变量的值来使用

参考答案：B。

分析：本题中，对于选项 A，应该是 ArrayAccess 能像访问数组一样访问这个类创建的对象，而不是通过实现预定义接口 Iterator 来实现的。所以，选项 A 错误。

对于选项 B，spl_autoload_register()方法可以注册自定义的 autoload 方法，从而避免冲突，相对来说，spl_autoload_register()函数更加灵活来实现类加载，而不再建议使用 autoload()函数。所以，选项 B 正确。

对于选项 C，应该是__call()方法会被自动调用，而 invoke()方法是对象名当作方法直接调用时它会被间接调用。所以，选项 C 错误。

对于选项 D，匿名函数可以赋值给变量。所以，选项 D 错误。

1.2.6 值传递与引用传递有什么区别？

方法调用或者赋值是编程语言中非常重要的一个特性，在方法调用的时候，通常需要传递一些参数来完成特定的功能。PHP 语言提供了两种参数传递的方式：值传递和引用传递。

值传递：在方法调用中，实参会把它的值传递给形参，形参只是用实参的值初始化一个临时的存储单元，因此形参与实参虽然有着相同的值，但是却有着不同的存储单元，因此对形参的改变不会影响实参的值。

引用传递：在方法调用中，传递的是对象的引用（也可以看作是对象的地址），这时候

形参与实参的对象指向的是同一块存储单元，因此对形参的修改就会影响实参的值。

与 Java 类似，在 PHP 中，基本的数据类型默认使用值传递，而对象则会使用引用传递。要想显式地使用引用传递，可以使用&，使用示例如下：

```php
<?php
class Test{
    public $a ;
}

$a = 2;
$b = $a;          //值传递
$a = 3;
echo $a;          //输出 3
echo $b;          //输出 2

$obj1 = new Test();
$obj1->a = 4;
$obj2 = $obj1;    //引用传递
$obj1->a = 5;
echo $obj1->a;    //输出 5
echo $obj2->a;    //输出 5
?>
```

程序的运行结果为

```
3255
```

从上面的例子可以看出，$a 和$b 是基本数据类型，采用的是值传递（对$a 的修改不影响$b 的值），而$obj1 与$obj2 是对象，它们使用的是引用传递，对$obj1 对象属性的修改直接影响$obj2 对象属性的值，因为它们指向相同的对象。当然也可以对基本类型使用引用传递，如果把上例中$b=$a 修改为$b=&$a，那么它们二者也就指向相同的存储单元，对$a 的修改也会影响$b 的值，此时 echo $b 的输出结果就是 3。

【真题 18】当声明函数时，不能给参数赋默认值的是（　　　）。

A．当参数是布尔值时　　　　　　　　　B．当函数是类中的成员时

C．当参数是通过引用传递时　　　　　　D．当函数只有一个参数时

参考答案：C。

分析：当参数被声明为通过引用传递时，不能给它赋默认值，此时解释器期望获得一个能在函数内部进行修改的变量。所以，选项 C 正确。

1.2.7　什么是对象克隆？

通过上一节的讲解可以看出，对于对象而言，PHP 用的是引用传递，也就是说，对象间的赋值操作只是赋值了一个引用的值，而不是整个对象的内容，下面通过一个例子来说明引用传递存在的问题：

```php
<?php
class My_Class {
```

```
        public $color;
    }
    $obj1 = new My_Class ();
    $obj1->color = "Red";
    $obj2 = $obj1;
    $obj2->color ="Blue";          //$obj1->color 的值也会变成"Blue"
?>
```

因为 PHP 使用的是引用传递，所以在执行$obj2 = $obj1 后，$obj1 和$obj2 都是指向同一个内存区（它们在内存中的关系如下图所示），任何一个对象属性的修改对另外一个对象也是可见的。

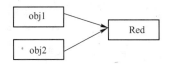

在很多情况下，希望通过一个对象复制出一个一样的但是独立的对象。PHP 提供了 clone 关键字来实现对象的复制。如下例所示：

```
<?php
    class My_Class {
        public $color;
    }
    $obj1 = new My_Class ();
    $obj1->color = "Red";
    $obj2 = clone $obj1;
    $obj2->color ="Blue";          //此时$obj1->color 的值仍然为"Red"
?>
```

$obj2 = clone $obj1 把 obj1 的整个内存空间复制了一份存放到新的内存空间，并且让 obj2 指向这个新的内存空间，通过 clone 克隆后，它们在内存中的关系如下图所示。

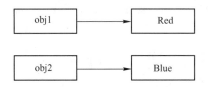

此时对 obj2 的修改对 obj1 是不可见的，因为它们是两个独立的对象。

在学习 C++的时候有深拷贝和浅拷贝的概念，显然 PHP 也存在相同的问题，通过 clone 关键字克隆出来的对象只是对象的一个浅拷贝，当对象中没有引用变量的时候这种方法是可以正常工作的，但是当对象中也存在引用变量的时候，这种拷贝方式就会有问题，下面通过一个例子来进行说明：

```
<?php
    class My_Class {
        public $color;
    }
    $c ="Red";
```

```
$obj1 = new My_Class ();
$obj1->color =&$c;      //这里用的是引用传递
$obj2 = clone $obj1;   //克隆一个新的对象
$obj2->color="Blue";   //这时，$obj1->color 的值也变成了"Blue"
?>
```

在这种情况下，这两个对象在内存中的关系如下图所示。

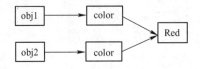

从上图中可以看出，虽然 obj1 与 obj2 指向的对象占用了独立的内存空间，但是对象的属性 color 仍然指向一个相同的存储空间，因此当修改了 obj2->color 的值后，意味着 c 的值被修改，显然这个修改对 obj1 也是可见的。这就是一个非常典型的浅拷贝的例子。为了使两个对象完全独立，就需要对对象进行深拷贝。那么如何实现呢，PHP 提供了类似于 __clone 方法（类似于 C++ 的拷贝构造函数）。把需要深拷贝的属性，在这个方法中进行拷贝，使用示例如下：

```php
<?php
class My_Class {
    public $color;
    public function __clone() {
        $this->color = clone $this->color;
    }
}
$c = "Red";
$obj1 = new My_Class ();
$obj1->color =&$c;
$obj2 = clone $obj1;
$obj2->color="Blue";   //这时，$obj1->color 的值仍然为"Red"
?>
```

通过深拷贝后，它们在内存中的关系如下图所示。

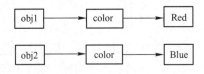

通过在 __clone 方法中对对象的引用变量 color 进行拷贝，使 obj1 与 obj2 完全占用两块独立的存储空间，对 obj2 的修改对 obj1 也不可见。

【真题 19】 下面 PHP 代码的输出结果是（   ）。

```php
<?php
class A{
    public $num=100;
}
```

```php
    $a = new A();
    $b = clone $a;
    $a->num=200;
    echo $b->num;
?>
```

A. 100   B. 200   C. 没有输出   D. 程序报错！

参考答案：A。

分析：在用 clone 时，克隆出来的对象与原对象没有任何关系，它是把原来的对象从当前的位置重新复制了一份，而此过程相当于在内存中新开辟一块空间。所以，选项 A 正确。

【真题 20】 下面程序的运行结果是（   ）。

```php
<?php
    class SubObject
    {
        static $instances = 0;
        public $instance;
        public function __construct() {
            $this->instance = ++self::$instances;
        }
        public function __clone() {
            $this->instance = ++self::$instances;
        }
    }
    class MyCloneable
    {
        public $object1;
        public $object2;
        function __clone()
        {
            // 强制复制一份 this->object，否则仍然指向同一个对象
            $this->object1 = clone $this->object1;
        }
    }
    $obj = new MyCloneable();
    $obj->object1 = new SubObject();
    $obj->object2 = new SubObject();
    $obj2 = clone $obj;
    print("Original Object: ");
    print_r($obj);
    print("Cloned Object: ");
    print_r($obj2);
?>
```

参考答案：使用 clone 方法完全复制对象，避免了不同名称对象指向同一块内存区。

输出结果：

```
Original Object: MyCloneable Object
(
        [object1] => SubObject Object
        (
                [instance] => 1
        )
        [object2] => SubObject Object
        (
                [instance] => 2
        )
)
Cloned Object: MyCloneable Object
(
        [object1] => SubObject Object
        (
                [instance] => 3
        )
        [object2] => SubObject Object
        (
                [instance] => 2
        )
)
```

1.2.8 什么是延迟静态绑定?

PHP 延迟静态绑定技术允许父类可以使用子类重载的静态方法。为了更好地说明这一机制，下面通过一个实例加以说明。示例代码如下：

```php
<?php
class Animal {
    static $name = 'Hello Animal';
    public static function report() {
        return self::$name;
    }
}
class Dog extends Animal{
    static $name = 'Hello Dog';
}
echo Dog::report();
?>
```

程序的运行结果为

```
Hello Animal
```

在此例子中，report()方法使用了 self 关键字，这是指父类 Animal 而不是子类 Dog，即在父类中无法访问子类中的变量的最终值，只能在子类中重写 report()方法。

通过延迟静态绑定技术，可以使用 static 关键字访问类的属性或方法的最终值。示例代码如下：

```php
<?php
    class Animal {
        static $name = 'Hello Animal';
        public static function report() {
            return static::$name;
        }
    }
    class Dog extends Animal{
        static $name = 'Hello Dog';
    }
    echo Dog::report();
?>
```

程序的运行结果为

```
Hello Dog
```

通过使用静态作用域，可以强制 PHP 在最终的类中查找所有类属性的值。

1.2.9　作用域范围有哪几种?

在 PHP5 中，类的属性或者方法主要有 public、protected 和 private 三种类作用域，它们的区别如下：

1）public（公有类型）表示全局，类内部、外部和子类都可以访问。

默认的访问权限为 public，也就是说，如果一个方法没有被 public、protected 或 private 修饰，那么它默认的作用域为 public。

2）protected（受保护类型）表示受保护的，只有本类或子类可以访问。

在子类中，可以通过 self::var 或 self::method 访问，也可以通过 parent::method 来调用父类中的方法。

在类的实例化对象中，不能通过$obj->var 来访问 protected 类型的方法或属性。

3）private（私有类型）表示私有的，只有本类内部可以使用。

该类型的属性或方法只能在该类中使用，在该类的实例、子类、子类的实例中都不能调用私有类型的属性和方法。

【真题 21】　下列选项中，对访问控制符 public 的说法正确的是（　　　）。

A．有效范围为类的内部和外部，不能被子类所继承

B．有效范围为类的内部和外部，可以被子类所继承

C．有效范围为类的内部，可以被子类所继承

D．有效范围为类的内部，不能被子类所继承

参考答案：B。

分析：public 控制符的作用是修饰的变量或方法可以在类内或类外被调用，也可以被子类调用。所以选项 B 正确，选项 A、选项 C、选项 D 错误。

【真题 22】　PHP 中 public、protected、private 三种访问控制模式的区别是什么？

参考答案：PHP 中 public、protected、private 三种访问控制模式的区别如下：

访 问 模 式	描 述
public	共有，任何地方都可以访问
protected	继承，只能在本类或子类中访问，在其他地方不能使用
private	私有，只能在本类中访问，在其他地方不能使用

1.2.10 什么是构造函数？什么是析构函数？

1. 构造函数

在 PHP5 之前的版本，构造函数的名字必须与类的名字相同，而从 PHP5 开始，开发者可以定义一个名为__construct 的方法作为构造函数。构造函数的作用就是当类被实例化的时候会被自动调用，因此构造函数主要用于做一些初始化的工作。使用__construct 作为构造函数名字的一个好处是，当类名修改的时候，不需要修改构造函数的名字。它的声明形式为

```
void __construct ([ mixed $args [, $... ]] )
```

在 C++语言中，子类的构造函数会隐式地调用父类的无参数的构造函数。但是在 PHP 中，子类的构造函数不会隐式地去调用父类的构造函数，需要开发者通过 parent::__construct()来显式地去调用父类的构造函数。当子类没有定义构造函数的时候，它会继承父类的构造函数，但前提是父类的构造函数不能被定义为 private。使用示例如下：

```php
<?php
    class BaseClass {
        function __construct() {
            print "Base constructor\n";
        }
    }
    class SubClass extends BaseClass {
        function __construct() {
            parent::__construct();
            print "Sub constructor\n";
        }
    }
    // 会调用父类构造函数
    $obj = new BaseClass();
    //调用子类构造函数，子类构造函数会去调用父类构造函数
    $obj = new SubClass();
?>
```

程序的运行结果为

```
Base constructor
Base constructor
Sub constructor
```

从上面的讲解中可以发现，从 PHP5 开始多了一种构造函数定义的方法。为了实现不同版本 PHP 代码的兼容，在 PHP5 的类中找不到 __construct() 函数并且也没有从父类继承一个的话，那么它就会尝试寻找旧式的构造函数（与类同名的函数）。这种兼容的方法存在一个风险：在 PHP5 之前的版本中开发的类中已有一个名为 __construct() 的方法却被用于其他用途

时，PHP5 的类会认为这是一个构造函数，从而当类实例化时自动执行这个方法。

从 PHP 5.3.3 开始，在命名空间中，与类名同名的方法不再作为构造函数。这一改变不影响不在命名空间中的类。

2．析构函数

析构函数是在 PHP5 引入的，它的作用与调用时机和构造函数刚好相反，它在对象被销毁时自动执行。析构函数 __destruct()结构形式如下：

```
function __destruct(){
    /* 类的初始化代码*/
}
```

需要注意的是，析构函数是由系统自动调用的，因此，它不需要参数。

默认情况下，系统仅释放对象属性所占用的内存，并不销毁在对象内部申请的资源（例如，打开文件、创建数据库的连接等），而利用析构函数在使用一个对象之后执行代码来清除这些在对象内部申请的资源（关闭文件、断开与数据库的连接）。

与构造函数类似，如果想在子类中调用父类的析构函数，那么需要显式地调用：parent::__destruct()。如果子类没有定义析构函数，那么它会继承父类的析构函数。

当对象不再被引用时，将调用析构函数。如果要明确地销毁一个对象，那么可以给指向对象的变量不分配任何值，通常将变量赋值为 NULL 或者用 unset()函数。示例代码如下：

```php
<?php
    class des{
        function __destruct(){
            echo "对象被销毁，执行析构函数<br>";
        }
    }
    $p=new des(); /* 实例化类 */
    echo "程序开始<br>";
    unset($p); /* 销毁变量$p */
    echo "程序结束";
?>
```

【真题 23】 除了使用 function __construct()定义构造函数外，还可以使用（　　　）。

A．function __destruct() 　　　　　　B．function 类名()

C．function __tostring() 　　　　　　D．function __call()

参考答案：B。

分析：在 PHP5 以前的版本中，构造函数的名称必须与类名相同，这种方法在 PHP5 中仍然可以使用，但现在已经很少使用了。PHP5 以及之后的版本，构造函数用 __construct()方法来声明，这样做的好处是可以使构造函数独立于类名，当类名发生改变时不需要修改相应的构造函数名称。所以，选项 B 正确。

【真题 24】 以下有关 PHP 面向对象的说法中，不正确的是（　　　）。

A．要实现一个接口，使用 implements 操作符，类中必须实现接口中定义的所有方法，否则会报一个致命错误

B．类名可以是任何非 PHP 保留字的合法标签，汉字也可以作为 PHP 的类名

C. 如果 PHP 的子类中定义了构造函数，则创建子类的对象时，会隐式地调用其父类的构造函数

D. 序列化一个对象将会保存对象的所有变量，但是不会保存对象的方法，只会保存类的名字

参考答案：C。

分析：子类定义的构造函数会覆盖父类的构造函数，如果要子类的构造函数执行，同时也执行父类的构造函数，那么必须显式地使用 parent::__construct();去调用。所以，选项 C 错误。

【真题 25】 下列代码的输出结果是（　　　）。

```php
<?php
    class A{
        public function __construct(){
            echo "Class A...<br/>";
        }
    }
    class B extends A{
        public function __construct(){
            echo "Class B...<br/>";
        }
    }
    new B();
?>
```

A. Class B...   B. Class A... Class B...

C. Class B...Class A...   D. Class A...

参考答案：A。

分析：在 PHP 中，如果子类定义 __construct，则会覆盖父类的 __construct，如果没有定义 __construct，则会使用父类的，可以在子类的 __construct 中显式调用父类的构造函数，方法如下：parent::__construct();。本题中，由于只实例化了子类的对象，因此只会调用子类的构造函数。所以，选项 A 正确。

1.2.11　什么是继承？

继承是面向对象中的一个非常重要的特性。通过继承，子类可以使用父类中的一些成员变量与方法，从而能够提高代码的复用性，提高开发效率。

通过继承机制，可以利用已有的数据类型来定义新的数据类型。所定义的新的数据类型不仅拥有新定义的成员，而且还同时拥有旧的成员。我们称已存在的用来派生新类的类为基类，又被称为父类或者超级类。基类派生出来的新类被称为派生类或者子类。

在 PHP 中，一个类可以在声明中用 extends 关键字来继承基类的方法和成员。在 PHP、.NET、Java 中没有多继承（一个子类从多个父类继承），只有单继承，一个子类只能从一个父类中继承数据，而在 C++中是多继承的。

在 PHP 中没有重载这个概念。所谓重载就是在一个类中可以定义多个有相同的方法名的方法，通过参数的类型或个数来区分它们。但是 PHP 中的类型是弱类型，同时方法可以接受

不定个数的参数，因此，在 PHP 不支持重载。

不能重载意味着在项目中同一个类内不能定义多个同名的方法。所以在同一个页面和被包含的页面中不能定义同名方法，也不能定义和 PHP 提供的方法重名的方法。

虽然说 PHP 不支持重载，但是在继承关系的两个类中，可以在子类中定义与父类同名的方法，这样就把父类中继承过来的方法覆盖掉了。通过覆盖实现在子类中的方法扩展。为了不用重写父类被覆盖的方法代码，我们可以在子类中调用父类的被覆盖的方法来解决。可以通过两种方法来调用：一种是使用父类的"类名::"来调用；一种是使用"parent::"来调用。

在 PHP5 中新增了一个 final 关键字。如果父类中的方法被声明为 final，那么子类无法覆盖该方法。如果一个类被声明为 final，那么这个类就不能被继承。

Java 虽然不支持多重继承，但是在 Java 中，一个类可以实现多个接口，因此可以通过实现多个接口的方法来间接地实现多重继承。PHP 与 Java 类似，也可以通过实现多个接口的方法来达到多重继承的目的。在 PHP 中，接口的实现是通过关键字 implements 来实现的。需要注意的是，如果一个类实现了一个接口，那么它必须实现这个接口中所有的抽象方法。

关于继承，主要有如下几个特性：

1）PHP 语言不支持多重继承，也就是说，子类只能有一个父类。但是可以通过实现多个接口来达到多重继承的目的。

2）子类只能继承父类的非私有（public 与 protected）成员变量与方法。

3）当子类中定义的成员变量和父类中定义的成员变量同名时，子类中的成员变量会覆盖父类的成员变量。

4）当子类中的方法与父类中的方法有相同的方法签名（相同的方法名，相同的参数个数与类型）时，子类将会覆盖父类的方法，而不是重载。

5）PHP 提供了 final 关键字，当在方法前使用此关键字时，表明此方法不能被子类覆盖。被 final 关键字修饰的类，禁止被其他类继承。

【真题 26】 下列有关继承的说法中，正确的是（　　）。

A．子类能继承父类的所有方法和状态　　B．子类能继承父类的非私有方法和状态

C．子类只能继承父类 public 方法和状态　　D．子类能继承父类的方法，而不是状态

参考答案：B。

分析：子类是不能继承父类的私有（private）方法和变量的，也不能继承 final 关键字修饰的类、方法。所以，选项 B 正确。

【真题 27】 下面描述中，错误的是（　　）。

A．父类的构造函数与析构函数不会自动被调用

B．成员变量需要用 public、protected、private 修饰，在定义变量时，不再需要 var 关键字

C．父类中定义的静态成员，不可以在子类中直接调用

D．包含抽象方法的类必须为抽象类，抽象类不能被实例化

参考答案：A。

分析：当一个类实例化后，如果类中存在构造函数和析构函数，那么 PHP 会自动执行构造函数和析构函数。如果父类有构造函数和析构函数，而子类又重新定义了构造函数和析构函数，那么当实例化子类时，会直接调用子类的构造函数和析构函数而不会执行父类的构造函数和析构函数。但如果子类没有构造函数和析构函数而父类有构造函数和析构函数，那么

子类实例化后反而会自动调用父类的构造函数和析构函数。所以，选项 A 错误。

【真题 28】 借助继承，可以创建其他类的派生类。那么在 PHP 中，子类最多可以继承的父类个数为（　　）。

A．1 个　　　　　　　B．2 个　　　　C．取决于系统资源　　　　D．想要几个有几个

参考答案：A。

分析：尽管其他编程语言允许多重继承，但 PHP 类只能继承一个父类，并且用关键字"extends"来实现继承。所以，选项 A 正确。

【真题 29】 组合与继承的区别是什么？

参考答案：组合和继承是面向对象中两种代码复用的方式。组合是指在新类里面引用原有类的对象，重复利用已有类的功能。继承是面向对象的主要特性之一，它允许设计人员根据其他类的实现来定义一个类的实现。组合和继承都允许在新的类中设置子对象（subobject），只是组合是显式的，而继承则是隐式的。组合和继承存在着对应关系：组合中的整体类和继承中的子类对应，组合中的局部类和继承中的父类对应。

二者的区别在哪里呢？首先分析一个实例。Car 表示汽车对象，Vehicle 表示交通工具对象，Tire 表示轮胎对象。三者的类关系如下图所示。

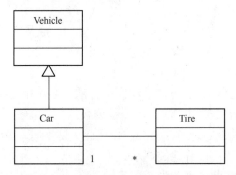

从上图中可以看出，Car 是 Vehicle 的一种，因此是一种继承关系（又被称为 is-a 关系）；而 Car 包含了多个 Tire，因此是一种组合关系（又被称为 has-a 关系）。其实现方式如下：

继　　承	组　　合

class Verhicle{
 	
}
class Car extends Verhicle{
 	
}
	class Tire{
	
	}
	class Car extends Verhicle{
	　　　　$t=new Tire();
	
	}

既然继承和组合都可以实现代码的重用，那么在实际使用的时候又该如何选择呢？

1）除非两个类之间是"is-a"的关系，否则不要轻易地使用继承，不要单纯地为了实现代码的重用而使用继承，因为过多地使用继承会破坏代码的可维护性，当父类被修改的时候，会影响到所有继承自它的子类，从而增加程序的维护难度与成本。

2）不要仅仅为了实现多态而使用继承，如果类之间没有"is-a"的关系，那么可以通过实现接口与组合的方式来达到相同的目的。设计模式中的策略模式可以很好地说明这一点，采用接口与组合的方式比采用继承的方式具有更好的可扩展性。

由于 PHP 语言只支持单继承，如果想同时继承两个类或多个类，那么在 PHP 中是无法直

接实现的。同时，在 PHP 语言中，如果继承使用太多，那么也会让一个 class 里面的内容变得臃肿不堪。所以，在 PHP 语言中，能用组合的时候尽量不要使用继承。

1.2.12　抽象类与接口有什么区别与联系？

抽象类应用的定义如下：

```
abstract class ClassName{
}
```

抽象类具有以下特点：

1）定义一些方法，子类必须实现父类所有的抽象方法，只有这样，子类才能被实例化，否则子类还是一个抽象类。

2）抽象类不能被实例化，它的意义在于被扩展。

3）抽象方法不必实现具体的功能，由子类来完成。

4）当子类实现抽象类的方法时，这些方法的访问控制可以和父类中的一样，也可以有更高的可见性，但是不能有更低的可见性。例如，某个抽象方法被声明为 protected 的，那么子类中实现的方法就应该声明为 protected 或者 public 的，而不能声明为 private。

5）如果抽象方法有参数，那么子类的实现也必须有相同的参数个数，必须匹配。但有一个例外：子类可以定义一个可选参数（这个可选参数必须要有默认值），即使父类抽象方法的声明里没有这个参数，两者的声明也无冲突。下面通过一个例子来加深理解：

```php
<?php
    abstract class A{
        abstract protected function greet($name);
    }
    class B extends A {
        public function greet($name, $how="Hello ") {
            echo $how.$name."\n";
        }
    }
    $b = new B;
    $b->greet("James");
    $b->greet("James","Good morning ");
?>
```

程序的运行结果为

```
Hello James
Good morning James
```

定义抽象类时，通常需要遵循以下规则：

1）一个类只要含有至少一个抽象方法，就必须声明为抽象类。

2）抽象方法不能够含有方法体。

接口可以指定某个类必须实现哪些方法，但不需要定义这些方法的具体内容。在 PHP 中，接口是通过 interface 关键字来实现的，与定义一个类类似，唯一不同的是接口中定义的方法都是公有的而且方法都没有方法体。接口中所有的方法都是公有的，此外接口中还可以定义常量。接口常量和类常量的使用完全相同，但是不能被子类或子接口所覆盖。要实现一个接口，可以通过关键字 implements 来完成。实现接口的类中必须实现接口中定义的所有方法。虽然 PHP 不支持多重继承，但是一个类可以实现多个接口，用逗号来分隔多个接口的名称。下面给出一个接口使用的示例：

```php
<?php
interface Fruit
{
    const MAX_WEIGHT = 3;      //静态常量
    function setName($name);
    function getName();
}

class Banana implements Fruit
{
    private $name;
    function getName() {
        return $this->name;
    }
    function setName($_name) {
        $this->name = $_name;
    }
}

$b = new Banana(); //创建对象
$b->setName("香蕉");
echo $b->getName();
echo "<br />";
echo Banana::MAX_WEIGHT;      //静态常量
?>
```

程序的运行结果为

```
香蕉
3
```

接口和抽象类主要有以下区别：

抽象类：PHP5 支持抽象类和抽象方法。被定义为抽象的类不能被实例化。任何一个类，如果它里面至少有一个方法是被声明为抽象的，那么这个类就必须被声明为抽象的。被定义为抽象的方法只是声明了其调用方法和参数，不能定义其具体的功能实现。抽象类通过关键字 abstract 来声明。

接口：可以指定某个类必须实现哪些方法，但不需要定义这些方法的具体内容。在这种情况下，可以通过 interface 关键字来定义一个接口，在接口中声明的方法都不能有方法体。

二者虽然都是定义了抽象的方法，但是事实上两者区别还是很大的，主要区别如下：

1）对接口的实现是通过关键字 implements 来实现的，而抽象类继承则是使用类继承的关键字 extends 实现的。

2）接口没有数据成员（可以有常量），但是抽象类有数据成员（各种类型的成员变量），抽象类可以实现数据的封装。

3）接口没有构造函数，抽象类可以有构造函数。

4）接口中的方法都是 public 类型，而抽象类中的方法可以使用 private、protected 或 public 来修饰。

5）一个类可以同时实现多个接口，但是只能实现一个抽象类。

【真题 30】 下面关于 PHP 抽象类的描述中，错误的是（   ）。

A．PHP 中抽象类使用 abstract 关键字定义

B．没有方法体的方法叫抽象方法，包含抽象方法的类必须是抽象类

C．抽象类中必须有抽象方法，否则不叫抽象类

D．抽象类不能实例化，也就是不可以 new 成对象

参考答案：C。

分析：抽象类可以是个空类，也就是不一定需要有抽象方法。但抽象方法只能存在抽象类中。所以，选项 C 错误。

1.2.13 什么是多态?

多态是面向对象程序设计中代码重用的一个重要机制，它表示当同一个操作作用在不同的对象的时候，会有不同的语义，从而会产生不同的结果。例如，同样是"+"操作，3+4 用来实现整数相加，而"3"+"4"却实现了字符串的连接。一般而言，多态有两种实现方式：覆盖和重载。

1．覆盖

覆盖表示在子类中定义了一个与父类同名的方法，通过对象的引用来实现调用子类或父类的同名的方法，从而实现不同的功能。具体总结如下：

1）当一个父类知道所有的子类都有一个方法，但是父类不能确定该方法如何写，这时候可以让子类去覆盖它的方法，需要注意的是，方法覆盖必须要求子类的方法名和参数个数完全一致。

2）如果子类需要调用父类的某个方法（protected/public），那么可以使用父类名::方法名或者 parent::方法名。

3）在实现方法覆盖的时候，访问修饰符可以不一样，但是子类方法的访问权限必须大于或等于父类方法的访问权限（即不能缩小父类方法的访问权限）。

再具体介绍 PHP 的多态前，首先介绍一下 Java 多态的实现方式。例如，类 B 和类 C 是 A 的子类（B 和 C 都重写了类 A 的方法 f()），在 Java 中，可以通过基类的引用来指向不同子类的对象，来实现对不同子类中相同方法的调用，从而实现不同的功能。具体而言，Java 语言中多态的实现方式如下：

```
A a= new B();
a.f() //可以实现调用类 B 中的 f()方法
A a= new C();
a.f(); //可以实现调用类 C 中的 f()方法
```

由于 PHP 是弱类型语言，因此 PHP 中的多态的实现方式无法像 Java 一样实现。正是由于 PHP 中使用的是弱类型，那么对于定义的变量$obj 可以是任何类型的数据。在使用的时候，可以把$obj 当做一个方法的参数，这个方法内部可以直接调用$obj 对象的方法。在实际调用的时候，可以传入不同的对象，从而可以实现调用不同对象的相同方法的目的，也就是说，可以通过参数传递的方法实现多态，示例代码如下：

```php
<? php
class Animal {
    protected function getType () {
        echo "Animal\n";
    }
}

class Dog extends Animal {
    public function getType () {
        echo "Dog\n";
    }
}

class Cat extends Animal {
    public function getType () {
        echo "Cat\n";
    }
}

//处理方法，根据传入对象的类型实现多态
function getAnimalType( $obj ) {
    if ($obj instanceof Animal){
        $obj->getType();
    }else{
        echo "Error: 对象错误！ ";
    }
}

getAnimalType(new Dog());        //调用 Dog 的 getType 方法
getAnimalType(new Cat());        //调用 Cat 的 getType 方法
?>
```

代码输出结果为

```
Dog
Cat
```

2．重载

此外，在 PHP5 中，虽然不支持重载，但是却提供了强大的"魔术"函数，使用这些"魔术"函数，可以实现类似函数重载的功能，它是通过__call 函数来实现的。当一个对象调用一个方法时，而该方法不存在，则程序会自动调用__call。

以下是一个简单的示例：

```php
<?php
    class A {
        function test1($p) {
            echo 'test1';
        }
        function test2($p) {
            echo 'test2';
        }
        function __call($method, $p) {
            // 这里$p 为数组，上面两个变量名可自定义
            if ($method == 'test') {
                if (count ( $p ) == 1) {
                    $this->test1 ( $p );
                } else if (count ( $p ) == 2) {
                    $this->test2 ( $p );
                }
            }
        }
    }
    $a = new A ();
    $a->test ( 5 );
    $a->test ( 3, 5 );
?>
```

程序的运行结果为

```
test1 test2
```

1.3 关键字

1.3.1 final 有什么作用?

final 可以用来修饰类和方法，当修饰类的时候，该类不能被继承，当修饰方法的时候，该方法不能被覆盖。具体而言，final 具有以下特性：

final 用于声明方法和类，分别表示方法不可被覆盖、类不可被继承（不能再派生出新的子类）。

final 方法：当一个方法被声明为 final 时，不允许任何子类重写这个方法，但子类仍然可以使用这个方法。需要注意的是，final 不能修饰类的成员变量。

final 类：当一个类被声明为 final 时，此类不能被继承，所有方法都不能被重写。值得注意的是，一个类不能既被声明为 abstract，又被声明为 final。

```php
<?php
    class Animal {
        public function test1() {
            echo "Animal::test() called ";
        }
```

```
            final public function test2() {
                echo "Animal::test2() called ";
            }
        }
        class Dog extends Animal {
            public function test2() {
                echo "Dog::test2() called ";
            }
        }
    ?>
```

程序的运行结果为

```
Fatal error: Cannot override final method Animal::test2()
```

【真题 31】 简述 final 关键字的用法。

参考答案：final 用于声明方法和类，分别表示方法不可覆盖、类不可被继承（不能再派生出新的子类）。

【真题 32】 在 PHP 面向对象中，下面关于 final 修饰符的描述中，错误的是（　　）。

A．使用 final 标识的类不能被继承

B．在类中使用 final 标识的成员方法，在子类中不能被覆盖

C．不能使用 final 标识成员属性

D．使用 final 标识的成员属性，不能在子类中再次定义

参考答案：D。

分析：因为 final 只能修饰类与方法，不能修饰类的属性。所以，选项 D 错误。

1.3.2　finally 有什么作用?

PHP5.5 新增了 finally 模块。finally 作为异常处理的一部分，它只能用在 try/catch 语句中，并且附带着一个语句块，表示这段语句最终一定被执行，经常被用在需要释放资源的情况下。try/catch/finally 一般的使用方法为

```php
<?php
    function Execute(){
        try{
            function_may_throw_exception();
        }catch (Exception $e) {
            //处理异常
        }finally{
            clearup();
        }
    }
?>
```

即使 try 块与 catch 块中有 return，finally 块还是会被执行的，当碰到 return 的时候，代码会先执行 finally 的逻辑，再返回对应的 try 或者 catch 里执行 return 返回的值。如果 try catch finally 都有 return，那么最终返回的是 finally 块中的返回值。如下例所示：

```php
<?php
    function test() {
        try {
            return 1;
        } finally {
            echo "finally is called\n";
        }
    }
    $result = test();
    echo $result;
?>
```

程序的运行结果为

```
finally is called
1
```

由此可见，虽然程序在 try 块中通过 return 返回了，但是 finally 块的代码还是会执行的。

【真题 33】 下面代码的运行结果是（   ）。

```php
<?php
    function test() {
        try {
            return 1;
        } finally {
            echo "finally is called\n";
            return 2;
        }
    }
    $result = test();
    echo $result;
?>
```

参考答案：

```
finally is called
2
```

分析：本题中，不管代码怎么执行，finally 块一定会被执行，当 finally 块中有 return 语句的时候，它会覆盖前面的返回值，由此这个函数的返回值是 2。

1.3.3 assert 有什么作用?

assert（断言）作为一种软件调试的方法，提供了一种在代码中进行正确性检查的机制，目前很多开发语言都支持这种机制。它的主要作用是对一个 boolean 表达式进行检查，一个正确运行的程序必须保证这个 boolean 表达式的值为 true，如果 boolean 表达式的值为 false，则说明程序已经处于一种不正确的状态下，系统需要提供告警信息并且退出程序。在实际的开发中，assert 主要用来保证程序的正确性，通常在程序开发和测试的时候使用。例如：

```
assert('is_int($int)') /*此变量必须是 int 类型*/
```

assert 的应用范围很多，例如：①检查控制流；②检查输入参数是否有效；③检查函数的返回值是否有效；④检查程序变量。虽然 assert 的功能与 if 判断类似，但二者有着本质的区别：assert 一般在测试或调试程序时使用，在实际的运行环境中会禁掉 assert。如果不小心用 assert 来控制了程序的业务流程，那么在测试调试结束后去掉 assert 就意味着修改了程序正常的逻辑，这样的做法是非常危险的。if 判断是逻辑判断，用来控制程序流程。

1.3.4 static 有什么作用?

static 关键字主要有两种作用：第一，为某特定数据类型或对象分配单一的存储空间，而与创建对象的个数无关。第二，实现某个方法或属性与类而不是对象关联在一起，也就是说，在不创建对象的情况下就可以通过类来直接调用方法或使用类的属性。具体而言，static 在 PHP 语言中主要用来修饰成员变量和成员方法。

1. static 成员变量

PHP 语言中可以通过 static 关键字来达到全局的效果。PHP 类提供了两种类型的变量：用 static 关键字修饰的静态变量和没有 static 关键字的实例变量。静态变量属于类，在内存中只有一个拷贝（所有实例都共享静态变量），只要静态变量所在的类被加载，这个静态变量就会被分配空间，因此就可以被使用了。静态变量可以通过"类名::静态属性名"进行访问。

实例变量属于对象，只有对象被创建后，实例变量才会被分配空间，才能被使用，它在内存中存在多个拷贝。只能用"对象->实例变量"的方式来引用。以下是静态变量的使用例子：

```php
<?php
    class Compute {
        public static $pi = 3.14;
    }
    $r = 3;
    echo Compute::$pi * $r * $r."\n";
    Compute::$pi = 3.141;
    echo Compute::$pi * $r * $r;
?>
```

程序的运行结果为

```
28.26
28.269
```

从上例可以看出，静态变量是属于类的，不依赖于对象而存在，可以在没有实例化对象的时候使用。

2. static 成员方法

与变量类似，PHP 类同时也提供了 static 方法与非 static 方法。static 方法是类的方法，不需要创建对象就可以被调用，而非 static 方法是对象的方法，只有对象被创建出来后才可以被使用。使用的方式是"类名::静态方法名"。

static 方法不能调用非 static 方法，只能访问所属类的静态成员变量和成员方法，因为当

static 方法被调用的时候，这个类的对象可能还没被创建，即使已经被创建了，也无法确定调用哪个对象的方法。同理，static 方法也不能访问非 static 类型的变量。

static 一个很重要的用途是实现单例模式。单例模式的特点是该类只能有一个实例，为了实现这个要求，必须隐藏类的构造函数，即把构造函数声明为 private，并提供一个创建对象的方法，由于构造对象被声明为 private，外界无法直接创建这个类型的对象，只能通过该类提供的方法来获取类的对象，要达到这样的目的只能把创建对象的方法声明为 static。程序示例如下：

```php
<?php
class Singleton{
    private static $_instance;      // 保存类实例的静态成员变量
    private function __construct(){       //构造函数
        echo 'This is a Constructed method;';
    }
    public function __clone() {    // 创建 __clone 方法防止对象被复制克隆
        echo "not allow clone"."\n";
    }
    // 判定是否已经有对象
    public static function getInstance() {
        if (! (self::$_instance instanceof self)) {
            self::$_instance = new self ();
        }
        return self::$_instance;
    }
    public function test() {
        echo 'success';
    }
}
?>
```

用 public 修饰的 static 变量和方法本质上都是全局的，如果在 static 变量前用 private 修饰，则表示这个变量可以在类的静态代码块或者类的其他静态成员方法中使用，但是不能在其他类中通过类名来直接引用。

【真题 34】 什么是实例变量？什么是局部变量？什么是类变量？

参考答案：1）实例变量：变量归对象所有，只有在实例化对象后才可以被使用。每当实例化一个对象时，会创建一个副本并初始化，如果没有显式初始化，那么会初始化一个默认值；各个对象中的实例变量互不影响。

2）局部变量：在方法中定义的变量，在使用前必须初始化。

3）类变量：用 static 修饰的变量；变量归类所有，只要类被加载，这个变量就可以被使用（类名->变量名）。所有实例化的对象共享类变量。

【真题 35】 该程序的结果为（   ）。

```php
<?php
function keep_track(){
    STATIC $count=5;
    echo $count++." ";
```

```
    }
    keep_track();
    keep_track();
    keep_track();
?>
```

A．5,5,5   B．5,6,7   C．6,7,5   D．6,5,7

参考答案：B。

分析：因为静态变量只会初始化一次，也就是说，当 keep_track 第一次被调用的时候，$count 会被初始化为 5，当这个函数第二次被调用的时候，初始化的代码不会再被调用了，而是直接使用上次调用后的值。

【真题 36】 有如下代码，程序的输出结果为（   ）。

```
<?php
class A{
    public static $num=0;
    public function __construct(){
        self::$num++;
    }
}
new A();
new A();
new A();
echo A::$num;
?>
```

A．0   B．1   C．2   D．3

参考答案：D。

分析：本题中，当实例化类 A 时，只会触发__construct()的语句，而不触发 public static $num=0。同时，由于$num 是 static 类型的值，new A()实例化了 3 次，所以，$num 的值会被执行++操作 3 次，$num 的值为 3。选项 D 正确。

1.3.5 global 有什么作用?

global 关键字主要使用于函数内声明变量为全局变量。

global 使用的例子：

```
<?php
$a = 10;
function a(){
    global $a;
    $a++;
}
a();
echo $a;
?>
```

程序的运行结果为

11

由于在函数内声明了$a 为全局变量，$a 的所有引用都会指向全局变量$a，所以，函数内的$a 的值为 10，并且函数内的$a 值加 1 后全局变量$a 的值也会跟着改变为 11。

引申：global 与$GLOBALS 有什么区别？

本质区别：global 声明的变量只是全局变量的一个同名引用。$GLOBALS 是全局变量本身。

$GLOBALS 的使用举例：

```php
<?php
    $a = 10;
    function a(){
        $GLOBALS['a']++;
    }
    a();
    echo $a;
?>
```

程序的运行结果为

11

1.3.6 this、self 和 parent 的区别是什么？

this、self、parent 三个关键字从字面上比较好理解，分别是指这、自己、父亲。其中，this 指的是指向当前对象的指针（暂用 C 语言里面的指针来描述），self 指的是指向当前类的指针，parent 指的是指向父类的指针。

以下将具体对这三个关键字进行分析。

1．this 关键字

```php
 1 <?php
 2     class UserName {
 3         private $name;       // 定义成员属性
 4         function __construct($name) {
 5             $this->name = $name; // 这里已经使用了 this 指针
 6         }
 7         // 析构函数
 8         function __destruct() {
 9         }
10         // 打印用户名成员函数
11         function printName() {
12             print ($this->name."\n") ; // 又使用了 this 指针
13         }
14     }
15     // 实例化对象
16     $nameObject = new UserName ( "heiyeluren" );
17     // 执行打印
18     $nameObject->printName (); // 输出: heiyeluren
```

```
19      // 第二次实例化对象
20      $nameObject2 = new UserName ( "PHP5" );
21      // 执行打印
22      $nameObject2->printName (); // 输出：PHP5
23 ?>
```

上例中，分别在 5 行和 12 行使用了 this 指针，那么 this 到底是指向谁呢？其实，this 是在实例化的时候来确定指向谁，例如，第一次实例化对象的时候（16 行），当时 this 就是指向 $nameObject 对象，那么执行第 12 行打印的时候就把 print($this->name) 变成了 print ($nameObject->name)，输出"heiyeluren"。

对于第二个实例化对象，print($this- >name)变成了 print($nameObject2->name)，于是就输出了"PHP5"。

所以，this 就是指向当前对象实例的指针，不指向任何其他对象或类。

2. self 关键字

先要明确一点，self 是指向类本身，也就是 self 是不指向任何已经实例化的对象，一般 self 用来访问类中的静态变量。

```
1 <?php
2      class Counter {
3          // 定义属性，包括一个静态变量
4          private   static   $firstCount = 0;
5          private   $lastCount;
6          // 构造函数
7          function __construct() {
8              // 使用 self 来调用静态变量,使用 self 调用必须使用::(域运算符号)
9              $this->lastCount = ++ selft::$firstCount;
10          }
11         // 打印 lastCount 数值
12         function printLastCount() {
13             print ($this->lastCount) ;
14          }
15     }
16      // 实例化对象
17      $countObject = new Counter ();
18      $countObject->printLastCount (); // 输出  1
19 ?>
```

上述示例中，在第 4 行定义了一个静态变量$firstCount，并且初始值为 0，那么在第 9 行的时候调用了这个值，使用的是 self 来调用，中间使用域运算符 "::" 来连接，这时候调用的就是类自己定义的静态变量$firstCount，它与下面对象的实例无关，只是与类有关，无法使用 this 来引用，只能使用 self 来引用，因为 self 是指向类本身，与任何对象实例无关。

3. parent 关键字

parent 是指向父类的指针，一般使用 parent 来调用父类的构造函数。

```
1 <?php
2      // 基类
3          class Animal {
```

```
4          // 基类的属性
5          public $name; // 名字
6          // 基类的构造函数
7          public function __construct($name) {
8              $this->name = $name;
9          }
10     }
11     // 派生类
12     class Person extends Animal    // Person 类继承了 Animal 类
13     {
14         public $personSex; // 性别
15         public $personAge; // 年龄
16         // 继承类的构造函数
17         function __construct($personSex, $personAge) {
18             parent::__construct ( "heiyeluren" ); // 使用 parent 调用了父类的构造函数
19             $this->personSex = $personSex;
20             $this->personAge = $personAge;
21         }
22         function printPerson() {
23             print ($this->name . " is " . $this->personSex . ",this year " . $this->personAge) ;
24         }
25     }
26     // 实例化 Person 对象
27     $personObject = new Person ( "male", "21" );
28     // 执行打印
29     $personObject->printPerson (); // 输出：heiyeluren is male,this year 21
30 ?>
```

上例中，成员属性都是 public 的，特别是父类的，是为了供继承类通过 this 来访问。第 18 行：parent::__construct("heiyeluren")，使用了 parent 来调用父类的构造函数进行对父类的初始化，因为父类的成员都是 public 的，于是就能够在继承类中直接使用 this 来访问从父类继承的属性。

1.3.7 include 与 require 有什么区别?

require 和 include 有着相似的功能：将指定文件中的所有代码/文本/标记复制到使用 require 或 include 语句的文件中。通常被用在数据、文件或代码需要被共享的场景。通过把需要被共享的代码或数据放到一个单独 PHP 文件中，在需要使用的文件中通过 require 或 include 来引用。require()和 include()也不是真正的函数，因此，require()和 include()语句也可以不加圆括号而直接加参数。

下面给出一个使用实例：

在一个工程中可能有很多个文件需要连接数据库，在这种情况下可以把数据库的连接信息甚至对数据库的操作方法放到一个单独的文件中，然后当一个 PHP 文件需要用到这些数据或者方法的时候只需要通过 require 或 include 引用即可。假设把数据库的信息存放到 DB.php 文件中，如下：

```php
<?php
```

```
        define( "HOST ",   "dbServerAddress ");
        define( "USER ",  "admin ");
        define( "PASSWORD ",  "admin ");
        ...//其他变量或方法
    ?>
```

当在其他文件中需要用到 DB.php 中定义的变量或方法的时候，就可以通过 require（'DB.php'）来引用，接着就可以在这个文件中使用 DB.php 中定义的数据或方法了。

它们的区别如下：

1）include()在执行的时候，被引用的文件每次都要进行读取和评估；而对于 require()来说，文件只被处理一次（直接用引用文件中的内容替换 require 语句）。因此，对于一段可能被多次使用的代码，require 有更高的效率。

2）在使用 include 引入文件的时候，如果碰到错误，那么会给出警告提示，并继续运行后面的代码。在使用 require 引入文件的时候，如果碰到错误，那么会给出致命错误的提示，同时停止运行后面的代码。

3）include 有返回值，而 require 没有。

4）incluce 在用到时才加载，而 require 在一开始就加载。正因为此，include()是有条件包含函数，而 require()则是无条件包含函数。所以，require()通常用来导入静态的内容，而 include()更适用于导入动态的程序代码。

例如下面例子，只有当变量$condition 为真时，才会包含文件 utility.php：

```
    if($condition){
        include 'utility.php';
    }
```

但无论$condition 取何值，下面的代码将把文件 utility.php 包含进文件里：

```
    if($require){
        require   'utility.php';
    }
```

如果想在循环中根据不同的条件引入不同文件，那么只能使用 include()：

```
    $i = 1;
    while ($i < 5) {
        include "utility.$i.php"; //不能使用 require
        $i++;
    }
```

在使用的时候，require 通常放在 PHP 程序的最前面，在 PHP 程序执行前，就会先读入 require 指定的引用文件，把它复制到使用 require 语句的文件中。而 include 一般是放在流程控制处理的地方，只有 PHP 程序读到 include 的文件时，才将它读进来。

5）它们经常与"_once"一块使用。include_once()\require_once()会先检查被引用的文件是不是在之前就已经导入过了，如果是，那么就不会再次重复导入同样的内容。这种使用方法可以避免文件被重复引用。但是由于 include_once()\require_once()每次都需要检查文件是否已经被导入，因此与 include\require 相比，有更低的性能。如果在编写 PHP 代码的时候能够确定一个文件还没有被引用过，那么推荐使用 include\require。

【真题 37】 下面有关 require() 和 include() 的描述中，说法错误的是（　　）。

A．require 函数通常放在 PHP 程序的最前面

B．include 函数一般是放在流程控制的处理部分中

C．require_once 语句和 require 语句完全相同，唯一区别是 PHP 会检查该文件是否已经被包含过，如果是，则不会再次包含

D．require 在引入不存在文件时产生一个警告且脚本还会继续执行，而 include 则会导致一个致命性错误且脚本停止执行

参考答案：D。

分析：require 和 include 引用文件和使用方法几乎完全一样，除了处理失败的方式不同之外。require 在出错时产生 E_COMPILE_ERROR 级别的错误。换句话说，require 将导致脚本中止而 include 只产生警告（E_WARNING），脚本会继续运行。

include 在引入不存在的文件时产生一个警告且脚本还会继续执行，而 require 则会导致一个致命性错误且脚本停止执行。

所以，本题的答案为 D。

1.3.8　break、continue 与 return 有什么区别与联系?

break：直接强行跳出当前循环，不再执行剩余部分。当循环中遇到 break 语句时，忽略循环体中任何其他语句和循环条件测试，跳出循环。所以，当有多层循环嵌套时，break 语句出现在嵌套循环中的内层循环，它将仅仅只是终止了内层循环的执行，而不影响外层循环的执行。

示例代码如下：

```
$array = array(1,2,3);
    for($i=0;$i<2;$i++){
        foreach($array as $key)
        {
            echo $key;
            if($key==2){
                break ;
            }
        }
    }
```

程序的运行结果为

```
1212
```

continue：停止当次循环，回到循环起始处，进入下一次循环操作。continue 语句之后的语句将不再执行，用于跳过循环体中的一部分语句，也就是不执行这部分语句，而不是跳出整个循环执行下一条语句，这就是 continue 与 break 的主要区别。简单地说，continue 只是中断一次循环的执行而已。

return：return 语句是一个跳转语句，用来表示从一个方法返回（返回一个值或其他复杂

类型），可以使程序控制返回到调用它方法的地方。

由于 break 只能跳出当前的循环，那么如何才能实现跳出多重循环呢？可以在多重循环的外面定义一个标识，然后在循环体里使用带有标识的 break 语句即可跳出多重循环。

以如下代码为例：

```php
<?php
    // 执行嵌套循环，外层循环 3 次，内层循环 2 次。当执行到第 2 次外层循环时，
    //使用 break 2 跳出，直接跳出 2 层循环
    for($i = 0; $i < 3; $i ++) {
        echo 'i:' . $i . "\n";
        for($j = 0; $j < 2; $j ++) {
            if ($i == 1) {
                break 2; // 使用 break 2 直接跳出 2 层循环
            }
            echo 'j:' . $i . '-' . $j . "\n";
        }
        echo 'i:' . $i . "end\n";
    }
?>
```

程序的运行结果为

```
i: 0
j: 0-0
j: 0-1
i:0 end
i:1
```

因此，在 PHP 中，可以使用 break 后跟上指定的数字的方法来直接跳出指定层数的循环。

注意：break 后跟的只能为正整数，并且不能超过实际可以跳出的循环层数。否则，会报致命错误（Fatal Error）。

引申：PHP 语言中，如何使用 goto 语句？

PHP 中通过 goto 操作符跳转到程序的另一个位置继续执行。该目标位置可以用目标名称加上冒号来标记，而跳转指令是 goto 之后接上目标位置的标记。例如，goto tag1。PHP 中的 goto 有一定限制，目标位置只能位于同一个文件和作用域，即不能跳出一个函数或类方法，不能跳入到另一个函数，同时不能跳入到任何循环或者 switch 结构中。可以跳出循环或者 switch，通常的用法是用 goto 代替多层的 break。

以如下代码为例：

```php
<?php
    for($i=0;$i<=5;$i++){
        if($i >3){
            goto tag1;
        }
        echo $i." ";
    }
    tag1:
```

```
        echo "the end";
    ?>
```

程序的运行结果为

```
    0 1 2 3 the end
```

从以上结果可以看出，当 $i 的值大于 3 后将直接跳出循环执行到标记 tag1 处，循环 4、5 将不再执行。

这里需要注意的是，在 PHP 语言中，虽然 goto 语句可以比较方便地在程序片段中跳转，但是会破坏程序的连续性，不到非常时期，尽量不要使用 goto 语句。

1.3.9　switch 有什么作用?

switch 语句和具有同样表达式的一系列的 if 语句相似。很多场合下需要把同一个变量（或表达式）与很多不同的值比较，并根据它等于哪个值来执行不同的代码。这正是 switch 语句的用途。

switch 用于有选择地执行若干代码块之一，可以避免冗长的 if..else 代码块。

switch 语句按行执行。开始时没有代码被执行，仅当一个 case 语句中的值和 switch 表达式的值匹配时 PHP 才开始执行语句，直到 switch 的程序段结束（如 return 语句）或者遇到第一个 break 语句为止。如果不在 case 的语句段最后写上 break 语句，那么 PHP 将继续执行下一个 case 中的语句段。如下例所示：

```php
<?php
    switch ($i)
    {
        case 0:
            echo "this is 0";
        case 1:
            echo " this is 1";
        case 2:
            echo " this is 2";
    }
?>
```

注意：如果 $i = 3，则此代码片段不会执行。如果$i = 0，那么 PHP 将打印所有 echo 语句。如果$i 等于 1，那么 PHP 将执行后面两条 echo 语句。注意，当 switch 遇到 break 后才会停止。效率方面，switch 语句中条件只求值一次，而 else if 语句中的条件会多次求值。如果条件比较复杂或多循环中，那么 switch 语句效率会更高。

同时需要注意的是，case 语句可以为空，意味着自动将控制转移到下一个 case 中。default 语句是每次判断后，都要默认执行的语句。

```php
<?php
    switch ($i)
    {
        case 0:
            echo "this is 0";
```

```
        case 1:
                echo " this is 1";
        case 2:
        case 3:
                echo " this is 2";
        default:
                echo "default end";
        }
    ?>
```

$i=2 与$i=3 是等价的，它们会有相同的输出结果。

【真题 38】 哪种语句结构用来表现以下条件判断最合适？（   ）

```
    <?php
        if($a == 'a') {
            somefunction();
        }
        else if ($a == 'b') {
            anotherfunction();
        }
        else if ($a == 'c') {
            dosomething();
        }
        else {
            donothing();
        }
    ?>
```

A．没有 default 的 switch 语句   B．一个递归函数
C．while 语句   D．有 default 的 switch 语句
参考答案：D。
分析：用一系列的 if…else 语句来检查一个条件的代码块，最适合用 switch 语句来替代。

```
    <?php
        switch($a) {
            case 'a':
                somefunction();
                break;
            case 'b':
                anotherfunction();
                break;
            case 'c':
                dosomething();
                break;
            default:
                donothing();
        }
    ?>
```

因为 if 语句中有一个捕捉所有其他条件的 else，对应的，switch 代码块需要一个 default。

所以，选项 D 正确。

【真题 39】 以下程序的运行结果为（　　　　）。

```php
<?php
        $str = "LAMP";
        $str1 = "LAMPBrother";
        $strc = strcmp($str,$str1);
        echo $strc;
        switch ($strc){
                case 1:
                        echo "str > str1";
                        break;
                case -7:
                        echo "str < str1";
                        break;
                case 0:
                        echo "str=str1";
                        break;
                default:
                        echo "str <> str1";
        }
?>
```

A．str > str1　　　　　B．str < str1　　　　　C．str = str1　　　　　D．str <> str1

参考答案：D。

分析：strcmp($str1,$str2)函数的功能是比较两个字符串的大小，如果$str1==$str2，则返回0。如果$str1> $str2，则返回值大于 0，具体值为 1 乘上两个字符串相比不相同的字符个数。如果$str1 < str2，则返回值小于 0，具体值为-1 乘上两个字符串相比不相同的字符个数。

本题中，$str = "LAMP"，$str1 = "LAMPBrother"，两个字符串不相同的字符有 7 个，且$str1 < str2，所以，返回值为负数：$(-1 \times 7) = -7$。在 switch 语句的各类 case 语句中，都无法匹配，直接跳转到 default。所以，选项 D 正确。

1.4　常量与变量

1.4.1　什么是常量?

常量是一个简单值的标识符（名字），在脚本执行期间该值不能改变（除了所谓的魔术常量，它们其实不是常量）。常量默认为大小写敏感。通常常量标识符总是大写的。相比于变量，常量具有以下两个特点：

1）常量是全局有效的，在页面内、函数内、类内部甚至数组内部都可以直接引用。

2）常量一旦被定义，就不可以再重新定义，不可以清除，也不可以修改它的值。

常量分为自定义常量和预定义常量。

1．自定义常量

自定义常量使用 define()函数来定义，语法格式如下：

```
bool define(string $name, mixed $value [, bool case_$insensitive])
```

其中，name 为常量的名称，value 为常量的值，insensitive 指定常量名称是否区分大小写。如果设置为 true，则不区分大小写；如果设置为 false，则区分大小写，默认值为 false。

常量一旦定义，就不能再改变或取消定义，而且值只能是标量，数据类型只能是 boolean、integer、float 或 string。与变量不同，常量定义时不需要加"$"。

定义常量的示例代码如下：

```php
<?php
    define("CONSTANT", "你好！");
    echo CONSTANT;
?>
```

定义常量和定义变量的区别如下：

1）常量前面没有美元符号（$）。

2）常量可以不用理会变量范围的规则而在任何地方定义和访问。

3）常量一旦定义就不能被重新定义或者取消定义。

4）常量的值只能是标量。

2．预定义常量

预定义常量也称魔术常量，PHP 提供了大量的预定义常量。但是很多常量是由不同的扩展库定义的，只有加载这些扩展库后才能使用。预定义常量使用方法和常量相同，但是它的值会根据情况的不同而不同，经常使用的预定义常量有 5 个，这些特殊的常量是不区分大小写的，见下表所示。

名　　称	说　　明
LINE	常量所在的文件中的当前行号
FILE	常量所在的文件的完整路径和文件名
FUNCTION	常量所在的函数名称
CLASS	常量所在的类的名称
METHOD	常量所在的类的方法名

3．检查变量是否存在

isset()函数的作用是检查一个变量是否存在，这是指它是否已经被赋值，语法格式如下：

```
bool isset ( mixed $var [, mixed $var [, $... ]] )
```

若变量$var 不存在，则返回 FALSE；若变量$var 存在且其值为 NULL，则也返回 FALSE；只有变量$var 存在且值不为 NULL 才返回 TRUE；此外，当同时检查多个变量时，只有每个变量都符合上一条要求时才返回 TRUE，否则，结果为 FALSE。例如：

```php
<?php
    $var1="";
    $var2=123;
    var_dump(isset($var1));              //返回 bool(TRUE)
    var_dump(isset($var2));              //返回 bool(TRUE)
```

```
    ?>
```

另外，unset()函数释放一个变量。empty()函数检查一个变量是否为空值，在 PHP 中，空值被定义为 0、空串（''或 " "）NULL 或 false。例如：

```
<?php
    $var=0;
    if(empty($var))
            echo "变量为空";//输出"变量为空"
    ?>
```

【真题 40】 下列代码的输出是（   ）。

```
<?php
    define("x","5");
    $x=x+10;
    echo x;
    ?>
```

A．Error   B．5   C．10   D．15

参考答案：B。

分析：在 PHP 中，define 函数用于定义一个常量，而常量的值在设定以后，是无法更改的。本题中，x 的值始终为 5。所以，选项 B 正确。

【真题 41】 下列语句中，正确定义一个常量的是（   ）。

A．var const PI=3.14;   B．const PI=3.14;

C．public const PI=3.14;   D．static PI=3.14;

参考答案：B。

分析：const 与 define 都可以用于定义常量，const 本身就是一个语言结构，使用 const 的代码简单易读，而 define 是一个函数。而且，const 在编译时要比 define 快很多。

具体而言，const 与 define 在定义常量方面，区别如下：

1）const 用于类成员变量的定义，一经定义，不可修改。define 不可用于类成员变量的定义，可用于全局常量。

2）const 可在类中使用，define 不能。

3）const 不能在条件语句中定义常量。

4）const 采用一个普通的常量名称，define 可以采用表达式作为名称。

5）const 只能接受静态的标量，而 define 可以采用任何表达式。

6）const 定义的常量是大小写敏感的，而 define 可通过第三个参数（为 true 表示大小写不敏感）来指定大小写是否敏感。

public 通常用来声明类中的方法，static 是定义静态变量或方法。静态变量仅在局部函数域中存在且只被初始化一次，当程序执行离开此作用域时，其值不会消失，下次调用的时候不会重新初始化，而会使用上次执行的结果。static 关键字在类中，描述一个成员是静态的，被 static 修饰的成员是属于类的，是不属于任何对象实例。

所以，本题的答案为 B。

1.4.2 什么是变量?

变量由一个美元符"$"开头,"$"后是一个标识符。标识符只能由字母、数字和下画线组成,并且不可以数字开头。此外,变量对大小写敏感($y 与$Y 是两个不同的变量),例如,Count 与 count 被认为是两个不同的标识符。

鉴于此,以下标识符都是非法的。

1)$4str:不能以数字开头。

2)$number of book:标识符中不能有空格。

3)$a*b:*不能作为标识符的字符。

命名规则保证了程序的正确性,而好的命名方式能够提高程序的可读性。变量命名通常有如下几种方式:

1)单词之间直接连接。例如,$titlekeyword。

2)单词之间用下画线连接。例如,$title_keyword。

3)单词之间首字母大写。例如,$titleKeyword。

【真题 42】 PHP 命令是否区分大小写?

参考答案:虽然 PHP 变量区分大小写,但是在大多数情况下,PHP 命令是不区分大小写的,也就是说,在回写内容的时候,ECHO、echo 或 Echo 都是合法的,而且能得到正确的运行结果。但是为了保持代码的可读性与可维护性,一般建议保持一致的写法。大多数的 PHP 开发人员都倾向于使用小写,因此我们也推荐使用小写。

全局变量

(1)服务器变量$_SERVER

服务器变量是由 Web 服务器创建的数组,其内容包括头信息、路径、脚本位置等信息。不同的 Web 服务器提供的信息也不同,本书以 Apache 服务器提供的信息为例。下表列出了一些常用的服务器变量及其作用,使用 phpinfo()函数可以查看到这些变量信息。

服务器变量名	变量含义
$_SERVER['HTTP_ACCEPT']	当前 Accept 请求的头信息
$_SERVER['HTTP_ACCEPT_LANGUAGE']	当前请求的 Accept-Language 头信息,例如 zh-cn
$_SERVER['HTTP_ACCEPT_ENCODING']	当前请求的 Accept-Encoding 头信息,例如 gzip
$_SERVER['HTTP_USER_AGENT']	当前用户使用的浏览器信息
$_SERVER['HTTP_HOST']	当前请求的 Host 头信息内容,例如 localhost
$_SERVER['HTTP_CONNECTION']	当前请求的 Connection 头信息,例如 Keep-Alive
$_SERVER['HTTP_PATH']	当前系统路径
$_SERVER['SERVER_SIGNATURE']	包含当前服务器版本和虚拟主机名的字符串
$_SERVER['SERVER_SOFTWARE']	服务器标志的字串,例如 Apache(Win32)PHP/5.2.8
$_SERVER['SERVER_NAME']	当前运行脚本所在服务器主机的名称,例如 localhost
$_SERVER['REMOTE_ADDR']	服务器所使用的端口,例如 80
$_SERVER['SCRIPT_FILENAME']	当前执行脚本的绝对路径名

PHP 还可以直接使用数组的参数名来定义超全局变量，例如，"$_SERVER['PHP_SELF']" 可以直接使用$PHP_SELF 变量来代替，但该功能默认是关闭的，打开它的方法是，修改 php.ini 配置文件中 "register_globals = Off" 所在行，将 "Off" 改为 "On"。但是全局系统变量的数量非常多，这样可能导致自定义变量与超全局变量重名，从而发生混乱，所以不建议开启这项功能。

【真题 43】 在 PHP 中，用来获取浏览器属性的方法是（ ）。

A．$_SERVER['PHP_SELF']   B．$_SERVER['HTTP_VARIENT']

C．$_SERVER['HTTP_USER_AGENT'];   D．$_SERVER['SERVER_NAME']

参考答案：C。

分析：对于选项 A，$_SERVER['PHP_SELF']的作用是输出正在执行脚本的网页的路径，所以，选项 A 错误。

对于选项 B，不存在$_SERVER['HTTP_VARIENT']方法，所以，选项 B 错误。

对于选项 C，$_SERVER['HTTP_USER_AGENT']可以获取浏览器的属性内容，所以，选项 C 正确。

对于选项 D，$_SERVER['SERVER_NAME'] 可以获取当前网页的根路径域名，所以，选项 D 错误。

【真题 44】 假设有一个名为'index.php'的文件的路径为 c:/apache/htdocs/phptutor/index.php，那么 basename($_SERVER['PHP_SELF'])的返回值为（ ）。

A．phptutor   B．phptutor/index.php

C．/htdocs/phptutor/index.php   D．/index.php

参考答案：C。

$_SERVER['PHP_SELF']可以获取到正在执行脚本的网页路径，除了根路径不能获取外，可以获取具体到除了根路径后的路径名+当前执行文件名。所以，选项 C 正确。

（2）环境变量$_ENV

环境变量记录与 PHP 所运行系统相关的信息，如系统名、系统路径等。单独访问环境变量可以通过 "$_ENV['成员变量名']" 方式来实现。成员变量名包括 ALLUSERSPROFILE、CommonProgramFiles、COMPUTERNAME、ComSpec、FP_NO_HOST_CHECK、NUMBER_OF_PROCESSORS、OS、Path、PATHEXT、PHPRC、PROCESSOR_ARCHITECTURE、PROCESSOR_IDENTIFIER、PROCESSOR_LEVEL、PROCESSOR_REVISION、Program Files、SystemDrive、SystemRoot、TEMP、TMP、USERPROFILE、windir、AP_PARENT_PID 等。

注意：如果 PHP 是测试版本，那么使用环境变量时可能会出现找不到环境变量的问题。解决办法是，打开 php.ini 配置文件，找到 "variables_order = "GPCS"" 所在的行，将该行改成 "variables_order = "EGPCS""，然后保存，并重启 Apache。

（3）GLOBAL 变量$GLOBALS

$GLOBALS 变量以数组形式记录所有已经定义的全局变量。通过 "$GOLBAL["变量名"]" 的方法来引用全局变量。由于 $GLOBALS 超全局变量可以在程序的任意地方使用，所以，它比使用 "global" 引用全局变量更方便。示例代码如下：

```php
<?php
    $a = 1;
```

```
                $b = 2;
                function Sum(){  //创建 Sum()函数
                    $GLOBALS['b'] = $GLOBALS['a'] + $GLOBALS['b'];
                }
                Sum();
                echo $b;    //输出结果为 3
            ?>
```

另外，PHP 提供了大量的预定义变量。这些变量将所有的外部变量表示成内建环境变量，并且将错误信息表示成返回头。由于许多变量依赖于运行服务器的版本和设置以及其他因素，所以并没有详细的说明文档。一些预定义变量在 PHP 以命令行形式运行时并不生效。PHP 的预定义变量见下表：

预定义变量	描　　述
$_COOKIE	由 HTTP Cookies 传递的变量组成的数组
$_GET	由 HTTP get 方法传递的变量组成的数组
$_POST	由 HTTP post 方法传递的变量组成的数组
$_FILES	由 HTTP post 方法传递的已上传文件项组成的数组
$_REQUEST	所有用户输入的变量数组，包括$_GET、$_POST、$_COOKIE 所包含的输入内容
$_SESSION	包含当前脚本中会话变量的数组

【真题 45】 函数内怎么使用局部变量和全局变量？

参考答案：局部变量是函数内部定义的变量，其作用域是所在的函数。如果函数外还有一个与局部变量名字一样的变量，那么程序会认为它们两个是完全不同的两个变量。当退出函数的时候，其中的局部变量就同时被清除。

全局变量是定义在所有函数以外的变量，其作用域是整个 PHP 文件，但是在用户自定义的函数内部是无法使用的。如果一定要在用户自定义的函数内部使用全局变量，那么就需要使用 global 关键字声明。也就是说，如果在函数内的变量前加上 golbal 来修饰，那么函数内部就可以访问到这个全局变量。

不仅可以利用这个全局变量进行运算，而且可以对这个全局变量进行重新赋值。

【真题 46】 下列代码的输出结果是（　　　）。

```php
<?php
$father="mother";
$mother="son";
echo $$father;
?>
```

A．son   B．mother   C．motherson   D．error

参考答案：A。

分析：PHP 里变量字符串之前加$等于指向另外一个字符串。所以，选项 A 正确。

【真题 47】 下列不属于 PHP 标识符的是（　　　）。

A．$_HelloWorld B．$3HelloWorld   C．$HelloWorld   D．$HelloWorld3

参考答案：B。

分析：变量名不能以数字打头，所以$3HelloWorld 属于非法变量，不属于 PHP 标识符。所以，本题的答案为 B。

【真题 48】 超全局变量有哪些？

参考答案：PHP 中预定义了几个超级全局变量：$GLOBALS、$_SERVER、$_GET、$_POST、$_FILES、$_COOKIE、$_SESSION、$_REQUEST、$_ENV。这意味着它们在一个脚本的全部作用域中都可用，不需要特别说明，就可以在函数及类中使用。

1.4.3　如何判断变量是否存在、是否为非空字符或非零？

PHP 主要使用 empty()函数判断一个变量是否存在、是否为非空字符或非零。如果值存在且是非空字符或非零，则返回 TRUE，否则返回 FALSE。

而 isset()函数主要被用于检测变量是否已经定义且值不为空字符和 NULL，如果变量存在且值不为 NULL，则返回 TRUE，否则返回 FALSE。

【真题 49】 PHP 如何判断变量为空？

参考答案：在 PHP 中，NULL 与空是两种不同的概念。isset() 主要用来判断变量是否被初始化过。empty()可以将值为"假""空""0""NULL""未初始化"的变量都判断为 TRUE。is_null()仅把值为"NULL"的变量判断为 TRUE。var == null 把值为"假""空""0""NULL"的变量都判断为 TRUE。var === null 仅把值为"NULL"的变量判断为 TRUE。

【真题 50】 isset()与 empty()的区别是什么？

参考答案：对不同数据的判断结果不同，例如：

$a=0; $a='0'; $a=false; 对于$a 的值，isset()和 emty()函数都会返回 1，认为$a 存在值，并且这个值为空。

$a=null; 对于变量$a 的值，isset()认为$a 为空不存在，而 emty()返回真，认为$a 是空值。

判断 isset()变量是否存在，可以传多个参数，只要有一个参数为空则返回真。

empty()判断变量是否为空（参数只要为假就返回 false）。

1.4.4　变量的作用域范围有哪几种？

在计算机程序中，声明在不同地方的变量具有不同的作用域，PHP 变量有三种作用域：局部变量、全局变量和静态变量。

局部变量：在函数内部声明的变量就是局部变量，当然函数的参数也是局部变量。局部变量的作用域也只在定义它的函数内部。它保存在内存的栈中，所以访问速度很快。

全局变量：全局变量可以在程序的任何地方访问。在函数内部使用的时候需要在全局变量前面加上 global。如下例所示：

```php
<?php
$a = 5;
function add() {
    GLOBAL $a;    //引用全局变量
    $a++;
    print "$a";
}
add(); //输出 6
```

```
?>
```

静态变量：局部变量在函数调用结束后就会消失，而静态变量则不同，静态变量在函数退出时不消失，而且在下次调用时还能保留这个值。使用 static 修饰的变量就是一个静态变量。

下表给出几个常见的作用域的示例。

类　　型	描　　述	示　　例
函数作用域	在函数内部声明的变量作用域，在函数内部有效	局部变量
全局作用域	在函数外部声明的变量作用域，从声明到文件结尾有效	全局变量
require()和 include()引入	如果这两个语句用于函数内部，则适用于函数作用域，反之，全局作用域适用	
global 修饰	指定函数内的变量为全局作用域	global $a
unset($variable)	删除变量，及作用域失效	unset($a)

引申：如何实现数据共享？

当一个数据需要被多个脚本共享的时候，这个数据应该放在哪里？

参考答案：数据的存放拥有以下几种解决办法：

1）将数据存于数据库中。将多个脚本需要共享的数据存于一个数据库，让多个脚本读取于同一个数据库获取数据，从而实现共享。

2）将数据存于 Memcache 中。让多个脚本文件访问同一个 Memcache 缓存即可保证数据共享的读取。

3）将数据存于一个服务器的文件中。让多个脚本去访问这个服务器的这个文件实现数据的共享。

【真题 51】 写出程序的输出结果。

```php
<?php
    $a = 1;
    $b = 2;
    function GetSum() {
        global $a, $b;
        $b = $a + $b;
    }
    GetSum();
    echo $b;
?>
```

参考答案：3。

分析：本题主要考查关键字 global 的用法。

本题中，函数中声明了$a 和$b 两个全局变量，在函数内通过关键字 global 来修饰。global 的作用是声明全局变量，如果函数内想使用外面定义的变量，那么需要先声明这个变量为 global 全局变量，没有用 global 关键字声明的函数内是不能获取函数外变量的值。

程序第一行定义了两个全局变量$a、$b，紧接着定义了一个 sum()函数，函数内部使用 global 修饰定义了$a、$b 变量，表明使用函数外面定义的变量值，即$a=1，$b=2，相加后全局变量$b 变为 3，则结果输出 3。

所以，本题的答案为 C。

【真题 52】 以下$GLOBALS 和 global 的说法中，正确的是（   ）。

A．$GLOBALS 是一个包含了全部变量的全局数组

B．global 是一个 PHP 关键字

C．$GLOBALS 和 global 的作用是相等的

参考答案：A、B。

分析：global 是一个关键字，声明的变量只是全局变量的一个同名引用。$GLOBALS 是全局变量本身。

【真题 53】 以下代码的执行结果为（   ）。

```php
<?php
    $A="Hello";
    function print_A() {
        $A= "php mysql !!";
        global $A;
        echo $A;
    }
    echo$A;
    print_A();
?>
```

A．Hello

B．php mysql !!

C．Hello Hello

D．Hello php mysql !!

参考答案：C。

1.4.5 如何对变量进行引用?

可以在变量的前面加&符号对变量进行引用，变量的引用相当于给变量起了个别名，通过不同的名字访问同一个变量内容，所以改变其中一个变量的值，另一个变量也会跟着改变。

【真题 54】 有如下代码：

```php
<?php
    $a="hello";
    $b= &$a;
    unset($b);
    $b="world";
    echo $a;
?>
```

程序的运行结果为（   ）

A．hello   B．world   C．NULL   D．unset

参考答案：A。

分析：这个代码的执行过程如下图所示。

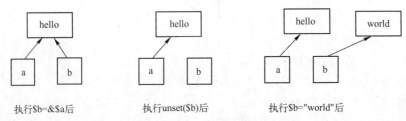

执行$b=&$a后   执行unset($b)后   执行$b="world"后

1）首先执行$b= &$a 后，a 和 b 引用同一个字符串变量"hello"。

2）接着执行 unset($b)，这个函数可以断开这个引用关系。此时由于 a 仍然指向字符串"hello"，也就是说，这个字符串仍然被 a 使用，因此这个字符串不会被回收。

3）接着执行$b="world"，此时，b 指向一个新的字符串"world"，这并不会影响 a 的值。因此输出结果为 hello。

1.5 数据类型

1.5.1 基本数据类型有哪些?

PHP 语言一共提供了八种原始的数据类型（bool 或 boolean、integer、string、float 或 double、object、array、resource、null），其中 string、integer、float 和 bool 是标量类型，array（数组）、object（对象）是复合类型，resource（资源）和 NULL 是两种特殊类型。

下表是 PHP 数据类型及其描述。

数 据 类 型	类　　型	取　　值
bool	布尔型	true,false
integer	整型	−2147483647～2147483648
string	字符串	长度取决于机器内存
float	浮点型	最大值 1.8e308
object	对象	通过 new 实例化 $object=new Animal();
array	数组	$arr1=array(1,2,3,4,5,6);
resource	资源类型	资源是一个特殊的数据类型，无法直接获得变量，需要通过专门的函数来访问： （1）数据库访问必须通过 MySQL 函数库、MySQLi 函数库或 PDO 函数库实现 （2）文件访问必须通过 FileSystem 函数库实现 （3）目录操作必须通过 Directory 函数库实现 （4）图像操作必须通过 GD 函数库实现
NULL	空值	Null

1）布尔类型：其他类型通过强制转换成布尔类型。特殊的见下表。

转 换 方 式	结　　果
(bool)false	false
(bool)0	false
(bool)0.0	false
(bool)'0'	false
$arr = array(); (bool)$arr	false
非零值	true

2）整型：整型的范围为-2147483647～2147483647，如果超过该值，那么会自动转换成 float 型。

3）字符串类型：

单引号：定义了原始的字符串，如果字符串本身包含单引号，那么需要转义。

双引号：双引号定义的字符串会解析特殊字符和变量，可以自动转换。例如：

```
$str = "abc";
$str2 = "$str";    //$str2 = "abc"
```

4）对象类型：实例化对象通过使用 new class 类来初始化。

5）空类型：NULL 空类型大小写不敏感，NULL 类型只有一个取值，表示一个变量没有值。如下面情况即可以表示为 NULL：

```
$a = NULL;        //赋值为 NULL
$b;               //未赋值
unset($c);        //被释放的变量
```

除了原始数据类型外，PHP 还提供了三种伪类型：mixed、number 和 callback。

1）mixed 用来表示一个参数可以接受多种不同的数据类型。例如，mixed str_replace (mixed $search , mixed $replace , mixed $subject [, int &$count])，这里 mixed 可以接受字符串和数组。

2）number 表示一个参数可以是 float 或 integer。

3）callback 顾名思义就是回调类型，它不仅可以是一个函数，而且还可以是一个对象的方法或者类的静态方法。在 PHP 中有些函数（例如 usort 函数）可以接受用户自定义的函数作为参数。使用方法如下：

① 一个 PHP 函数用函数名作为字符串来传递。可以传递任何内置的函数（除 array()、echo()、empty()、eval()、exit()、isset()、list()、print()和 unset()外）或者用户自定义的函数。

② 一个对象的方法要以数组的形式来传递，数组的下标 0 表示对象名，下标 1 表示方法名。从 PHP 5.2.3 开始，也可以传递 '类名::方法名'.

③ 一个类的静态方法，在传递的时候，将数组下标 0 表示类名，下标 1 表示方法名。

除了普通的用户定义的函数作为回调函数外，也可以使用 create_function()来创建一个匿名的回调函数（callback）。

【真题 55】 以下说法不正确的是（   ）。

A．PHP 有四种标量类型：布尔型（boolean）、整型（integer）、浮点型（float）、字符串（string）

B．浮点型（float）与双精度型（double）是同一种类型

C．复合类型包括：数组（array）、对象（object）、资源（resource）

D．伪类型：混合型（mixed）、数字型（number）、回调（callback）

参考答案：C。

分析：PHP 主要有八种数据类型，根据类型还可以被划分为三大类，标量类型中包含布尔型、整型和浮点型，复合类型包括数组和对象，特殊类型包括资源类型和空类型。除此之外，PHP 还可以存在伪类型，主要是数据存在混合相关联，所以存在伪类型。

所以，本题答案为 C。

【真题 56】 以下程序的运行结果为 （   ）。

```php
<?php
    $var = FALSE;
    if (empty($var)){
        echo"null";
    }else{
        echo"have value";
    }
?>
```

A. null   B. have value
C. 无法确定   D. 什么也不显示，提示错误

参考答案：A。

分析：在 PHP 中，empty() 函数的功能是用来判断变量是否为空。函数原型如下：

bool empty(mixed var);

如果变量不存在，则返回 TRUE；如果变量存在，并且其值为""、0、"0"、NULL、FALSE、array()以及没有任何属性的对象，则返回 TRUE；否则返回 FALSE。所以，选项 A 正确。

1.5.2　如何进行类型转换?

PHP 是一种弱类型语言，在变量定义中不需要明确的类型定义；变量类型是根据使用该变量的上下文所决定的。也就是说，如果把一个字符串值赋给变量 a，那么 a 就成了一个字符串。如果又把一个整型值赋给 a，那么它就成了一个整数。

PHP 的自动类型转换的一个例子是加号 "+"。如果任何一个操作数是浮点数，那么所有的操作数都被当成浮点数，结果也是浮点数；否则操作数会被解释为整数，结果也是整数。注意，这并没有改变这些操作数本身的类型；改变的仅是这些操作数如何被求值以及表达式本身的类型。

PHP 的数据类型转换属于强制转换，允许转换的 PHP 数据类型见下表。

转换方式	转换类型
（int）、（integer）	转换成整型
（float）、（double）	转换成浮点型
（string）	转换成字符串
（bool）、（boolean）	转换成布尔类型
（array）	转换成数组
（object）	转换成对象

【真题 57】 写出程序的输出结果。

```php
<?php
    $num1=100.12;
    $num2=(int)$num1; //强制转换为 int 类型
    var_dump($num1); //输出 float(100.12)
    var_dump($num2); //输出 int(100)
?>
```

参考答案：

```
    100.12
    100
```

【真题 58】 写出程序的输出结果。

```php
<?php
    $str="123.9abc";
    $int=intval($str);
    $float=floatval($str);
    $str=strval($float);
    echo $int;
    echo "\n";
    echo $float;
    echo "\n";
    echo $str;
?>
```

参考答案：

```
    123
    123.9
    123.9
```

【真题 59】 如果用+操作符把一个字符串和一个整型数字相加，那么结果是（   ）。

A．解释器输出一个类型错误

B．字符串将被转换成数字，再与整型数字相加

C．字符串将被丢弃，只保留整型数字

D．字符串和整型数字将连接成一个新字符串

参考答案：B。

分析：字符串将被转换成数字（如果无法发生转换，那么就是 0），然后与整型数字相加。所以，本题的答案为 B。

【真题 60】 'NULL'、'0'、0、""、' '、false，哪些是空字符？

参考答案：只有""是空字符串。

分析：'NULL'表示一个长度为 4 的字符串，字符串的内容是 NULL。

'0' 表示一个长度为 1 的字符串，字符串的内容是 0。

0 是一个整型数字。

' '表示一个字符串，字符串的内容是多个空格。

false 是 bool 类型变量。

1.6 运算符

1.6.1 运算符的种类有哪些?

按照不同功能区分，运算符可以分为算术运算符、字符串运算符、赋值运算符、位运算符、条件运算符以及逻辑运算符等。

1．算术运算符（Arithmetic Operators）

算术运算符指的是数学中常见的数学运算符，主要包括加（+）、减（-）、乘（*）、除（/）、取余（%）、递增和递减运算，见下表。

运算符名称	操作符	举例	意义
加法运算符	+	$a + $b	两变量相加
减法运算符	-	$a - $b	两变量相减
乘法运算符	*	$a * $b	两变量相乘
除法运算符	/	$a / $b	两变量相除
取余运算符	%	$a % $b	两变量取余
递增运算符	++	$a ++ 或 ++$a	变量自加 1
递减运算符	--	$a - 或 -$a	变量自减 1

需要注意的是，算术运算符%在进行取余操作时，如果被除数是负数，则结果也是负数。

【真题 61】 执行如下程序段：

```php
<?php
    echo 24%(-5);
?>
```

程序的输出结果是（　　）。

A．5　　　　　　　　B．4　　　　　　　　C．-4　　　　　　　　D．19

参考答案：B。

分析：在 PHP 中，取模运算符%的操作数在运算之前都会转换成整数（除去小数部分）。其运算结果和被除数的符号（正负号）相同。即$a%$b 的结果和$a 的符号相同。本题中，24%(-5)的符号为正，结果为 4。所以，选项 B 正确。

【真题 62】 写出下列程序的输出结果。

```php
<?php
    $x = 87;
    $y = ($x % 7) * 16;
    $z = $x > $y ? 1:0;
    echo $z;
?>
```

参考答案：1。

分析：括号优先级最高，先执行$x%7 再乘以 16，所以最终$x 的值大于$y 输出 1。

【真题 63】 有如下代码：

```php
<?php
    echo  1+2+"3+4+5";
?>
```

程序的运行结果为（　　）。

A．0　　　　　　　　B．3　　　　　　　　C．6　　　　　　　　D．"33+4+5"

参考答案：C。

分析：首先运行 1+2 结果为 3，在执行+"3+4+5";的时候会强制把这个字符串转换为整数，这个字符串转换后的整数为 3，因此最终运行结果为 3+3=6。

【真题 64】 在 PHP 中，"+"操作符的功能不包括（   ）。

A．字符串连接　　　　B．数组数据合并　　　　C．变量数据相加

参考答案：A。

对于选项 A，字符串连接是通过操作符"."来完成的，而不是"+"。

对于选项 B，"+"操作符可以实现数组的合并，但是合并遵循如下的规则：如果两个数组存在相同的 key，那么结果保留前面数组中的值，而丢弃掉后面数组中的值，如下例所示：

```
$a = array(
    1=>'a',
);
$b = array(
    2=>'b',
    1=>'c'
);
$c = $a + $b;
var_dump($c);
```

程序的运行结果为

```
array(2) {
    [1]=>
    string(1) "a"
    [2]=>
    string(1) "b"
}
```

对于选项 C，"+"最常使用的功能就是实现变量数据的相加。

所以，本题的答案为 A。

2．字符串运算符（String Operators）

字符串运算符可以将字符串连接起来，组成新字符串，也可以将字符串与数字连接，这时类型会自动转换。

示例代码如下：

```
$a="dawanganban";
$b="123";
echo $a.$b;    //输出结果：dawanganban123
```

3．赋值运算符（Assigning Operator）

它的主要功能是把运算符"="右边的值赋给左边的变量或常量。主要类型见下表。

运算符名称	操作符	举例	展开形式	意义
赋值运算符	=	$a = $b	$a = 100	把等号右边的值赋值给左边变量
加赋值运算符	+=	$a += $b	$a=$a + $b	两变量相加
减赋值运算符	-=	$a -= $b	$a=$a - $b	两变量相减
乘赋值运算符	*=	$a *= $b	$a=$a * $b	两变量相乘
除赋值运算符	/=	$a /= $b	$a=$a / $b	两变量相除
连接赋值运算符	.=	$a .= $b	$a=$a . $b	字符串连接
取余数赋值运算符	%	$a %= $b	$a=$a % $b	两变量取余

【真题 65】 请写出以下程序的运行结果。

```php
<?php
    echo 8%(-2)."\n";
    echo ((-8)%3)." \n ";
    echo (8%(-3))." \n ";
?>
```

参考答案：

```
0
-2
2
```

4．位运算符

位运算符是指对变量的二进制位从低位到高位对齐后进行运算。主要类型见下表。

运算符名称	操作符	举例	意义	性质
按位与运算符	&	$a & $b	两变量按位与	将数值转化为二进制后，只有参与运算的位都为 1，则运算结果为 1，否则为 0
按位或运算符	|	$a | $b	两变量按位或	将数值转化为二进制后，参与运算的位只要有一个为 1，则为 1，否则为 0
按位异或运算符	^	$a ^ $b	两变量按位异或	将数值转化为二进制后，相同的为 0，不同的为 1
按位取反运算符	~	$a ~ $b	两变量按位取反	将数值转化为二进制后，1 转为 0，0 转为 1
向左移位运算符	<<	$a << $b	两变量向左移位	左移几个位置就乘以几个 2
向右移位运算符	>>	$a >> $b	两变量向右移位	右移几个位置就除以几个 2

需要注意的是，位运算符允许对整型数中指定的位进行置位。如果左右参数都是字符串，则位运算符将操作字符的 ASCII 值。

【真题 66】 以下把整型变量$a 的值乘以 4 的运算是（   ）（双选）。

A．$a *= pow (2, 2);   B．$a >>= 2;   C．$a <<= 2;   D．$a += $a + $a;

参考答案：A、C。

分析：本题考查的是各个运算符的基本用法，注意细心解答，可以用程序测试结果：

```php
<?php
    $a = 2;
    $b = 2;
    $c = 2;
    $d = 2;
    $a *= pow (2, 2);
    $b = $b >>= 2;
    $c = $c <<= 2;
    $d = $d += $d + $d;
    echo "a:".$a." b:".$b." c:".$c." d:".$d."\n";
?>
```

程序的输出结果为

```
a:8 b:0 c:8 d:6
```

【真题 67】 以下代码的输出结果为（   ）。

```php
<?php
```

```
        echo 1 >> 0;
        echo 2 >> 1;
        echo 3 << 2;
    ?>
```

A．12   B．106   C．1112   D．123

参考答案：C。

分析：对于左移运算$a << $b，其功能是将 $a 中的位向左移动$b 次（每一次移动都表示"乘以 2"），同理，右移运算$a >> $b 的功能是将$a 中的位向右移动$b 次（每一次移动都表示"除以 2"）。

向任何方向移出去的位都被丢弃。当进行左移时，右侧以零填充，符号位被移走，而这意味着正负号不被保留。当进行右移时，左侧以符号位填充，而这意味着正负号被保留。

所以，要用括号确保想要的优先级。例如，表达式$a & $b == true，首先进行比较，然后再进行按位与运算；而对于表达式($a & $b) == true，则首先进行按位与运算，然后再进行比较。

需要注意的是，如果左右参数都是字符串，则位运算符将对字符的 ASCII 值进行操作。

本题中，1 = 01 >> 0 = 01 = 1，2 = 10 >> 1 = 01 = 1，3 = 11 << 2 = 1100 = 12。所以，选项 C 正确。

5．逻辑运算符

逻辑运算符用来组合逻辑条件的结果，大量地用于程序设计中的运算判定。主要类型见下表。

运算符名称	操作符	举例	意　义
非运算符	!	!$a	如果$a 为 false，那么返回 true，反之亦然
与运算符	&&	$a && $b	如果$a 和$b 均为 true，那么返回 true，否则返回 false
或运算符	||	$a || $b	如果$a 和$b 有一个为 true，那么返回 true，否则返回 false
与运算符	and	$a and $b	同&&用法，但优先级较低
或运算符	or	$a or $b	同||用法，但优先级较低
异或运算符	xor	$a xor $b	如果$a 或$b 为 true，那么返回 true，如果$a 与$b 都是 true 或都是 false，那么返回 false

【真题68】（　　）操作符在两个操作数中有一个（不是全部）为 True 时返回 True。

参考答案：逻辑异或（xor）运算符。

6．比较运算符

比较运算符即用来比较两个值大小、真假等。如果比较结果为真，那么返回 true，反之，返回 false。

比较运算符主要类型见下表。

运算符名称	操作符	举例	意　义
小于运算符	<	$a < $b	$a 是否小于$b
大于运算符	>	$a > $b	$a 是否大于$b
小于等于运算符	<=	$a <= $b	$a 是否小于或等于$b
大于等于运算符	>=	$a >= $b	$a 是否大于或等于$b
相等运算符	==	$a == $b	$a 是否等于$b
不等运算符	!=或<>	$a != $b	$a 是否不等于$b
恒等运算符	===	$a === $b	$a 是否恒等于$b
非恒等运算符	!==	$a !== $b	$a 是否非恒等$b

需要注意的是，恒等和非恒等运算符不太常见，恒等是指$a 和$b 不只在数值上相等，而且两者的类型也一样。非恒等表示$a 和$b 或者数值不等，或者类型不等。如果比较一个整数和字符串，则字符串会被转换为整数。如果比较两个数字字符串，则作为整数比较。此规则也适用于 switch 语句。

示例代码如下：

```
echo 5 == "5";        //true  PHP 是弱类型语言
echo 5 === "5";       //false  不恒等
```

【真题 69】 写出下面程序片段的运行结果。

```
<?php
    $x = array("a" => "red", "b" => "green");
    $y = array("c" => "blue", "d" => "yellow");
    $z = $x + $y;    // $x 与 $y 的联合
    var_dump($z);
    var_dump($x == $y);
    var_dump($x === $y);
    var_dump($x != $y);
    var_dump($x <> $y);
    var_dump($x !== $y);
?>
```

参考答案：

```
array(4) {
  ["a"]=>
  string(3) "red"
  ["b"]=>
  string(5) "green"
  ["c"]=>
  string(4) "blue"
  ["d"]=>
  string(6) "yellow"
}
bool(false)
bool(false)
bool(true)
bool(true)
bool(true)
```

7. 三元运算符

三元运算符类似于条件语句 if-else 的表达式版本，即根据一个表达式的结果在另外两个表达式中选择一个。适当地使用括号是减少歧义，提高可读性的重要方法。

【真题 70】 以下与此脚本等价的三元运算符是（　　　）。

```
<?php
    if ($a<10){
        if($b>11){
            if($c==10&& $d != $c) {
                $x=0;
            }else {
```

```
                    $x=1;
                }
            }
        }
    ?>
```

A．$x = ($a < 10 \parallel $b > 11 \parallel $c == 10 \&\& $d !=$c) ? 0 : 1;

B．$x = (($a < 10 \&\& $b > 11) \parallel ($c == 10\&\& $d !=$c)) ? 0 : 1;

C．$x = ($a < 10 \&\& $b > 11 \&\& $c == 10 \&\& $d !=$c) ? 0 : 1;

D．以上都不是

参考答案：D。

分析：第一个条件和第二个条件成立后，才可能到最里层的结构判断输出 0 或 1。而上面的选项改写都不正确。

所以，本题的答案为 D。

8．运算符优先级问题

由于运算符优先级是程序逻辑设计的基础，故这几乎是笔试面试中必考的知识点。PHP 的运算符优先级遵循的规则是，高优先级的运算符先执行，低优先级的后执行，同一优先级按照从左到右的顺序进行。括号内的运算最先执行。操作符还具有结合性，即同一优先级的操作符的执行顺序。这种顺序包括左结合（从左到右）、右结合（从右到左），以及不相关。如下表优先级依次增大。

优先级	运算符	结合性
1	,	左结合
2	or	左结合
3	xor	左结合
4	and	左结合
5	print	右结合
6	=,+=,-=,/=,.=,%=,&=,|=,^=,~=,<<=,>>=	左结合
7	?:	左结合
8	||	左结合
9	&&	左结合
10	|	左结合
11	^	左结合
12	&	左结合
13	==,!=,===,!===	不相关
14	<, <=, >,>=	不相关
15	<<>>	左结合
16	+ - .	左结合
17	* / %	左结合
18	! ~ ++ --	右结合
19	[]	右结合
20	New	不相关
21	()	不相关

【真题 71】 在 PHP 运算符中，优先级从高到低分别是（　　　）。

A．关系运算符　　逻辑运算符　　算术运算符

B．算术运算符　　关系运算符　　逻辑运算符

C．逻辑运算符　　算术运算符　　关系运算符

D．关系运算符　　算术运算符　　逻辑运算符

参考答案：B。

分析：PHP 默认的优先级高低是先进行算术运算符的判断，再到关系运算符的判断，最后才到逻辑运算符判断。

所以，本题的答案为 B。

【真题 72】 PHP 中的错误控制操作符是（　　　）。

A．%　　　　　　　B．$　　　　　　　C．#　　　　　　　D．@

参考答案：D。

分析：PHP 支持一个错误控制运算符，即@。当将其放置在一个 PHP 表达式之前时，该表达式可能产生的任何错误信息都被忽略掉。所以，选项 D 正确。

需要注意的是，@运算符只对表达式有效。有一个简单的规则：如果能从某处得到值，那么就能在它前面加上@运算符。例如，可以把它放在变量、函数和 include() 调用、常量等之前。不能把它放在函数或类的定义之前，也不能用于条件结构，例如 if 和 foreach 等。

【真题 73】 语句 echo intval((0.7 + 0.1) * 10);的打印结果为（　　　）。

参考答案：7。

分析：由于浮点数的精度是有限的，因此它在内存中存储的是一个近似值，而不是准确的值。对于((0.1+0.7)*10)，在内存中实际存储的值为 7.999999....，当通过 intval 把它转换为整型的时候（向下取整），转换的结果就是 7。正因为如此，在条件判断的时候一般不能通过"=="来比较两个浮点数是否相等。

1.6.2　++与—的含义是什么?

递增与递减有两种使用方法。

1）++$a 或--$a：表示先将变量增加或减少 1，后做赋值操作，称为前置递增或递减运算符。

2）$a++或$a--：表示先做赋值操作，后将变量增加或减少 1，称为后置递增或递减运算符。

【真题 74】 若$y、$ x 为 int 型变量，则执行以下语句后，$y 的值为（　　　）。

```
$x=1;
++$x;
$y = $x++;
```

A．1　　　　　　　B．2　　　　　　　C．3　　　　　　　D．0

参考答案：B。

分析：前置运算++$x，首先对$x 执行加一运算，然后返回$x，对于后置运算$x++，首先返回$x，然后对$x 执行加一运算。

本题中，首先声明了变量 x，并对其赋值为 1，然后使用前置运算符++，先对$x 执行加 1 运算，此时$x 的值变为 2。最后执行$y=$x++;语句，此时使用了后置运算符++，先把$x 的值赋给$y，再对自身+1，运算过后，$y 为 2，$x 为 3。所以，选项 B 正确。

【真题 75】 请写出以下程序的运行结果。

```php
<?php
    $a=9;
    $b=9;
    $c=$a++ + ++$b;//c=19   a=10  b=10
    $e=$a-- + --$a;//e=19   a=8   b=10
    $f=++$b + ++$a;        //f=20   a=9   b=11
    $g=$a-- + ++$b;        //g=21   a=8   b=12
    echo $f+$g;
?>
```

参考答案：41。

分析：本题主要考查了递增、递减的相关概念和基本用法，解答这类题目时要先整体后局部入手，逐一计算出结果即可，切不可急切作答。

【真题 76】 以下代码的输出是（   ）。

```
$somevar=15;
function addit () {
    GLOBAL $somevar;
    $somevar++ ;
    echo "somevar is $somevar";
}
addit ();
```

A. somevar is 15   B. somevar is 16
C. somevar is 1   D. somevar is $ somevar

参考答案：B。

分析：在函数体内通过 GLOBAL 引用了全局变量 somevar，它的初始值为 15，当执行自增操作后结果变为 16，而使用双引号会把引号内的变量替换为它的值，因此输出为 somevar is 16。

所以，本题的答案为 B。

【真题 77】 有以下语句：$a = 1; $x = &$a; $b = $a++;，变量 b 的值是多少？

参考答案：1。

分析：$a 的值为 1，$x 引用$a 的值，所以$x 的值也为 1。而$a 的值先赋值给$b 才自身加 1，所以最终$b 的值是 1，累加后的$a 的值为 2。

1.7 字符串

1.7.1 字符串处理函数有哪些?

字符串是笔试面试的必考内容，灵活熟练地掌握字符串的常用函数，会灵活快速地处理各种字符串题目是求职基础方面必备之一。PHP 中有非常丰富的字符串处理函数，在开发中灵活运用会大大提高开发效率，常用的字符串函数见下表。

函数类别	函数原型	函数作用
查找字符位置函数	mixedstrpos (string $str, mixed $ search [, int $offset = 0])	查找 search 在 str 中从 offset 开始首次出现的位置。offset 默认值为 0，表示从头开始查找
	int stripos (string $str , string $search [, int $offset = 0])	与 strpos 功能类似。唯一的不同点是，stripos 不区分大小写
	int strrpos (string $str, string $search [, int $offset = 0])	查找 search 在 str 中的最后一次出现的位置
提取子字符函数	submit($str,int start[,int length])	从 str 中 strat 位置开始提取[length 长度的字符串]
	strstr($str1,$str2)	从 str1(第一个的位置)搜索 str2 并从它开始截取到结束字符串；若没有，则返回 FALSE
	stristr()	功能同 strstr，只是不区分大小写
替换字符串	str_replace(search,replace,$str)	从 str 中查找 search 用 replace 来替换
	strtr($str,search,replace)	replace 不能为""
	substr_replace($Str,$rep,$start[,length])	$str 为原始字符串，$rep 为替换后的新字符串，$start 为起始位置，$length 为替换的长度，该项可选
字符长度	int strlen($str)	求字符串长度
比较字符函数	int strcmp($str1,$str2)	比较字符串大小
分割函数	str_split($str,len)	把 str 按 len 长度进行分割返回数组
	split(search,$str[,int])	把 str 按 search 字符进行分割返回数组，int 是分割几次，后面的将不分割
	explode(separator,string,limit)	把字符串打散为数组
转换函数	strtolower($str)	字符串转换为小写
	strtoupper($str)	字符串转换为大写
	ucfirst($str)	将第一个字符转换为大写
	ucwords($str)	将每个单词的首字母转换为大写

【真题 78】 要比较两个字符串，以下最万能的方法是（   ）。

A．用 strpos 函数　　　　　　B．用==操作符

C．用 strcasecmp()　　　　　　D．用 strcmp()

参考答案：D。

分析：strcmp()函数提供了安全的字符串比较机制，比较的字符区分大小写。所以，选项 D 正确。

strcasecmp()函数也可以用来比较两个字符串,但不区分大小写,它的二进制是安全的。该函数与 strncasecmp() 函数类似，不同的是，通过 strncasecmp()可以指定每个字符串用于比较的字符数。strcasecmp()不是一个"万能"函数，因为它不区分大小写。所以，选项 C 错误。

【真题 79】下面不能将两个字符串$s1 和$s2 串联成一个单独的字符串的表达式是(   )。

A．$s1+$s2　　　　　　　　　B．"{$s1}{$s2}"

C．$s1.$s2　　　　　　　　　D．implode("",array($s1,$s2))

参考答案：A。

分析：本题中，对于选项 A，描述错误。在 JavaScript 里可以这样做，但是 PHP 中不行。

很多读者对于选项 B 中{}不太理解，其实，在 PHP 中，{}有如下几种功能：

1）代表程序块的开始和结束。示例代码如下：

```
if($a>0){
    echo $a;
}
```

2）用来表示字符串下标。

```
$a = 'hello';
echo $a{1};  //输出-> 'e'
```

3）连接字符串。

```
$a = 'hello, ';
echo "{$a}php"; //输出-> 'hello, php'
```

本题中，选项 C 和选项 D 是最常用的字符串连接的方式。

【真题 80】 以下程序的运行结果为（　　）。

```
<?php
    $mystring = 'abc';
    $findme    = 'a';
    $pos = strpos($mystring, $findme);
    if ($pos === false)
            echo "not found ";
    else
            echo "found";
?>
```

A．not found　　　　　B．found　　　　　C．found not found　　　　　D．not

参考答案：B。

分析：strpos()函数返回查找字符串的第一次出现的位置，a 在 abc 的第一个位置，返回的是 0，而 0 和 false 不全等，所以执行 else 部分输出 found。

所以，本题的答案为 B。

【真题 81】 以下程序的输出结果是（　　）。

```
<?php
    $x = 'apple';
    echo substr_replace($x,'x',1,2);
?>
```

参考答案：axle。

分析：substr_replace() 函数把字符串的一部分替换为另一个字符串，它的语法为 substr_replace（"检查的字符串"，"要插入的字符串"，"开始的地方（0 为第一个字符起算）"，"替换多少个字符"），所以本题最终替换后得到的是 axle。

【真题 82】 下列代码中两个 echo 分别输出（　　）。

```
<?php
    $rest = substr("abcdef", -1);
    echo $rest;
    $rest = substr("abcdef", 0, -1);
```

```
            echo $rest;
        ?>
```

A．f,abcde   B．b,abcdef   C．a,fedcb   D．a,abcde

参考答案：A。

分析：substr()第二个参数是 start，第三个参数是 length 可省略。start 若为负则从末端开始计，最后一个字符位置是-1，向前依次减小。length 若为正数表示从 start 开始的长度，若为负数表示从末端略去的字符长度，例如，-2 表示从末尾开始略去两个字符。所以，选项 A 正确。

【真题 83】 如果得到随机的字符串，长度和字符串中出现的字符表可定义，并将字符串倒序显示，如把 0123456789 作为基准的字符串字符表，产生一个 6 位的字符串 642031，打印出的字符串为 130246，可使用 bash/perl/php/c 任意一种。

参考答案：

```php
<?php
    function f($arr, $num){
        if($num > count($arr) || $num <= 0)
            return;
        $r = array_rand($arr, $num);
        return implode($r);
    }
    $arr = array(1,2,3,4,5,6,7,8,9,0);
    echo $str = f($arr ,6);
    echo "\n";
    echo strrev($str);
?>
```

【真题 84】 下列用于二进制比较 String（不区分大小写）的方法是（   ）。

A．strcmp()   B．stricmp()   C．strcasecmp()   D．stristr()

参考答案：C。

分析：对于选项 A，strcmp()方法用于比较两个字符串，这个方法是区分大小写的。

对于选项 B，PHP 没有这个方法。

对于选项 C，strcasecmp()用于比较两个字符串，而且这个方法不区分大小写。

对于选项 D，stristr()方法用来查找一个字符串在另一字符串中第一次出现的位置。

所以，本题的答案为 C。

【真题 85】 以下有关 PHP 字符串的说法中，不正确的是（   ）。

A．如果一个脚本的编码是 ISO-8859-1，则其中的字符串也会被编码为 ISO-8859-1

B．PHP 的字符串在内部是字节组成的数组，用花括号访问或修改字符串对多字节字符集很不安全

C．substr()、strpos()、strlen()、htmlentities()处理字符串时依据的编码方式是相同的

D．一个布尔值 Boolean 的 true 被转换成 string 的"1"，false 被转换成空字符串

参考答案：C。

分析：substr 在处理多字节字符的时候可能会出现乱码。

【真题86】 在 PHP 中，heredoc 是一种特殊的字符串，它的结束标志必须（　　　）。

参考答案：顶格写，且以分号";"结束。

heredoc 的语法是用"<<<"加上自己定义成对的标签，在标签范围内的文字视为一个字串。结束表示符必须独占一行，且必须顶格写，最后以 ';' 分号结尾。示例代码如下：

```php
<?php
    $str = <<<ED
        hello
        world.
    ED;
    echo $str;
?>
```

运行结果为

```
hello
world.
```

【真题87】 请写一个函数，实现以下功能：

字符串"open_door"转换成"OpenDoor"，"make_by_id"转换成"MakeById"。

参考答案：从题目可以看出，源字符串中单词是通过"_"分割的，转换后的字符串，从第二个单词开始首字母都大写。通过这个规律可以有下面几种实现方式。

方法一：将字符串按"_"分割为数组，然后按照空格合并为字符串，使用 ucwords 函数将字符串首字母转换为大写，同时再次调用 implode 函数合并为字符串。

```php
function str_explode($str){
    $str_arr=explode("_",$str);
    $str_implode=implode(" ",$str_arr);
    $str_implode=implode("",explode(" ",ucwords($str_implode)));
    return $str_implode;
}
$strexplode=str_explode("make_by_id");
print_r($strexplode);
```

方法二：将字符串按"_"分割为数组，对分割后的数组进行循环调用 ucwords 函数将字符串首字母转换为大写。

```php
function str_explode($str){
    $result="";
    $expStr=explode("_",$str);
    for($i=0;$i<count($expStr);$i++)
    {
        $result = $result.ucwords($expStr[$i]);
    }
    return $result;
}

$str="make_by_id!";
$result = str_explode($str);
echo $result;
```

方法三：将字符串中 "_" 替换为空格，调用 ucwords 函数将字符串首字母转换为大写，最后再替换掉空格。

```
echo str_replace(' ','',ucwords(str_replace('_',' ','open_door')));
```

1.7.2　==与===有什么区别?

在 PHP 中，可以用==（双等号）或者 ===（三等号）来比较字符串。两者的区别是双等号不比较类型，三等号会比较类型（它不转换类型）；用双等号进行比较时，如果等号左右两边有数字类型的值，那么会把另一个值转换为数字，然后进行比较。这样的话，如果是纯字符串或者 NULL 时，那么会转换为 0 进行比较。同样，大于号、小于号也和等号一样，比较时可能出现不正确的结果。

所以，比较字符串可以用 PHP 的自带函数 strcmp 和 strcasecmp。其中，strcasecmp 是 strcmp 的变种，它会先把字符串转换为小写再进行比较。示例代码如下：

```php
<?php
    var_dump(0 == 'Test');
    var_dump(0 == '');
    var_dump(5 > 'T');
    var_dump(strcmp(5, 'T'));
    var_dump(1 == '1');
    var_dump(1 === '1');
?>
```

程序的运行结果为

```
bool(true)
bool(true)
bool(true)
int(-1)
bool(true)
bool(false)
```

【真题 88】 PHP 中===与==的区别是什么？

参考答案：==会把需要比较的两个值自动转换成同类型后再进行比较，而===在比较前不转换。例如，当 a=3 时，a===3 是成立的，a=="3.0"也成立，而 a==="3.0"是不成立的。

1.8　正则表达式

正则表达式（Regular Expression、regex 或 regexp，缩写为 RE）是一种文本模式，包括普通字符（例如，a~z 之间的字母）和特殊字符（称为"元字符"）。模式描述表示在搜索文本时要匹配的一个或多个字符串。正则表达式在字符串提取、校验等方面具有很强大的作用，常常会对程序开发起到事半功倍的效果。

正则表达式的作用主要体现在以下几个方面：

1）判断字符串的某个模式。例如，可以输入一个字符串进行测试看该字符串中是否存在一个电话号码模式或者一个信用卡模式，这称为数据的有效性检验。

2）替换文本。可以在文档中使用一个正则表达式来表示特定文字，然后将其全部删除或者替换成别的文字。

3）根据模式匹配从字符串中提取一个子字符串。可以用来在文本或者输入字段中查找特定的文字。

基本语法列表见下表。

元字符	描　　述
\	转义符字符。例如，"\\n"匹配\n；"\n"匹配换行符；序列"\\"匹配"\"而"\("则匹配"("。即相当于多种编程语言中都有的"转义字符"的概念
^	匹配输入字符串的开始位置。如果设置了 RegExp 对象的 Multiline 属性，那么^也匹配"\n"或"\r"之后的位置
$	匹配输入字符串的结束位置。如果设置了 RegExp 对象的 Multiline 属性，那么$也匹配"\n"或"\r"之前的位置
*	匹配任意次前面的子表达式。例如，ab*能匹配"a""ab"以及"abb"。*等价于{0,}
+	匹配前面的子表达式一次或多次(大于等于 1 次)。例如，"ab+"能匹配"ab"以及"abb"，但不能匹配"a"。+等价于{1,}
?	匹配前面的子表达式零次或一次。例如，"ab(es)?"可以匹配"ab"或"abes"中的"ab"。?等价于{0,1}
{n}	n 是一个非负整数。匹配确定的 n 次。例如，"o{2}"不能匹配"Bob"中的"o"，但是能匹配"food"中的两个 o
{n,}	n 是一个非负整数。至少匹配 n 次。例如，"o{2,}"不能匹配"Bob"中的"o"，但能匹配"fooooood"中的所有 o。"o{1,}"等价于"o+"。"o{0,}"则等价于"o*"
{n,m}	m 和 n 均为非负整数，其中n<=m。最少匹配 n 次且最多匹配 m 次。例如，"o{1,3}"将匹配"fooooood"中的前三个 o。"o{0,1}"等价于"o?"。请注意在逗号和两个数之间不能有空格
?	当该字符紧跟在任何一个其他限制符 (*,+,?, {n}, {n,}, {n,m}) 后面时，匹配模式是非贪婪的。非贪婪模式尽可能少地匹配所搜索的字符串，而默认的贪婪模式则尽可能多地匹配所搜索的字符串。例如，对于字符串"oooo"，"o+?"将匹配单个"o"，而"o+"将匹配所有"o"
点（.）	匹配除"\r\n"之外的任何单个字符。要匹配包括"\r\n"在内的任何字符，请使用像"[\s\S]"的模式
x|y	匹配 x 或 y。例如，"z|food"能匹配"z"或"food"或"zood"。"(z|f)ood"则匹配"zood"或"food"
[xyz]	字符集合。匹配所包含的任意一个字符。例如，"[abc]"可以匹配"plain"中的"a"
[^xyz]	负值字符集合。匹配未包含的任意字符。例如，"[^abc]"可以匹配"plain"中的"plin"
[a-z]	字符范围。匹配指定范围内的任意字符。例如，"[a-z]"可以匹配"a"～"z"范围内的任意小写字母字符。注意：只有连字符在字符组内部时，并且出现在两个字符之间时，才能表示字符的范围；如果出现字符组的开头，那么只能表示连字符本身
[^a-z]	负值字符范围。匹配任何不在指定范围内的任意字符。例如，"[^a-z]"可以匹配任何不在"a"～"z"范围内的任意字符
\b	匹配一个单词边界，也就是指单词和空格间的位置（即正则表达式的"匹配"有两种概念，一种是匹配字符，一种是匹配位置，这里的\b就是匹配位置）。例如，"er\b"可以匹配"never"中的"er"，但不能匹配"verb"中的"er"
\B	匹配非单词边界。"er\B"能匹配"verb"中的"er"，但不能匹配"never"中的"er"
\cx	匹配由 x 指明的控制字符。例如，\cM 匹配一个 Control-M 或回车符。x 的值必须为 A～Z 或 a～z 之一。否则，将 c 视为一个原义的"c"字符
\d	匹配一个数字字符。等价于[0-9]
\D	匹配一个非数字字符。等价于[^0-9]
\f	匹配一个换页符。等价于\x0c 和\cL
\n	匹配一个换行符。等价于\x0a 和\cJ
\r	匹配一个回车符。等价于\x0d 和\cM
\s	匹配任何不可见字符，包括空格、制表符、换页符等。等价于[\f\n\r\t\v]
\S	匹配任何可见字符。等价于[^ \f\n\r\t\v]

（续）

元字符	描　述
\t	匹配一个制表符。等价于\x09 和\cI
\v	匹配一个垂直制表符。等价于\x0b 和\cK
\w	匹配包括下画线的任何单词字符。类似但不等价于 "[A-Za-z0-9_]"，这里的 "单词" 字符使用 Unicode 字符集
\W	匹配任何非单词字符。等价于 "[^A-Za-z0-9_]"
\xn	匹配 n，其中 n 为十六进制转义值。十六进制转义值必须为确定的两个数字长。例如，"\x41" 匹配 "A"。"\x041" 则等价于 "\x04&1"。正则表达式中可以使用 ASCII 编码
\num	匹配 num，其中 num 是一个正整数。对所获取的匹配的引用。例如，"(.)\1" 匹配两个连续的相同字符
\n	标识一个八进制转义值或一个向后引用。如果\n 之前至少有 n 个获取的子表达式，则 n 为向后引用。否则，如果 n 为八进制数字（0～7），则 n 为一个八进制转义值
\nm	标识一个八进制转义值或一个向后引用。如果\nm 之前至少有 nm 个获取的子表达式，则 nm 为向后引用。如果\nm 之前至少有 n 个获取，则 n 为一个后跟文字 m 的向后引用。如果前面的条件都不满足，且 n 和 m 均为八进制数字（0～7），则\nm 将匹配八进制转义值 nm
\nml	如果 n 为八进制数字（0～7），且 m 和 l 均为八进制数字（0～7），则匹配八进制转义值 nml
\un	匹配 n，其中 n 是一个用四个十六进制数字表示的 Unicode 字符。例如，\u00A9 匹配版权符号（©）
\< \>	匹配词（word）的开始（\<）和结束（\>）。例如，正则表达式\<the\>能够匹配字符串 "for the wise" 中的 "the"，但是不能匹配字符串 "otherwise" 中的 "the"。注意：这个元字符不是所有的软件都支持的
\(\)	将 \(和 \) 之间的表达式定义为 "组"（group），并且将匹配这个表达式的字符保存到一个临时区域（一个正则表达式中最多可以保存 9 个），它们可以用 \1～\9 的符号来引用
|	将两个匹配条件进行逻辑 "或"（Or）运算。例如，正则表达式(him|her) 匹配 "it belongs to him" 和 "it belongs to her"，但是不能匹配 "it belongs to them."。注意：这个元字符不是所有的软件都支持的
+	匹配 1 个或多个正好在它之前的那个字符。例如，正则表达式 9+匹配 9、99、999 等。注意：这个元字符不是所有的软件都支持的
?	匹配 0 或 1 个正好在它之前的那个字符。注意：这个元字符不是所有的软件都支持的
{i} {i,j}	匹配指定数目的字符，这些字符是在它之前的表达式定义的。例如，正则表达式 A[0-9]{3} 能够匹配字符 "A" 后面跟着正好 3 个数字字符的串，如 A123、A348 等，但是不匹配 A1234。而正则表达式[0-9]{4,6} 匹配连续的任意 4 个、5 个或者 6 个数字

下面通过一些基本的规则例子，加深大家对正则表达式的理解，见下表。

模　式	含　义	示　例
"^The"	所有以"The"开始的字符串	"There", "The cat"
"of despair$"	所有以"of despair"结尾的字符串	"aaabbof despair"
"^abc$"	开始和结尾都是"abc"的字符串	"abc"
"ab*"	一个字符串有一个a后面跟着零个或若干个b	"a", "ab", "abbb"
"ab+"	一个字符串有一个a后面跟着至少一个b	"ab","abb"
"ab?"	一个字符串有一个a后面跟着零个或者一个b	"a", "ab"
"a?b+$":	在字符串的末尾有零个或一个a跟着至少一个b	"b","abb"
"ab{2}":	一个字符串有一个a跟着2个b	"abb"
"ab{2,}"	一个字符串有一个a跟着至少2个b	"abb","abbb"
"ab{2,5}"	一个字符串有一个a跟着2～5个b	"abb","abbb"
"a.[0-9]"	一个字符串有一个"a"后面跟着一个任意字符和一个数字	"ab1","ab2"
"[ab]":	一个字符串有一个"a"或"b"	"plane","bag"
"[a-d]"	一个字符串包含小写的'a'～'d'中的一个	"plane","bag"
"^[a-zA-Z]"	一个以字母开头的字符串	"a123","b232"
"[0-9]%"	一个百分号前有一位的数字	5%
",[a-zA-Z0-9]$"	一个字符串以一个逗号后面跟着一个字母或数字结束	",a",",1"

【真题 89】 请写一个函数验证电子邮件的格式是否正确。

参考答案：

```
function checkEmail($email)
{
    $pregEmail= "/^([0-9A-Za-z\\-_\\.]+)@([0-9a-z]+\\.[a-z]{2,3}(\\.[a-z]{2})?)$/i";
    return preg_match($pregEmail,$email);
}
```

分析：首尾两个斜杠/是正则表达式的限定符，这是 Perl 正则的标准，而 PHP 与 Perl 有相同的正则的规范。两个斜杠之间表示的是正则内容，后面的 i 表示忽略大小写。

这个正则表达式表示的含义如下：

1）必须以([0-9A-Za-z\\-_\\.]+)开头，也就是说，邮件地址以多个字母、数组、"-" 或 "." 开头。

2）紧接着是字符 "@"。

3）然后接着是多个字母或数字的字符串，接着是一个字符 "."，接着是两个或三个字母；然后接下来一部分可有可无的：一个 "." 后面跟着两个字母。

4）邮件的结束符是满足 3）的字符串。

【真题 90】 试举正则表达式对字符串最常用的三种操作。

参考答案：正则表达式对字符串常用的三种操作如下：

1）利用正则表达式实现对一个字符串的切割，切割后返回一个数组。例如 split()。

2）利用正则可以实现对一个字符串中符合的内容批量替换。如果替换为空，则达到了过滤的作用。例如 preg_replace()。

3）利用正则判断一个字符串中是否含有符合的子字符串。例如 preg_match()。

【真题 91】 以下可以匹配中国居民身份证号码的正则表达式是（   ）。

A. \d{15}　　　　　　　　　　B. \d{18}

C. \d　　　　　　　　　　　　D. (^\d{15}$)|(^\d{18}$)|(^\d{17}(\d|X|x)$)

参考答案：D。

分析：\d 表示 0～9 任意数字。

【真题 92】 以下有关正则表达式的说法中，错误的是（   ）。

A. POSIX 兼容正则没有修正符，PERL 兼容正则中可能用到修正符

B. {n,}，n 是一个非负整数，意思是至少匹配 n 次；? 等价于匹配长度{0,1}

C. PERL 风格正则默认的非贪婪模式尽可能少地匹配所搜索的字符串

D. 在执行效率上，preg_match 比 ereg 的速度要略快一些

参考答案：C。

对于选项 A，模式修正符在正则表达式定界符之外使用（最后一个斜线/"之后），例如 "/abc/i"。其中 "/php/" 是一个正则表达式的模式（头尾两个斜杠/是正则表达式的限定符），出现在最后一个 "/" 之后的 i 就是修正符，这里的 "i" 用来表示忽略大小写。POSIX 兼容正则没有修正符。PERL 兼容正则中可能使用到修正符，下面给出几个常用的修正符。

1）i：表示在匹配时忽略大小写。

2）m：表示 "^" 和 "$" 除了匹配整个字符串开头和结束外，还分别匹配每个换行符(\n)

的之后和之前。

3）s：表示模式中的 "." 匹配所有的字符（包括换行符）。

4）x：表示忽略模式中的除了被转义和在字符类中的空白字符。

5）e：使用这个定界符后，字符串（或者是数组中的字符串）会被当作 PHP 代码，替换字符串要符合 PHP 的语法规范，实际上就是 eval 的一次执行。只有函数 preg_replace($reg, $replace, $text)才会使用这个修正符，可以把匹配来的字符串当作正则表达式执行。如下例所示：

```php
<?php
    echo preg_replace('/(\d+),(\d+)/e', '$1+$2', '1,2');        //输出 3
?>
```

6）A：用来表示强制从目标字符串的开头开始匹配。

7）D：如果使用了此修正符，那么模式中的 "$" 仅匹配目标字符串的结尾。如果没有此选项时，那么当最后一个字符是换行符的时候，也会被匹配在里面。如果设定了 m 修正符，则忽略此选项。

8）S：当一个模式将被使用到若干次时，为加速匹配有必要先对其进行分析。使用这个修正符会进行额外的分析。目前，分析一个模式仅对没有单一固定起始字符的 non-anchored 模式有用。

9）U：表示 "?" 的默认匹配为贪婪状态的。也就是说，只匹配最近的一个字符串；不重复匹配。

所以，选项 A 正确。

对于选项 B，{n,}表示最少匹配 n 次。{0,1}是指最少匹配 0 次，最多匹配 1 次，因此等价于？。所以，选项 B 正确。

对于选项 C，贪婪表示在整个表达式匹配成功的前提下，尽可能多地匹配，而非贪婪模式在整个表达式匹配成功的前提下，尽可能少地匹配。默认情况下，Perl 的正则表达式是 "贪婪地"。所以，选项 C 错误。

对于选项 D，preg_match 比 ereg 确实要快。所以，选项 D 正确。

【真题 93】 与以下正则表达式能匹配的是（   ）。（双选）

/.**123\d/

A．******123   B．*****_1234   C．******1234   D．_*1234

参考答案：C、D。

分析：本题的要点是理解这个正则表达式的含义——从左往右，首先是零个或多个任意字符（.*），接着是一个星号（*），然后是 123，最后是一个数字。所以，选项 C 与选项 D 正确。

【真题 94】 用 PHP 写一个正则表达式，匹配下面的字符串：英文字母开头，由英文字母、阿拉伯数字、下画线组成，长度大于等于 6 个字符、小于等于 15 个字符的字符串。

参考答案：

```php
<?php
    $subject = "aa123aaaaa";      //长度为 15 的字符串
    echo preg_match('/^[a-zA-Z][a-zA-Z0-9_]{5,14}$/', $subject, $matches);   //匹配成功，输出结果为 1
```

```
echo "\n";
$subject = "aaaaaaaaaaaaaaa1";      //长度为 16 的字符串
echo preg_match('/^[a-zA-Z][a-zA-Z0-9_]{5,14}$/', $subject, $matches);   //匹配失败，输出结果为 0
?>
```

【真题 95】 下列代码的输出结果是（   ）。

```
<?php
$qpt = 'Eat to live, but not live to eat';
echo preg_match("/^to/", $qpt);
?>
```

A. 0   B. 1   C. to   D. Null

参考答案：A。

分析：preg_match()函数主要用于正则表达式的匹配，如果匹配成功，则返回 1，如果匹配失败，则返回 0。

需要注意的是，只要 preg_match()匹配成功一次后就会停止匹配，如果想要实现全部结果的匹配，则需使用preg_match_all() 函数来实现。

对于本题而言，正则表达式 "/^to/"，最前面的/和最后面的/表示正则表达式的开始和结束。"^to"表示这个正则表达式只能匹配以 "to" 开头的字符串。由于题目中的字符串不是以 to 开头的，因此匹配失败，选项 A 正确。

1.9 函数

在 PHP 中，函数分为系统函数与用户自定义函数。PHP 中的所有函数和类都具有全局作用域，可以在内部定义外部调用，反之亦然。PHP 不支持函数重载，也不可能取消定义或者重定义已声明的函数。

1.9.1 传值和引用的区别是什么?

如果函数定义了参数，那么在调用函数时就必须注意参数值的传递问题。PHP 函数参数传递的方式有两种：按值传递和引用传递，默认为按值传递。

传值是指把某一个变量的值传给了另一个变量，而引用则是把变量的地址传递给了另一个变量（为了便于理解，用指针的概念来理解引用传递，从本质上讲它们是有区别的，引用只相当于一个别名），即两个变量指向了同一个地方。PHP 中变量默认总是传值方式，即将整个变量的值赋给目标变量。当一个变量的值改变时，将不会影响到另一个变量。

示例代码如下：

```
<?php
function sum($total,$price){
    $total=$total+$price;
    echo "pass by value: $total\n";        //输出 pass by value: 15
}
$total=10;
$price=5;
sum($total,$price);
```

```
        echo $total;                    //输出 10
    ?>
```

传址（引用）赋值，即新的变量只是原变量的别名，改动新的变量将影响到原始变量，反之亦然。传址赋值时，将&符号加到将要赋值的变量前即可。例如，$a = &$b。

示例代码如下：

```
<?php
    function sum(&$total,$price){
        $total=$total+$price;
        echo "pass by reference: $total\n";        //输出 pass by reference: 15
    }
    $total=10;
    $price=5;
    sum($total,$price);
    echo $total;          //输出 15
?>
```

需要注意的是，基本类型的变量默认是传值方式，对象默认是引用传递。而对于较大的数据，传值引用比较好，可以节省内存的开销，而且可以提高效率。

【真题 96】 一个函数的参数不能是对变量的引用，除非在 php.ini 中把（   ）设为 on。

参考答案：allow_call_time_pass_reference。

分析：在 PHP 函数调用的时候，基本数据类型默认会使用值传递，而不是引用传递。allow_call_time_pass_reference 选项的作用为是否启用在函数调用时强制参数被按照引用传递。如果把 allow_call_time_pass_reference 配置为 on，那么在函数调用的时候会默认使用引用传值。但是不推荐使用这种方法，原因是该方法在未来的版本中很可能不再支持。如果想使用引用传递，那么推荐在函数调用的时候显式地使用&进行引用传递。

【真题 97】 写出下面程序输出结果。

```
<?php
    $a = 100;
    function GetResult($a){
        $a = $a * 2;
    }
    GetResult($a);
    echo $a;
?>
```

参考答案：100。这个函数调用使用的是值传递，因此函数内部的变量 a 与函数外部变量 a 使用的是两块独立的存储空间，函数内部对 a 的修改只能作用在函数内部的局部变量上，不会影响到函数外部定义的 a 的值。

【真题 98】 如何取消引用？

参考答案：可以使用 unset()函数取消引用。

分析：unset 主要用来释放给定的变量，它根据被释放的类型的不同而有不同的行为。

1）如果在一个函数内用 unset()来释放一个全局变量，那么只是局部变量被销毁，而在这个函数外，这个全局变量将仍然维持调用 unset()之前的值。

```php
<?php
$COUNT = 6;
function destroy_count()
{
    global $COUNT;
    unset($COUNT);
}
destroy_count();
echo $COUNT;          //输出 6
?>
```

如果想在一个函数中 unset()全局变量，那么可以使用$GLOBALS 数组来实现，实现代码如下：

```php
<?php
function test() {
    unset($GLOBALS['NUM']);
}
$NUM = 5;
var_dump($NUM);        //输出 int(5)
test();
var_dump($NUM);        //输出 NULL
?>
```

2）如果在一个函数内使用 unset()来释放一个通过引用传递的变量，那么它实现销毁局部变量（只是断开了这个引用关系），而在调用环境中的变量将保持调用 unset()之前的值。

```php
<?php
function foo(&$b)
{
    unset($b);    //只是断开了$b 与$a 的引用关系
    $b = 7;       //这里的$b 只是另外一个临时变量，与函数外面的$a 没有任何关系
}
$a=3;
foo($a);
echo "$a\n";         //输出 3
?>
```

3）如果在一个函数内使用 unset()来释放一个静态变量，那么 unset()只会在这个函数的其余部分释放这个静态变量。

```php
<?php
function f()
{
    static $a;
    $a++;
    echo "before: $a, ";
    unset($a);    //只会在这次调用的后面代码中释放静态变量 a
    $a = 10;
    echo "after: $a\n";
}
f();      //输出 before: 1, after: 10
```

```
        f();    //输出 before: 2, after: 10
        f();    //输出 before: 3, after: 10
    ?>
```

如果把上面代码中的 unset($a) 去掉，那么上面代码的输出就会变为

```
    before: 1, after: 10
    before: 11, after: 10
    before: 11, after: 10
```

【真题 99】 以下有关 PHP 引用的说法中，错误的是（   ）。

A．unset 一个引用，只是断开了变量名和变量内容之间的绑定，这并不意味着变量内容被销毁了

B．PHP 引用本质就是指针，在函数调用范围内可以绑定到别的变量上面

C．在一个对象的方法中，$this 永远是调用它的对象的引用

D．可以将一个变量通过引用传递给函数，这样该函数就可以修改其参数的值

参考答案：B。

分析：引用只是值内存块的别名，而指针是一个实体，存放值的内存地址，需额外分配内存空间。所以，选项 B 错误。

1.9.2 什么是默认参数？

通过参数列表可以传递信息到函数，一个函数可以有多个参数，且以逗号作为分隔符的表达式列表，在调用函数时候，给函数传递参数个数必须与函数定义中参数个数相同，但是当一个函数有默认参数时候，可以不给默认的参数传值。此时在这个函数内部，该参数将使用函数指定的默认值。

示例代码如下：

```php
    <?php
        function add($a,$b=10){   // 定义变量$b 默认参数
            $sum=$a+$b;
            echo $sum ."\n";
        }
        add(1,5);    // 按值传递参数代替默认参数，输出 6
        add(1);      // 没有给$b 传递参数将采用默认值，输出 11
    ?>
```

1.9.3 什么是函数返回值？

在 PHP 中，函数可以返回一个值或多个值，返回值是通过 return 语句来实现的。return 语句会使程序在 return 处停止，并返回指定的变量。最常用的就是函数返回一个值情况，而且这种情况比较简单，因此，这里重点介绍返回多个值的情况。

如果一个函数需要返回多个值，那么可以通过以下两种方式实现。

1）返回数组：通过返回一个数组可以达到返回多个值的目的。

示例代码如下：

```php
    <?php
```

```php
        function results($string)
        {
            $result = array();
            $result[] = strtoupper($string);      //把所有字符转换为大写
            $result[] = strtolower($string);      //把所有字符转换为小写
            $result[] = ucwords($string);         //把所有单词的首字母换成大写
            return $result;
        }
        $multi_result = results('hello world');
        print_r($multi_result);
    ?>
```

程序的运行结果为

```
Array
(
    [0] => HELLO WORLD
    [1] => hello world
    [2] => Hello World
)
```

2）引用：可以给函数传递引用参数，此时在函数内部对引用变量值的修改对实参也可见。通过这种方法也可以实现把函数内部对引用变量的值的修改返回给调用者，从而实现了返回多个值的目的，示例代码如下：

```php
    <?php
        function test(&$a,&$b)
        {
            $a *= 10;
            $b *= 10;
            return $a+$b;
        }
        $a = 10;
        $b = 12;
        $c = test($a,$b);     //注意这里没有有&了
        //显示修改后的值
        echo $a;     //输出 100   通过引用返回
        echo $b;     //输出 120   通过引用返回
        echo $c;     //输出 220   通过是函数返回
    ?>
```

1.9.4 如何进行函数调用？

PHP 定义一个函数的步骤为以下几点，函数名的定义大小写是不区分的。

1）通过 function 关键字声明函数，格式为 function 函数名(){}。

2）函数命名遵循变量命名的规则，以字母或下画线开头，且不能以数字开头。

3）函数名不可以使用系统函数的名称，且不能使用已经声明过的函数名。

PHP 调用函数的格式默认为：函数名()。

【真题 100】 有如下代码:

```php
<?php
  $x="display";
  ${$x.'_result'} ();
?>
```

以上代码将会调用 display_result()。（   ）

A. 错误　　　　　B. 正确　　　　　C. 编译错误　　　　　D. 无答案

参考答案：C。

分析：在 PHP 中，如果一个函数的名字不是确定的，那么可以把函数名存放到一个变量中，然后通过如下两种方法调用:

1）直接通过"$变量名()"进行调用。

2）通过下面的内置函数来进行调用:

① mixed call_user_func (callback $function [, mixed $parameter [, mixed $...]])。

② mixed call_user_func_array (callback $function, array $param_arr)。

示例代码如下:

```php
<?php
  function hello($name)
  {
      echo "hello $name\n";
  }
  $f="hello";
  $f ("world");                    //输出 hello world
  call_user_func('hello', "world");  //输出 hello world
?>
```

对于本题而言，通过$x. '_result'拼接出的字符串为 display_result，因此，${$x.'_result'}()也就等价于$display_result()，显然变量名 display_result 是不存在的，因此编译无法通过，一种可行写法为$y=$x.'_result'; $y ();。

【真题 101】 以下代码的运行结果为（   ）。

```php
<?php
  $a = "hello";
  function print_a() {
      global $a;
      $a = "phper";
  }
  print_a();
  echo $a;
?>
```

A. phper　　　B. helophper　　　C. hello　　　D. 错误

参考答案：A。

分析：本题中，在 print_a()函数体中把$a 声明为全局变量，因此，在函数内部对$a 的修改实际上修改的是全部变量$a，所以函数调用结束后全局变量$a 的值为"phper"，程序的输出结果为 phper，选项 A 正确。

1.10 数组

1.10.1 如何进行数组的定义与声明?

在 PHP 中，数组实际上是一个有序映射。映射是一种把 values 关联到 keys 的类型。数组的目的是把一系列数据组织成一个可以方便操作的集合整体，数组的最小单元实体是键和值。

1. 数组的声明

PHP 中主要有两种声明数组的方式：使用 array()函数声明数组或者直接为数组赋值声明。

（1）通过 array 函数声明数组

```php
<?php
    $arr = array("1"=>"hello","2"=>" world!");
    echo $arr[1];
    echo $arr[2];
?>
```

程序的运行结果为

```
hello world!
```

（2）直接为数组赋值声明方法

```php
<?php
    $arr[0] = "good";
    $arr[1] = "job";
    print_r($arr);
?>
```

程序的运行结果为

```
Array
(
    [0] => good
    [1] =>   job
)
```

定义二维数组：

```php
<?php
    $arrtwo = array("info1" => array("name"=>"lili"),"info2" => array("name"=>"zhangsan"));
?>
```

2. 数组类型

PHP 的数组主要是两种类型，索引数组和联合数组。

索引数组：以数字作为键。

联合数组：将字符串作为键。

3. 数组遍历

PHP 中遍历数组有三种常用的方法：

（1）使用 for 语句循环遍历数组

使用 for 语句循环遍历数组要求遍历的数组必须是索引数组。PHP 中不仅有联合数组而且还有索引数组，所以 PHP 中很少用 for 语句循环遍历数组。

for 语句遍历数组的方式如下：

```php
<?php
    $arr = array(1,2,3);
    for($i=0; $i<count($arr); $i++){
        echo $arr[$i]." ";
    }
?>
```

程序的运行结果为

```
1 2 3
```

（2）使用 foreach 语句遍历数组

foreach 仅能用于数组，当试图将其用于其他数据类型或者一个未初始化的变量时会产生错误。foreach 的使用格式如下：

1）foreach (array_expression as $value){}。

2）foreach (array_expression as $key => $value){}。

需要注意的是，第 1 种方法遍历给定的 array_expression 数组。每次循环中，当前单元的值被赋给 $value 并且数组内部的指针向前移一步（因此下一次循环中将会得到下一个单元）。第 2 种格式做同样的事，此外，当前单元的键名也会在每次循环中被赋给变量 $key。

示例代码如下：

```php
<?php
    $speed = array(50,120,180,240,380);
    foreach($speed as $keys=>$values){
        echo $keys."=>".$values."\n";
    }
?>
```

程序的运行结果为

```
0=>50
1=>120
2=>180
3=>240
4=>380
```

（3）联合使用 list()、each()和 while 循环遍历数组

list()、each()、while 循环遍历方法：

```php
<?php
    $arr = array(
        array("aa0","bb0","cc0"),
        array("aa1","bb1","cc1"),
        array("aa2","bb2","cc2"),
        array("aa3","bb3","cc3")
```

```
        );
        while (list($key,$value) = each($arr)){
            list($param1,$param2,$param3) = $value;
            echo "$param1 $param2 $param3"."\n";
        }
    ?>
```

程序的运行结果为

```
aa0 bb0 cc0
aa1 bb1 cc1
aa2 bb2 cc2
aa3 bb3 cc3
```

需要注意的是，list()函数不是一个真正的函数，它是 PHP 的一个语言结构，仅能用于数字索引的数组，且数字索引从 0 开始。

4. 数组的增删改操作

（1）增添数组成员：直接追加

```php
<?php
    $arr = array(1,2,3);
    $arr[] = 100;
    print_r($arr);
?>
```

程序的运行结果为

```
Array
(
    [0] => 1
    [1] => 2
    [2] => 3
    [3] => 100
)
```

（2）入栈操作追加

```php
<?php
    $arr = array(1,2,3);
    array_push($arr,100,200,300);
    print_r($arr);
?>
```

程序的运行结果为

```
Array
(
    [0] => 1
    [1] => 2
    [2] => 3
    [3] => 100
    [4] => 200
    [5] => 300
)
```

（3）删减数组成员：unset()函数删除数组成员或数组

```php
<?php
    $arr = array(1,2,3);
    array_push($arr,100,200,300);
    unset($arr[2]);
    print_r($arr);
?>
```

程序的运行结果为

```
Array
(
    [0] => 1
    [1] => 2
    [3] => 100
    [4] => 200
    [5] => 300
)
```

从运行结果可以看出数组中第三个元素被删除了。

5．合并数组

array_merge()函数合并数组

```php
<?php
    $arr1 = array(1,2,3);
    $arr2 = array(4,5,6);
    $result = array_merge($arr1,$arr2);
    print_r($result);
?>
```

程序的运行结果为

```
Array
(
    [0] => 1
    [1] => 2
    [2] => 3
    [3] => 4
    [4] => 5
    [5] => 6
)
```

6．判断数组是否为空

如果一个数组为空，那么这个数组中没有任何元素，下面介绍四种方法来判断一个数组是否为空。

方法 1：使用 count()

```php
<?php
    $arr = array();
    echo count($arr);
?>
```

如果程序输出为 0，则表明数组为空。

分析：count()函数用来统计数组中元素的个数，语法为 int count(mixed array[,int mode])，其中参数 array 为必要参数，mode 为可选参数，有以下两个取值：

0—默认值。不对多维数组中的所有元素进行计数。

1—递归地计数数组中元素的数目（计算多维数组中的所有元素）。

方法 2：使用 empty($arr)

```php
<?php
    $arr= array("");
    $result = empty($arr);
    var_dump($result);        //输出 bool(false)
    $arr = array();
    $result = empty($arr);
    var_dump($result);        //输出 bool(true)
?>
```

分析：当数组为空的时候，empty 函数会返回 false。

方法 3：使用循环

使用循环遍历数组，判断数组中是否有元素，如果没有，则说明数组为空。

方法 4：使用 implode()

用 implode()将数组输出为字符串，判断输出的字符串是否为空。这种方法只适用于一维数组。

【真题 102】 以下关于 PHP 数组的说法中，不正确的是（　　）。

A．处理 PHP 数组，foreach 的效率要比 for 高很多，是因为 foreach 走的是链表的遍历

B．PHP 数组底层采用的是循环链表，正向、反向遍历数组都很方便

C．无论是 array(1, 2, 3)，还是 array(1 => 2, 2=>4)等，本质上都是 hash_table

D．PHP 数组插入和删除操作的时间复杂度都是 O(1)

参考答案：B。

分析：对于选项 A，使用 for 循环的时候，需要提前使用 count($arr)计算数组长度，而且还需要引入自增变量$i，每次循环的时候都需要判断数组是否已经遍历完成$i<count($arr)，每次循环后还需要执行自增$i++，最后在输出数组元素时，使用$arr[$i]也需要进行哈希操作。而 foreach 则不同，它使用指针的方式遍历，每次循环后指针会指向下一个元素，少了计算数组长度、变量自增和哈希运算，因此效率会比 for 高。所以选项 A 是正确的。

对于选项 B，数组底层采用双向链表（循环链表无法实现反向遍历）。所以，选项 B 错误。

对于选项 C，数组是以键值对存储的，因此本质上就是 hash_table。

对于选项 D，由于数组本质上是 hash_table，因此插入和删除操作的时间复杂度都是 O(1)。

1.10.2 什么是多维数组？

多维数组指的数组中的元素还是数组。从理论上讲，2、3、4 甚至更多维的数组都是支持的。对于二维数组，需要两个索引来读取数据，同理对于三维数组，需要三个索引来读取数据。

如下表格：

学号	姓名	年龄
A001	Lucy	20
A002	Mike	23
A003	Mary	21

（1）二维数组存储上表的数据

```php
$arr = array(
    array("A001","Lucy",20),
    array("A002","Mike",23),
    array("A003","Mary",21)
)
```

（2）访问数组中元素

直接访问，需要使用两个索引（行和列），例如，echo $arr[0][0]." ".$arr[0][1]." ".$arr[0][2];
程序的输出结果为 A001 Lucy 20。
for 循环变量二维数组：

```php
<?php
$arr = array(
        array("A001","Lucy",20),
        array("A002","Mike",23),
        array("A003","Mary",21)
    );
for($i=0; $i<count($arr); $i++){
    for($j=0;$j<count($arr[$i]);$j++){
        echo $arr[$i][$j]." ";
    }
    echo "\n";
}
?>
```

程序的运行结果为

```
A001 Lucy 20
A002 Mike 23
A003 Mary 21
```

【真题 103】 请实现一个函数，输入一段文本，把文本解析到一个数组中，数组每行元素的 key 通过输入参数指定。

函数原型：function ExplodeLines($text, $columnNames)

例如，输入：

```php
$text = "
Apple,20,red
Pear,10,yellow
";
$columnNames = array('Fruit', 'Number', 'Color')
```

函数返回：

```php
array(
```

```
        array('Fruit'=>'Apple', 'Number'=>'20', 'Color'=>'red'),
        array('Fruit'=>'Pear', 'Number'=>'10', 'Color'=>'yellow'),
)
```

参考答案：这道题主要考查的是字符串分割，然后把分割好的字符串放入数组中，对于输入的字符串，首先按照换行符进行分割，对于分割后的每个字符串，可以按照逗号进行分割。实现代码如下：

```php
<?php
function ExplodeLines($text, $columnNames){
    // 把输入的字符串以换行符分割
    $arr = explode("\n", $text);
    $result = array();
    foreach($arr as $key=>$val){
        if($val!=""){
            $result[] = array_combine($columnNames, explode(",", $val));
        }
    }
    return $result;
}

$text= "Apple,20,red
Pear,10,yellow";
$columnNames = array('Fruit', 'Number', 'Color');
$result = ExplodeLines($text,$columnNames);
print_r($result);
?>
```

程序的运行结果为

```
Array
(
    [0] => Array
        (
            [Fruit] => Apple
            [Number] => 20
            [Color] => red
        )

    [1] => Array
        (
            [Fruit] => Pear
            [Number] => 10
            [Color] => yellow
        )

)
```

【真题 104】 以下脚本的输出结果为（   ）。

```php
<?php
$array = array (1, 2, 3, 5, 8, 13, 21, 34, 55);
$sum = 0;
for ($i = 0; $i < 5; $i++) {
    $sum += $array[$array[$i]];
```

```
        }
        echo $sum;
    ?>
```

A. 78　　　　　B. 19　　　　C. NULL　　　　D. 5　　　　E. 0

参考答案：A。

分析：本题主要考验分析脚本的能力。但在调试别人写的代码时却不得不经常面对此类令人不悦的问题。

脚本中的 for 循环了 5 次，每次都把数组$array 中键为$i 的值加进$sum。当$i 等于零时，$array[$array[$i]]等同于$array[$array[0]]，也就是$array[1]，即 2。当$i 等于 1 时，$array[$array[$i]]等同于$array[$array[1]]，也就是$array[2]，即 3。顺着这个思路，最终的答案是 78。所以，选项 A 正确。

1.10.3　数组函数有哪些?

PHP 开发中最常用的数据结构类型就是数组，数组涵盖了很大一部分编程问题，PHP 提供了很多强大的功能函数，了解和掌握相关函数的用法，对于编程会带来很大的便利，故也是笔试面试考查的重点之一，数组函数归纳见下表。

函数原型	函数作用	说明
boolean in_array(mixed needle,array haystack [,boolean strict])	在数组中搜索一个特定值，如果找到，则返回 TRUE，否则，返回 FALSE	对于空值与 0 或 1 时，需要带参数 TRUE 来验证
boolean array_key_exists(mixed key,array array)	在数组中找到一个指定的键，如果找到，则返回 TRUE，否则，返回 FALSE	
boolean array_search(mixed needle,array haystack[,boolean strict])	在数组中搜索一个特定值，如果找到，则返回 TRUE，否则，返回 FALSE	
array array_keys(array array[,mixed search_value])	获取数组所有键组成的新数组	
array array_values(array array)	获取数组所有值组成的新数组	
integer count(array array[,int mode]) integer sizeof(array array[,int mode])	获取数组大小	
array array_count_values(array array)	统计数组元素出现频率	
array array_unique(array array)	删除数组中重复的值，返回一个由唯一值组成的数组	
array array_reverse(array array[,boolean preserve_key])	逆置数组元素顺序，preserve_key 如果为 TRUE，则数组键值顺序不变	
array array_flip(array array)	置换数组键和值	
void sort(array array[,int sort_flags]) void asort(array array[,int sort_flags])	数组顺序排序，sort_flags 参数可选	SORT_NUMBERIC，按数值排序，对整数或浮点数排序很有用 SORT_REGULAR，按照 ASCII 值排序 SORT_STRING，按接近人所认识的正确顺序排序 asort 函数键值顺序不变
void rsort(array array[,int sort_flags]) void (array array[,int sort_flags])	数组逆序排序，sort_flags 参数可选	SORT_NUMBERIC，按数值排序，对整数或浮点数排序很有用 SORT_REGULAR，按照 ASCII 值排序 SORT_STRING，按接近人所认识的正确顺序排序 arsort 函数键值顺序不变

（续）

函数原型	函数作用	说明
void natsort(array array)	数组自然排序	
void natcasesort(array array)	不区分大小写的自然排序	
boolean ksort(array array[,int sort_flags])	键值对数组逆序排序	
void usort(array array,callback function_name)	根据用户自定义顺序排序	
array array_merge(array array1[array array2……])	将数组合并到一起，返回一个联合的数组	
array array_combine(array key,array value)	键和值组成新的数组	
array array_splice(array, int offset [,int length[,array peplacement]])	删除从 offset 开始到 offset+length 结束的所有元素，并以数组的形式返回删除的元素	

【真题 105】 判断数组键存在的函数为（   ）。

A．in_array()   B．array_key_exists()   C．array_keys()   D．array_values()

参考答案：B。

分析：array_key_exists() 函数用来检查一个数组中是否存在指定的键，如果存在则返回 true，否则返回 false。使用示例如下：

```php
<?php
    $a=array(1=>"a",2=>"b");
    var_dump(array_key_exists(1,$a));    //输出 bool(true)
    var_dump(array_key_exists(5,$a));    // 输出 bool(false)
?>
```

【真题 106】 判断数组值存在的函数为（   ）。

A．in_array()   B．array_key_exists()   C．array_keys()   D．array_values()

参考答案：A。

分析：in_array 函数用来判断数组中是否存在指定的值，使用示例如下：

```php
<?php
    $a=array("a","b");
    var_dump(in_array("a",$a));    //输出 bool(true)
    var_dump(in_array("c",$a));    //输出 bool(false)
?>
```

【真题 107】 用于删除数组中所有重复的值，返回一个由唯一值组成的数组的函数为
（   ）。

A．in_array()   B．aray_unique()   C．array_keys()   D．array_values()

参考答案：B。

分析：使用示例如下：

```php
<?php
    $a=array("1"=>"a","2"=>"b","3"=>"a");
    print_r(array_unique($a));
?>
```

程序的运行结果为

```
Array
(
    [1] => a
    [2] => b
)
```

【真题108】 考虑如下代码片段：

```
<?php
    define("STOP_AT", 1024);
    $result = array();
    /* 在此处填入代码 */
    {
        $result[] = $idx;
    }
    print_r($result);
?>
```

标记处填入什么代码才能产生如下数组输出？

```
Array
{
    [0] => 1
    [1] => 2
    [2] => 4
    [3] => 8
    [4] => 16
    [5] => 32
    [6] => 64
    [7] => 128
    [8] => 256
    [9] => 512
}
```

A．foreach($result as $key => $val)　　　　B．while($idx *= 2)

C．for($idx = 1; $idx < STOP_AT; $idx *= 2)　　D．for($idx *= 2; STOP_AT >= $idx; $idx = 0)

参考答案：C。

分析：由于题目只允许填写一行代码，唯一合适的是 for 循环，因此，答案只能是选项 C 或者选项 D。要选出能生成正确结果的 for 循环，必须了解 for 循环的构成要素。在 PHP 中，for 循环声明的方式如下：

for(<初始化>;<继续执行，直到>;<重复执行>)

<初始化>在循环开始时执行一次，然后 for 循环开始执行大括号内的代码，直到<继续执行，直到>的值为 False。每完成一次循环，执行一次<重复执行>。通过输出结果发现，数组中的值为 2 的 n 次方，每一个值是前一个值的 2 倍。因此，正确的代码块应该是 for ($idx = 1; $idx < STOP_AT; $idx *= 2)，选项 C 正确。

【真题109】 下列代码的输出结果是（　　　　）。

```
<?php
    $arr = array(5=> 1, 12=> 2);
    $arr[] = 56;
```

```
    $arr["x"] = 42;
    echo var_dump($arr);
?>
```

A．array(4) { [5]=>int(1) [12]=> int(2) [13]=> int(56) ["x"]=> int(42) }

B．array(3) { [12]=> int(2) [13]=> int(56) ["x"]=> int(42) }

C．1,2,56,42

D．42

参考答案：A。

分析：在执行$arr[] = 56 前数组的最后一个元素的 key 为 12，因此新加入的 56 对应的 key 为 13（会在上一个 key 的基础上递增），所以，选项 A 正确。

【真题 110】 下列代码的输出结果是（   ）。

```
<?php
    $x=array("aaa","ttt","www","ttt","yyy","tttt");
    $y=array_count_values($x);
    echo $y["ttt"];
?>
```

A．2   B．3   C．1   D．4

参考答案：A。

分析：array_count_values()函数用于统计数组中所有值出现的次数。返回$x 数组中各个元素出现的次数的数组。对于本题而言，数组 y 的值为

```
Array
(
    [aaa] => 1
    [ttt] => 2
    [www] => 1
    [yyy] => 1
    [tttt] => 1
)
```

显然"ttt"在数组中出现过 2 次，因此输出结果为 2，选项 A 正确。

【真题 111】 以下代码的输出结果为（   ）。

```
<?php
    $arr = array(5 => 1, 12 => 2);
    $arr[] = 56;
    $arr["x"] = 42;
    unset($arr);
    echo var_dump($arr);
?>
```

A．56   B．x=42   C．42   D．Null

参考答案：D。

分析：本题中，由于使用 unset 销毁了数组，所以，程序的输出结果是 Null，选项 D 正确。

【真题 112】 下面的脚本运行以后，$array 数组所包含的值是（   ）。

```php
<?php
    $array= array('1','1');
    foreach($array as $k=>$v){
        $v= 2;
    }
?>
```

A．array ("2" ,"2")   B．array ("1" , "1")
C．array (2 , 2)   D．array (Null , Null)

参考答案：B。

分析：foreach 用来循环遍历数组，而不会改变数组中的值。

这段代码与下面的代码等价：

```php
<?php
    $array= array('1','1');
    $v = $array[0];
    $v = 2;
    $v = $array[1];
    $v = 2;
?>
```

因此这段代码只修改了临时变量 v 的值，而没有修改数组中的元素，所以，本题的答案为 B。

如果想通过这种方式来修改数组中元素的值，那么在赋值时使用引用&.。

```php
<?php
    $arr = array(1, 2);
    foreach ($arr as &$value) {    //此时 value 为数组中元素的引用
        $value = $value +1;    //对 value 的修改对数组也是可见的
    }
    print_r($arr);
?>
```

程序的运行结果为

```
Array
(
    [0] => 2
    [1] => 3
)
```

【真题 113】 下面的代码的输出是（   ）。

```php
<?php
    $s = '12345';
    $s[$s[1]]= '2';
    echo $s;
?>
```

A．12345　　　　B．12245　　　　C．22345　　　　　D．11345

参考答案：B。

分析：因为$s[1]=2，所以$s[$s[1]]等价于$s[2]='2'。因此，这行代码的功能为字符串 s 的第三个字符修改为 2。

所以，本题的答案为 B。

【真题 114】 运行下面程序段，程序的输出结果为（　　）。

```php
<?php
    $arr = array(3,5,7,9,6);
    echo $arr[3];
?>
```

A．7　　　　　　B．9　　　　　　C．3　　　　　　　D．5

参考答案：B。

分析：在 PHP 中，对于数组，如果没有给出 key，那么默认从 0 开始的自然数，并依次递增，对于本题而言，$arr[3]指的就是第 4 个值。所以，选项 B 正确。

【真题 115】 有如下代码：

```php
<?php
    $array = array(1, 2, 3);
    foreach ($array as &$value) {}
    foreach ($array as $value) {}
    echo implode(',', $array);
?>
```

程序的输出结果为（　　）。

A．1,2,3　　　　B．3,3,3　　　　C．1,2,2　　　　D．2,2,2

参考答案：C。

分析：当第一个 foreach 执行完后，$value 是$array 这个数组最后一个元素的引用，因此，在执行第二个 foreach 的时候，其实是在遍历数组的过程中把数组中遍历到的值赋值给$array 最后一个元素。第二个 foreach 在遍历完数组第一个元素后，数组的值为[1,2,1]，遍历完第二个元素后数组的值为[1,2,2]，遍历完第三个元素后，数组的值为[1,2,2]。

【真题 116】 sort()、asort()、和 ksort()有什么区别？

参考答案：sort()：根据阵列中元素的值，以英文字母顺序排序，只依据值从小到大排序，键值不参与排序。

asort()：与 sort() 一样把阵列的元素按英文字母顺序来排列，不同的是，asort 依据值排序，键值也参与排序。

ksort()：根据阵列中索引键的值，以英文字母顺序排序，值也参与排序。

使用示例如下：

```php
<?php
    $arr=array("1"=>"4","4"=>"3","2"=>"1");
    sort($arr);
    print_r($arr);
```

```
        $arr=array("1"=>"4","4"=>"3",'2"=>"1");
        asort($arr);
        print_r($arr);

        $arr=array("1"=>"4","4"=>"3","2"=>"1");
        ksort($arr);
        print_r($arr);
    ?>
```

程序的运行结果为

```
    Array
    (
        [0] => 1
        [1] => 3
        [2] => 4
    )
    Array
    (
        [2] => 1
        [4] => 3
        [1] => 4
    )
    Array
    (
        [1] => 4
        [2] => 1
        [4] => 3
    )
```

1.11　文件管理

1.11.1　有哪些文件操作?

文件一直是各类计算机设备中很重要的部分，在大多数程序设计中，都需要对文件进行读写，删除等操作。现将文件操作相关的重点方法和技术总结如下。

1．文件读操作

读取文件前，通常会判断文件能否读取，例如，是否有读权限，可以使用 is_readable 函数；示例代码如下：

```php
    <?php
        $file = "test.txt";
        if(is_readable($file) == false) {
            echo "can not read\n";
        }
        else{
            echo "can read \n";
        }
    ?>
```

当然也需要判断文件是否存在，可以使用 file_exists()函数。示例代码如下：

```php
<?php
    $file = "test.txt";
    if(file_exists($file) == false) {
        echo "file not exist\n";
    }
    else{
        echo "file is exists \n";
    }
?>
```

读取文件的方法有很多种，此处列举最常用的按行读取方法，示例代码如下：

```php
<?php
    $file = "test.txt";
    $fp = fopen($file,"r");
    while(!feof($fp)){
        echo fgets($fp,1024);
    }
    fclose($fp);
?>
```

需要注意的是，读取文件的 length 参数是可选项，如果忽略，则将继续从流中读取数据直到行结束。指定最大行的长度在利用资源上更为有效。此外，还有 fread、file_get_contents 等读取文件的方法，此处不再赘述。

2．文件写操作

与读文件一样，写文件前，通常会判断文件能否写，例如，是否具备写权限、文件是否不存在等问题。可以使用 is_writable 函数。示例代码如下：

```php
<?php
    $file = "test.txt";
    if(is_writable ($file) == false) {
        echo "can not write\n";
    }else{
        echo "can write \n";
    }
?>
```

写文件的方法有很多种，此处列举最常用的按行写文件的方法，示例代码如下：

```php
<?php
    $fp = fopen("test.txt", "w"); //文件被清空后再写入
    if ($fp) {
        for ($i = 1; $i <= 5; $i++) {
            $flag = fwrite($fp, "Hello World!n");
            if (!$flag) {
                echo "write error";
                break;
            }
        }
    } else {
        echo "open file error";
    }
```

```
        fclose($fp);
    ?>
```

3．删除文件

PHP 删除文件使用 unlink 函数操作即可，示例代码如下：

```
<?php
    $file = 'test.txt';
    $result = @ unlink($file);
    if ($result == false) {
        echo 'delete succ';
    } else {
        echo 'delete error';
    }
?>
```

上述讲了文件操作的几个重要方面，PHP 的文件操作函数已经非常强大了，这部分的考查也是笔试面试的一个非常重要的方面，希望大家加强训练。

【真题 117】 有一个网页地址，例如，PHP 开发资源网主页: http://www.phpres.com/index.html，如何得到它的内容？

参考答案：这里重点介绍两种方式来获取网页的内容。

1）file_get_contents。file_get_contents()函数用来把文件的内容读入一个字符串中。如果操作系统支持，那么这个函数还会使用内存映射技术来提高读取的性能。这个函数原型为 file_get_contents(path, include_ path, context,start,max_length)，其中，path 是必需的，它表示要读取的文件。include_path 是可选参数，如果也想在 include_path 中搜寻文件，那么可以将该参数设为 "1"。context 可选，规定文件句柄的环境，若使用 null，则忽略。start 可选，规定在文件中开始读取的位置。max_length 可选，规定读取的字节数。

对于本题而言，可以使用下面代码来读取这个网页的内容：

```
echo file_get_contents("http://www.phpres.com/index.html");
```

2）stream_get_contents。可以把这个网页当做一个文件，用传统的读取文件的方式来读取，示例代码如下：

```
$f = fopen("http://www.phpres.com/index.html", "rb");
$contents = stream_get_contents($f);
fclose($readcontents);
echo $contents;
```

【真题 118】 写一个函数，能够遍历一个文件夹下的所有文件和子文件夹。

参考答案：示例代码如下：

```
<?php
    function my_scandir($dir)
    {
        $files=array();
        if(is_dir($dir))
        {
            if($handle=opendir($dir))
```

```
                {
                    while(($file=readdir($handle))!==false)
                    {
                        if($file!="." && $file!="..")
                        {
                            if(is_dir($dir."/".$file))
                            {
                                $files[$file]=my_scandir($dir."/".$file);
                            }
                            else
                            {
                                $files[]=$dir."/".$file;
                            }
                        }
                    }
                    closedir($handle);
                    return $files;
                }
            }
        }
    print_r(my_scandir("D:Program FilesInternet ExplorerMUI"));
?>
```

【真题 119】 写出一个能创建多级目录的函数。

参考答案：

```
<?php
    function create_dir($paht,$mode=077){
        if(is_dir($path)) {
            echo "folder exists";
        }
        else {
            if(mkdir($path,$mode,true)) {
                echo "create succ";
            }
            else {
                echo "create failed";
            }
        }
    }
?>
```

【真题 120】 使用五种以上方式获取一个文件的扩展名。

参考答案：要求：dir/upload.image.jpg，找出 .jpg 或者 jpg，必须使用 PHP 自带的处理函数进行处理，方法不能明显重复，可以封装成函数，例如，get_ext1($file_name), get_ext2($file_name)。下面给出五种求扩展名的方法。

方法一：

```
function get_ext1($file_name){
    return strrchr($file_name, '.');
}
```

方法二：

```php
function get_ext2($file_name){
    return substr($file_name, strrpos($file_name, '.'));
}
```

方法三：

```php
function get_ext3($file_name){
    return array_pop(explode('.', $file_name));
}
```

方法四：

```php
function get_ext4($file_name){
    $p = pathinfo($file_name);
    return $p['extension'];
}
```

方法五：

```php
function get_ext5($file_name){
    return strrev(substr(strrev($file_name), 0, strpos(strrev($file_name), '.')));
}
```

1.11.2 涉及文件操作的函数有哪些?

涉及文件操作的函数见下表。

函数类别	函数原型	函数作用
解析路径函数	basename(path,suffix) path：必需，检查路径 suffix：文件扩展名	返回路径中的文件名部分
	dirname(path)	返回路径中的目录部分
	pathinfo(path,options) path：必需，检查的路径 options：可选。规定要返回的数组元素。默认是 all	以数组的形式返回文件路径的信息
文件类型函数	filetype(filename)	返回指定文件或目录的类型
获取文件信息函数	fstat($file) $file：必需，文件指针	返回关于打开文件的信息
计算大小	filesize(filename)	返回指定文件的大小 若成功，则返回文件大小的字节数。若失败，则返回 false，并生成一条 E_WARNING 级的错误
	disk_free_space(directory)	返回目录中的可用空间
	disk_total_space(directory)	返回指定目录的磁盘总大小
访问与修改时间	fileatime(filename)	返回指定文件的上次访问时间
	filectime(filename)	返回指定文件的上次 inode 修改时间
	filemtime(filename)	返回文件内容上次的修改时间
文件的 I/O 操作	fopen(filename,mode,include_path,context) filename：必需，要打开的文件或 URL mode：必需，规定要求到该文件/流的访问类型 include_path：可选。如果也需要在 include_path 中检索文件，那么可以将该参数设为 1 或 TRUE Context：可选。规定文件句柄的环境	打开文件或者 URL。如果打开失败，本函数返回 FALSE

（续）

函数类别	函数原型	函数作用
文件的 I/O 操作	fgets(file,length) file：必需。规定要读取的文件 length：可选。规定要读取的字节数。默认是 1024 字节	从文件指针中读取一行
	file_get_contents(path)	把整个文件读入一个字符串中
	scandir(directory,sort,context) directory：必需。规定要扫描的目录 sort：可选。规定排列顺序。默认是 0（升序）。如果是 1，则为降序 context：可选。规定目录句柄的环境。context 是可修改目录流的行为的一套选项	返回一个数组，其中包含指定路径中的文件和目录
对文件属性的操作	is_readable(file) file：必需。规定要检查的文件	判断指定文件名是否可读
	is_writable(file) file：必需。规定要检查的文件	判断指定的文件是否可写
	file_exists(path) path：必需。规定要检查的路径	检查文件或目录是否存在。如果指定的文件或目录存在，则返回 true，否则返回 false
	filesize(filename)	返回指定文件的大小。若成功，则返回文件大小的字节数。若失败，则返回 false
文件操作	unlink(filename,context) filename：必需。规定要删除的文件 context：可选。规定文件句柄的环境	删除文件。若成功，则返回 true，失败则返回 false
	rmdir(dir,context) dir：必需。规定要删除的目录 context：必需。规定文件句柄的环境	删除空的目录。若成功，则该函数返回 true，失败则返回 false
	mkdir(path,mode,recursive,context) path：必需。规定要创建的目录的名称 mode：可选。规定权限。默认是 0777 recursive：可选。规定是否设置递归模式 context：可选。规定文件句柄的环境	创建目录。若成功，则返回 true，否则返回 false
	ucwords($str)	将每个单词的首字母转换为大写

【真题 121】 假设服务器中有一文件 data，属性为可读写，内容为

```
Hello
php
Hellolinux
<?php
    $filename = "data";
    $fopen = fopen($filename,w+);
    fwrite($fopen,"Hello World");
?>
```

请问执行以上代码后 data 文件内容为（ ）。

A．Hello   B．Hello World C．Hello D．php E．Hellolinux

参考答案：B。

分析：在使用 fwrite 写文件的时候会擦除文件中已有的数据，写入新的内容。所以选项 B 正确。

【真题 122】 考虑如下脚本，最后文件 myfile.txt 的内容是（ ）。

```
<?php
$array = '0123456789ABCDEFGHIJKLMNOPQRSTUVWXYZ';
$f = fopen ("myfile.txt", "r");
for ($i = 0; $i < 50; $i++) {
```

```
                fwrite ($f, $array[rand(0, strlen ($array) - 1)]);
        }
    ?>
```

A．什么都没有，因为 $array 实际上是一个字符串，而不是数组

B．49 个随机字符

C．50 个随机字符

D．什么都没有，或者文件不存在，脚本输出一个错误

参考答案：D。

分析：本题中，文件被以 r 模式打开，即只读模式。因此，如果文件不存在，那么 PHP 将输出一个错误来指出没有找到文件。如果文件存在，那么 fopen()将被成功调用，但由于是以只读方式打开，fwrite()会失败。如果用 w 代替 r，那么脚本就能正常运行，并且 myfile.txt 内将有 50 个随机字符（记住，可以像访问数组那样使用索引来访问字符串）。

【真题 123】 假设 image.jpg 存在并能够被 PHP 读取，调用以下脚本时，浏览器上显示（   ）。

```
    <?php
        Header ("Content-type: image/jpeg");
    ?>
    <?php
        readfile ("image.jpg");
    ?>
```

A．一张 JPEG 图片　　　　　　　B．一个二进制文件

C．下载一个二进制文件　　　　　D．下载一张 JPEG 图片

参考答案：A。

分析：Header()函数可以指定浏览器输出图片、下载文件或跳转指定的 URL，readfile()函数可以读取一个文件，并写入内容到缓冲池中。若成功会输出文件中读入的字节数，若失败则返回 false 并附带错误信息。因为存在 image.jpg 文件，通过 Header()函数提示用户生成一个 image 的图片，readfile()函数输出 image.jpg 文件的内容，最终浏览器转换文件内容输出 image.jpg 图片。所以，选项 A 正确。

【真题 124】 抓取远程图片到本地，会用到什么函数？

参考答案：fsockopen，fread，fwrite，fclose。

分析：由于需要抓取远程图片，因此需要使用 fsocketopen 来打开一个网络连接，然后可以通过这个网络连接（打开的地址为这个网络上的图片地址），打开成功后会返回一个文件句柄，然后可以使用 fread 函数读取文件内容，使用 fwrite 函数把文件内容写到本地（实现了把远程图片抓取到本地的功能），最后使用 fclose 关闭这个连接。

例如，最简单的方式就是读取远程图片的内容，然后把保存的内容保存到本地的图片文件中，示例代码如下：

```
    <?php
        $img = file_get_contents('http://www.xfcodes.com/img/baidu_logo.gif');
        file_put_contents('local.gif',$img);
        echo '<img src="local.gif">';
    ?>
```

【真题 125】 下列代码的输出结果是（   ）。

```php
<?php
    $x=dir(".");
    while($y=$x->read())
    {
        echo $y;
    }
    $x->close();
?>
```

A．显示所有驱动器的内容   B．显示当前文件夹下的所有文件名

C．显示所有文件夹的名称   D．编译错误

参考答案：B。

分析：dir(".")函数用来获取当前文件夹的路径，返回的是一个对象给$x，接着就可以通过$x 读取文件夹下的文件，通过 while 语句输出。

所以，选项 B 正确。

1.12 异常处理与错误处理

程序的异常是指预先指定的程序在错误发生时，改变程序运行的正常顺序，确保程序在可控制的范围内运行。在程序运行过程中，当异常被触发时，主要会做如下操作：

1）保存当前代码的状态信息。

2）当前执行的代码会被切换到预定义的异常处理函数中。

3）有些情况下，处理器也会从保存的代码状态处终止程序运行等。

1.12.1 什么是异常处理与错误处理？

当运行的程序发生异常被抛出时，程序不会继续执行异常处后面的代码，PHP 会尝试查找匹配的 "catch" 代码块。如果异常没有被捕获，那么将会发生严重的错误，程序会终止或者不受控制地执行。示例代码如下：

```php
<?php
    function GetNum($num)
    {
        if($num > 10)
        {
            throw new Exception("Exception ocur");
        }
        return true;
    }
    GetNum(100);
?>
```

程序的运行结果为

Uncaught exception 'Exception' with message 'Exception ocur'

从这个例子可以看出，如果不对异常进行处理，那么当程序有异常抛出的时候就会结束

执行。而对于对象方法的异常处理，还有另外一种处理方法，下面介绍在 PHP 中当调用一些不存在的对象方法时的异常处理，从而保证程序正常运行。这主要是通过 __call 方法来实现的。

方法声明为 __call($funname,$arr_value)，当被调用方法不存在的时候会默认调用这个方法。

示例代码如下：

```php
class My {
    function __call($n,$v) {
        echo "错误的方法名：".$n;
        echo "错误的参数：".$v;
    }
}
```

1.12.2 error_reporting()的作用是什么?

error_reporting() 的作用是设置 PHP 的报错级别并返回当前级别。函数原型为 error_reporting(report_level)，如果参数 report_level 未指定，那么当前报错级别将被返回。下表是 report_level 可能的值以及对应的描述。

值	常量	描述
1	E_ERROR	致命的运行错误。错误无法恢复，暂停执行脚本
2	E_WARNING	运行时警告（非致命性错误）。非致命的运行错误，脚本执行不会停止
4	E_PARSE	编译时解析错误。解析错误只由分析器产生
8	E_NOTICE	运行时提醒（这些经常是代码中的 bug 引起的，也可能是有意的行为造成的）
16	E_CORE_ERROR PHP	启动时初始化过程中的致命错误
32	E_CORE_WARNING PHP	启动时初始化过程中的警告（非致命性错）
64	E_COMPILE_ERROR	编译时致命性错。类似于由 Zend 脚本引擎生成成了一个 E_ERROR
128	E_COMPILE_WARNING	编译时警告（非致命性错）。类似于由 Zend 脚本引擎生成成了一个 E_WARNING 警告
256	E_USER_ERROR	用户自定义的错误消息。类似于程序员使用 PHP 函数 trigger_error 设置的 E_ERROR
512	E_USER_WARNING	用户自定义的警告消息。类似于程序员使用 PHP 函数 trigger_error 设定的一个 E_WARNING 警告
1024	E_USER_NOTICE	用户自定义的提醒消息。类似于程序员使用 PHP 函数 trigger_error 设定的一个 E_NOTICE 集
2048	E_STRICT	编码标准化警告。允许 PHP 建议如何修改代码以确保最佳的互操作性和向前兼容性
4096	E_RECOVERABLE_ERROR	可捕获的致命错误。这就像一个 E_ERROR，但可以通过用户定义的处理程序捕获（又见 set_error_handler()）
8191	E_ALL	所有的错误和警告（不包括 E_STRICT）（在 PHP 6.0 中，E_STRICT 成为 E_ALL 的一部分）

下面给出一个使用示例：

任意数目的这些选项都可以用"或"来连接(用 OR 或‖)，这样可以报告所有需要的各个级别错误。

例如，下面的代码关闭了用户自定义的错误和警告，执行了某些操作，然后恢复到原始的报错级别：

```php
<?php
//禁用错误报告
```

```
    error_reporting(0);
    //报告运行时错误
    error_reporting(E_ERROR | E_WARNING | E_PARSE);
    //报告所有错误
    error_reporting(E_ALL);
?>
```

【真题 126】 error_reporting(2047)的作用是什么？

参考答案：2047=1+2+4+8+16+32+64+128+256+512+1024。其中，1 对应 E_ERROR，2 对应 E_WARNING，4 对应 E_PARSE，8 对应 E_NOTICE，16 对应 E_CORE_ERROR，32 对应 E_CORE_WARNING，64 对应 E_COMPILE_ERROR，128 对应 E_COMPILE_WARNING，256 对应 E_USER_ERROR，512 对应 E_USER_WARNING，1024 对应 E_USER_NOTICE。

所以，error_reporting(2047)表示上述错误都会显示出来。

1.12.3 如何进行异常捕捉与处理？

在很多情况下，都需要为可能出现的异常情况进行异常处理（例如，出现异常后在程序退出前释放资源），处理过程主要包括：

1）try 块内的代码是可能会抛出异常的代码。如果没有抛出异常，则代码块正常执行。

2）throw 用来强制抛出异常。

3）catch 表示具体的捕获异常的代码块，用来处理发生异常后的处理逻辑。

如下示例产生一个异常并捕获处理：

```php
<?php
    function GetNum($num)
    {
        if($num > 10)
        {
            throw new Exception("Exception ocur");
        }
        return true;
    }
    try{
        GetNum(100);
        echo "this is end line"."\n";
    }catch(Exception $e){
        echo "Exception msg :".$e->getMessage();
    }
?>
```

程序的运行结果为

```
Exception msg :Exception occur
```

上述代码的处理过程是：

1）调用 GetNum()方法，如果传入的参数大于 10，则抛出一个异常。

2）在 try 块中调用 GetNum()函数。

3）程序执行到 GetNum()时，通过 throw 抛出异常。

4）catch 代码块接收到该异常，并创建异常对象。

5）打印输出异常的详细信息。

异常处理的规则步骤如下：

1）把可能抛出异常的代码放入 try 代码块内，以便异常能被捕获到。

2）每个 try 或 throw 代码块必须至少有一个 catch 代码块来处理异常。

3）可以使用多种不同的 catch 代码块捕捉多种不同的异常。

4）捕捉到的异常也可以使用 throw 再次抛出。

【真题 127】 PHP 如何抛出和接收错误？

参考答案：使用 try/catch 代码块，其中把可能会出现异常的代码放在 try 代码块内，而把对异常处理的代码放在 catch 代码块中。如果没有触发异常，则代码继续执行，一旦异常被触发，就会抛出一个异常，然后代码会跳转到 catch 块继续执行。catch 代码块捕获异常，并创建一个包含异常信息的对象。$e->getMessage()，输出异常的错误信息。

【真题 128】 PHP 中的错误类型有哪些？

参考答案：PHP 中常见的错误类型有三种：提示、警告和错误。

提示：这都是一些非常正常的信息，而非严重的错误，有些甚至不会展示给用户，例如，访问的变量不存在。

警告：这是有点严重的错误，将会把警告信息展示给用户，但不会影响代码的输出，例如，包含一些不存在的文件。

错误：这是真正的严重错误，例如，访问不存在的 PHP 类。

【真题 129】 PDO 提供了多种不同的错误处理模式，不仅可以满足不同风格的编程，也可以调整扩展处理错误的方式。下面哪个不是 PDO 提供的错误处理模式？（　　）

A．ERRMODE_SILEN　　　　　B．ERRMODE_WARNING
C．PDO::ERRMODE_ERROR　　　D．ERRMODE_EXCEPTION

参考答案：C。

分析：PHP 数据对象（PDO）为 PHP 访问数据库定义了一个轻量级的一致接口。它提供了一个数据库访问的抽象层，这就意味着，PHP 可以用相同的函数（方法）来访问不同的数据库。由于对数据库的访问会碰到很多异常（例如，连接数据库失败，或者 SQL 语法错误等），因此在编写数据库访问代码的时候，异常处理是必不可少的。PDO 中提供了三种不同的错误处理模式，见下表。

处 理 模 式	说　明
PDO::ERRMODE_SILENT	不报错误
PDO::ERRMODE_WARNING	以警告的方式报错
PDO::ERRMODE_EXCEPTION	以异常的方式报错

所以，选项 C 正确。

【真题 130】 foo()和@foo()之间有什么区别？

参考答案：@foo()控制错误输出。

PHP 提供了一个错误控制运算符：@，可以忽略表达式产生的任何错误信息。也就是说，对于 foo()来说，如果这个函数出现异常，那么就会抛出来。而@foo()会忽略异常信息不会抛出。

1.12.4　如何实现自定义的异常类?

与其他面向对象语言一样，PHP 也可以创建自定义的 Exception 类，自定义的异常类必须是 Exception 类的子类。

如下示例代码实现了一个异常类:

```php
<?php
class MyException extends Exception {
    public function errmsg(){
        $msg = "exception occur";
        return $msg;
    }
}
function GetNum($num)
{
    if($num > 10)
    {
        throw new MyException("Exception ocur");
    }
    return true;
}
try{
    GetNum(100);
    echo "this is end line"."\n";
}catch(MyException $e){
    echo "Exception msg :".$e->errmsg();
}
?>
```

程序的运行结果为

```
Exception msg :Exception occur
```

上述代码抛出了一个异常，通过自定义的异常类来捕获。主要步骤如下:

1）自定义的异常类继承了超类 Exception，这样就具有了超类的属性和方法。

2）创建异常函数 errmsg()，返回错误信息。

3）传递不合法的变量，执行 try 代码块，抛出异常。

4）catch 代码块捕获异常，并显示错误信息。

1.13　内存管理

1.13.1　什么是内存管理?

内存管理主要是指程序运行时对计算机内存资源的分配、使用和释放等技术，内存管理的目标是高效、快速地分配内存，同时及时地释放和回收内存资源。内存管理主要包括是否有足够的内存供程序使用，从内存池中获取可用内存，使用后及时销毁并重新分配给其他程序使用。

在 PHP 开发过程中，如果遇到大数组等操作，那么可能会造成内存溢出等问题。一些常见的处理方法如下：

1）通过 ini_set('memory_limit','64M')方法重置 PHP 可以使用的内存大小，一般在远程主机上是不能修改 php.ini 文件的，只能通过程序设置。注：在 safe_mode（安全模式）下，ini_set 会失效。

2）另一方面可以对数组进行分批处理，及时销毁无用的变量，尽量减少静态变量的使用，在需要数据重用时，可以考虑使用引用（&）。同时对于数据库、文件操作完要及时关闭，对象使用完要及时调用析构函数等。

3）及时使用 unset()函数释放变量，使用时需要注意以下两点：

① unset()函数只能在变量值占用内存空间超过 256 字节时才会释放内存空间。

② 只有当指向该变量的所有变量都销毁后，才能成功释放内存。

【真题 131】 打开 php.ini 中的 safe_mode，会影响哪些函数？至少说出 6 个。

参考答案：PHP 的 safa_mode 提供了一个基本安全的共享环境，在一个有多个用户账户存在的 PHP 开发的 web 服务器上。当安全模式打开的时候，部分函数将被完全地禁止，而还有部分函数的功能将会受到限制。下面重点给出其中的一部分：

1）fopen()、mkdir()、rmdir() 检查被操作的目录是否与正在执行的脚本有相同的 UID。

2）创建新文件（只能在属于当前用户的目录下创建文件）。

3）dl()函数在安全模式下被禁用。

4）set_time_limit()在安全模式下不起作用。

5）mysql 服务器所用的用户名必须与调用 mysql_connect()的文件的拥有者用户名相同。

6）mail() 在安全模式下，第五个参数被屏蔽。

1.13.2 什么是垃圾回收？

PHP 5.3 之前使用的垃圾回收机制是单纯的"引用计数"方式，也就是说，每个内存对象都分配了一个计数器，当内存对象被变量引用时，计数器加 1；当变量引用撤掉后，计数器减 1；当计数器等于 0 时，表明内存对象不再被使用，该内存对象则被销毁，垃圾回收完成。

当然，"引用计数"也存在问题，就是当两个或多个对象互相引用形成环状后，内存对象的计数器则不会消减为 0。此时，这一组内存对象已经没用了，但是却不能回收，从而导致内存泄漏。

从 PHP5.3 开始，引入了新的垃圾回收机制，在引用计数基础上，实现了一种更加复杂的算法，来检测内存对象中引用环的存在，以避免内存泄漏。具体算法此处不再赘述。

【真题 132】 PHP 的垃圾回收机制是什么？

参考答案：PHP 可以自动进行内存管理，清除不再需要的对象。PHP 使用了引用计数的垃圾回收机制。每个对象都内含一个引用计数器，当 reference 连接到对象，计数器加 1。当 reference 离开作用域或被设置为 NULL，计算器减 1。当某个对象的引用计数器为 0 时，则 PHP 认为不再需要使用这个对象，释放其所占的内存空间。

【真题 133】 如何在命令行下运行 PHP 脚本（写出两种方式）同时向 PHP 脚本传递参数？

参考答案：在 Windows 平台下，假设 PHP 安装目录为 d:\\software\\php5\\，那么使用命令窗口进入到该路径下（如果环境变量中已经配置了 PHP 的路径，那么随便在哪个目录下都能认识 PHP 命令，可以直接执行），输入 php test.php 回车，则会执行当前路径下的

test.php 文件。

如果要执行其他目录下的 php 文件，那么只需要给出文件的全路径即可。如果想传递参数，那么可以直接通过在文件名称后面接参数，多个参数中间用空格隔开。在 php 代码中是通过两个变量来获取参数的，一个是$argv，另一个是$argc，前者是传递参数的数组，默认第一个为 php 文件的名称；后者为$argv 的数组个数。

在 Linux 下，程序默认会安装在/usr/bin/php 目录下（可以通过 man php 命令查看安装目录），执行方式与在 Windows 下相同，使用 php php 文件来运行 php 文件，如果 man php 没有信息，则说明当前 php 执行文件没有在环境变量中设置，此时可以设置环境变量，也可以类似于 Windows 进入 php 路径，或者使用 php 执行文件所在的全路径来执行 php php 文件。

1.14　Redis

1.14.1　什么是 Redis?

Redis 是一个 key-value 存储系统。和 Memcached 类似，它支持存储的 value 类型相对更多，包括 string（字符串）、list（链表）、set（集合）、zset（Sorted Set，有序集合）和 hash（哈希类型）。这些数据类型都支持 push/pop、add/remove 及取交集、并集和差集及更丰富的操作，而且这些操作都是原子性的。在此基础上，Redis 支持各种不同方式的排序。与 Memcached 一样，为了保证效率，数据都是缓存在内存中。区别是 Redis 会周期性地把更新的数据写入磁盘或者把修改操作写入追加的记录文件，并且在此基础上实现了 master-slave（主从）同步。

Redis 的出现，很大程度上弥补了 Memcached 这类 key/value 存储的不足，在部分场合可以对关系数据库起到很好的补充作用。它提供了 Java、C/C++、C#、PHP、JavaScript、Perl、Object-C、Python、Ruby、Erlang 等客户端，使用起来很方便。

Redis 支持主从同步。数据可以从主服务器向任意数量的从服务器上同步，从服务器可以是关联其他从服务器的主服务器。这使得 Redis 可执行单层树复制。存盘可以有意无意地对数据进行写操作。由于完全实现了发布/订阅机制，使得从数据库在任何地方同步树时，可订阅一个频道并接收主服务器完整的消息发布记录。同步对读取操作的可扩展性和数据冗余很有帮助。

PHP 操作 Redis 常用的函数及用法见下表。

函数原型	函数作用
connect(host,port) host：服务器 port：端口	连接到一个 Redis 实例，成功返回 TRUE，失败返回 FALSE
set(key,value) key,value 键值对	设置 key 和 value 的值，成功返回 TRUE，失败返回 FALSE
get(key) key 值	获取指定 key 键对应的值。成功返回 value 值，失败返回 FALSE
delete(key) key 值	删除指定 key 键。返回删除的项数
setnx(key,value) key,value 键值对	与 set 的区别在于设置的键不存在时才会生效

（续）

函数原型	函数作用
exists(key) key 值	验证指定的键是否存在，如果存在，则返回 TRUE，否则返回 FALSE
getMultiple(array) 参数：包含键的数组	取得所有指定键的值。返回包含值的数组
lpush(key,value) 参数：键值对	向列表头部插入键值对。成功返回数组长度，失败返回 FALSE
rpush(key,value) 参数：键值对	向列表尾部插入键值对。成功返回数组长度，失败返回 FALSE
lpop(key) 参数：键	移除并返回列表类型第一个元素值。成功返回第一个元素值，失败返回 FALSE
rpop(key) 参数：键	移除并返回列表类型尾部元素值。成功返回尾部元素值，失败返回 FALSE
lset(key,index,value)	为列表中指定的索引下标赋新值。index 超出范围或空列表返回 FALSE
sadd(key,value) 参数：键值对	为一个 set 类型键添加一个值，成功返回 TRUE，如果值存在，则返回 FALSE
sremove(key,value) 参数：键值对	删除 set 类型键中指定的值，成功返回 TRUE，失败返回 FALSE
spop(key) 参数：键	随机移除并返回 set 类型中一个值。成功返回删除的值，失败返回 FALSE
sunion(key1,keyk2,…..,keyN) 参数：多个键	返回多个 set 类型键的并集。成功返回并集，失败返回 FALSE
sdiff(key1,keyk2,…..,keyN) 参数：多个键	返回第一个集合中存在并在其他所有集合中不存在的结果。成功返回数组，失败返回 FALSE

前面讲解了常用的一些函数的用法，下面通过一个实例来详细讲解各个操作函数的用法，来加深理解。

1. 为 set 类型赋值

最基本的键值对的存储，即 set 类型，示例代码如下：

```php
<?php
    $Redis = new Redis();
    $Redis->connect('127.0.0.1', 6378);
    $res = $Redis->set(aaa,"bbbb");
    var_dump($res); //结果：bool(true)
?>
```

程序的运行结果为

```
bool(true)    //写入成功
```

2. get 获取值

示例代码如下：

```php
<?php
    $Redis = new Redis();
    $Redis->connect('127.0.0.1', 6378);
    $res = $Redis->get(aaa);
    var_dump($res); //结果：bool(true)
?>
```

程序的运行结果为

```
string(3) "bbb"
```

3．delete 指定键

示例代码如下：

```php
<?php
    $Redis = new Redis();
    $Redis->connect('127.0.0.1', 6378);
    $Redis->set(aaa,"bbbb");
    $Redis->get(aaa);
    $res = $Redis->delete('aaa');
    var_dump($res);
?>
```

程序的运行结果为

```
int(1)
```

PHP 操作 Redis 的方法和函数相对比较清晰、简单，读者可以顺藤摸瓜，照猫画虎，根据示例对其他函数的用法进行联系，此处就不一一赘述。

【真题 134】 以下关于 NOSQL 的说法中，不正确的是（   ）。

A．MongoDB 支持 CAP 定理中的 AP，MySQL 支持 CAP 中的 CA，全部都支持不可能存在

B．Redis 支持字符串、哈希、列表、集合、有序集合等数据结构，目前 Redis 不支持事务

C．Memcache 既支持 TCP 协议，也支持 UDP 协议，可以把 PHP 的 Session 存放到 Memcache 中

D．MongoDB 不用先创建 Collection 的结构就可以直接插入数据，目前 MongoDB 不支持事务

参考答案：B。

分析：Redis 目前是可以支持简单的事务的，由于 Redis 是单线程来处理所有 client 的请求，一般情况下 Redis 在接收到一个 client 发来的命令后会立即处理并返回处理结果，但是当一个 client 在一个连接中发出 multi 命令，这个连接会进入一个事务上下文，该连接后续的命令并不是立即执行，而是先放到一个队列中。当从此连接收到 exec 命令后，Redis 会顺序地执行队列中的所有命令。并将所有命令的运行结果打包到一起返回给 client，然后此连接就结束事务上下文。选项 B 的说法错误。

1.14.2 Redis 的常见问题有哪些？

与 MySQL 一样，Redis 在使用过程中，也会碰到很多的问题，适当的技巧和优化将大大提高 Redis 的使用性能，提高服务的质量。现将常见的一些问题总结如下：

1．停止使用 keys *操作

keys*操作执行速度将会变慢。因为 keys 命令的时间复杂度是 O(n)，其中 n 是要返回的 keys 的个数，由此可见这个命令的复杂度就取决于数据量的大小了。当数据量比较大时，在这个操作执行期间，其他任何命令在实例中都无法执行，严重影响了性能。

可以使用 scan 命令来代替，scan 命令通过增量迭代的方式来扫描数据库。

2．定位 Redis 速度降低的原因

使用 INFO commandstats 命令来查看所有命令的统计情况，如命令执行了多少次，执行

命令所耗费的毫秒数等信息。

3．尽量使用 hash 的存储方式

Hash 的存储方式会大大提高操作效率。

4．设置 key 值的存活时间

无论什么时候，只要有可能就利用 key 超时的优势。一个很好的例子就是存储一些诸如临时认证 key 之类的东西。当你去查找一个授权 key 时——以 OAUTH 为例——通常会得到一个超时时间。这样在设置 key 的时候，设成同样的超时时间，Redis 就会自动为你清除！而不再需要使用 KEYS *来遍历所有的 key 了。

5．对于很重要的数据，请使用异常处理机制

如果必须确保关键性的数据可以被放入 Redis 的实例中，那么请使用异常处理机制。几乎所有的 Redis 客户端采用的都是"发送即忘"策略，因此经常需要考虑一个 key 是否真正被放到 Redis 数据库中了。加入异常处理机制是程序健壮性保障的前提。

6．多实例应用

无论什么时候，只要有可能就分散多 Redis 实例的工作量。Redis 集群允许基于 key 范围分离出部分包含主/从模式的 key。多实例是保证集群资源最大利用，集群稳定的重要保障。

【真题 135】 Redis 是一种 key-value 存储服务器，在其文档中有对 LPUSH 命令的说明如下：
LPUSH key value [value ...]

Insert all the specified values at the head of the list stored at key. If key does not exist, it is created as empty list before performing the push operations. When key holds a value that is not a list, an error is returned.

It is possible to push multiple elements using a single command call just specifying multiple arguments at the end of the command. Elements are inserted one after the other to the head of the list, from the leftmost element to the rightmost element. So for instance the command LPUSH mylist a b c will result into a list containing c as first element, b as second element and a as third element.

Return value

Integer reply: the length of the list after the push operations.

如果当前服务器中存储了如下的键与值：

k1 :字符串"Hello, world"

k2 :列表[1, 2, 3]

k3 :列表[1, 2, 3]

请解释下列命令的操作结果。

1）LPUSH k1 8 9。

2）LPUSH k2 8。

3）LPUSH k3 8 9。

4）LPUSH k4 8 9。

参考答案：LPUSH 命令将所有指定的值插入存于 key 的列表的头部。如果 key 不存在，那么在进行 push 操作前会创建一个空列表。如果 key 存在且对应的值不是一个 list，那么会返回一个错误。

1）k1 为 String 类型，LPUSH 命令支持 list 类型，LPUSH k1 8 9 报错：(error) ERR

Operation against a key holding the wrong kind of value。

2）LPUSH 命令加入列表头部，LPUSH k2 8： k2：[8,1,2,3]。

3）LPUSH 命令加入列表头部，LPUSH k3 8 9： k3：[9,8,1,2,3]。

4）key 不存在时，进行 push 操作前会创建一个空列表，LPUSH k4 8 9： k4:[9,8]。

1.15 Memcache

1. Memcache 介绍

Memcache 是一个开源、免费、高性能的分布式对象缓存系统，它基于一个存储键/值对的 hashmap 来存储数据到内存中。它的作用是减少对数据库的读取以提高 Web 应用的性能。虽然它的守护进程（daemon）是用 C 语言实现的，但是客户端可以用任何语言来编写，并通过 Memcache 协议与守护进程通信。需要注意的是，当某个服务器停止运行或崩溃了，所有存放在该服务器上的键/值对都将丢失。Memcache 的服务器端没有提供分布式功能，各个 Memcache 应用不会互相通信以共享信息。想要实现分布式通信，可以搭建几个 Memcache 应用，通过算法实现此效果。

下面介绍 Memcache 的两个重要概念。slab：为了防止内存碎片化，Memcache 服务器端会预先将数据空间划分为一系列 slab；举个例子，现在有一个 $100m^3$ 的房间，为了合理规划这个房间放置东西，会在这个房间里放置 30 个 $1m^3$ 的盒子、20 个 $1.25m^3$ 的盒子、15 个 $1.5m^3$ 的盒子……这些盒子就是 slab。

LRU：最近最少使用算法；当同一个 slat 的格子满了，这时需要新加一个值时，不会考虑将这个新数据放到比当前 slat 更大的空闲 slat，而是使用 LRU 移除旧数据，放入这个新数据。

2. Memcache 的特征和特性

Memcache 的特征如下：

1）协议简单。

2）基于 libevent 的事件处理。

3）内置内存存储方式。

4）Memcached 不互相通信的分布式。

Memcache 的特性如下：

（1）单个 item 最大的数据为 1MB。

（2）单进程最大的使用内存为 2GB，需要更多内存时可开多个端口。

（3）Memcached 是多线程，非阻塞 io 复用的网络模型，Redis 是单线程。

（4）键长最大为 250 字节。

3. Memcache 的内存管理机制

Memcache 将内存分割成各种尺寸的块（chunk），并把尺寸相同的块分成组（chunk 的集合）。page 是分配给 slab 的内存空间，默认是 1MB，根据 slab 大小切分成 chunk，chunk 是用户缓存记录的内存空间，slab class 是特定 chunk 的组。

在存储数据时，Memcache 会压缩数据的大小进行存储，一般压缩后的数据为原数据大小的 30%左右，从而节省了 70%的传输性能消耗。如果存储的数是小于 100 字节的键值对，那么压缩后可能带来膨胀，但 Memcache 都是按照固定大小分块存储的，最小也有 88B，所以小数据带来的压缩膨胀也并不会有什么影响。

具体流程如下图所示。

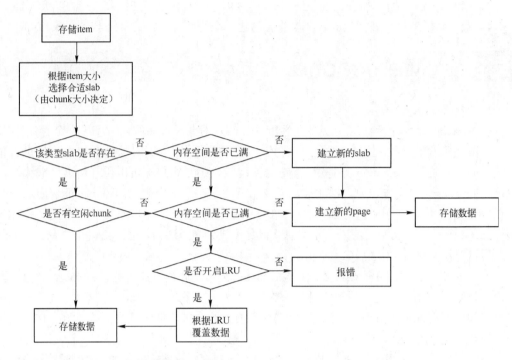

4. Memcache 的部分操作函数（命令）

部分操作函数（命令）见下表。

函数类型	函数/命令	作用
连接函数	addserver(host,port) host：主机 ip port：端口号	向连接池中添加一个 Memcache 服务器
获取数据	get(key) key：键名	返回 key 对应的 Value 值
添加函数	add(key,value,time) key：键名 value：键值 time：过期时间	添加一个 key 值，不存在则添加成功并提示 STORED，已经存在则失败并提示 NOT_STORED。可以通过设置 time 来指定过期时间，单位为 s，若为 0 则永久保存值
设置函数	set(key,value,time) key：键名 value：键值 time：过期时间	无条件地设置一个 key 值，没有就增加，有就覆盖，操作成功提示 STORED。可以通过设置 time 来指定过期时间，单位为 s，若为 0 则永久保存值
替换函数	replace(key,value,time) key：键名 value：键值 time：过期时间	按照相应的 key 值替换数据，如果 key 值不存在，则会操作失败。可以通过设置 time 来指定过期时间，单位为 s，若为 0 则永久保存值
删除函数	delete(key) key：键名	用于删除对应 key 的值
获取版本	version	返回当前 Memcache 版本号
清空函数	flush_all	清空所有键值，但不会删除 items，所以此时 Memcache 依旧占用内存
关闭函数	quit	关闭连接

以上只是罗列出了一些 Memcache 使用最多的基本命令，而最新版的 Memcached 还支持

批量设置的 setmulti()、批量删除键的 deleteMulti()、批量获取键值的 getMulti()函数等，此处就不一一赘述。

前面讲解了常用的一些函数的用法，下面通过一个实例来详细讲解各个操作函数的用法，来加深理解。

为 set 类型赋值，get 获取值，delete 删除值。

最基本的键值对的存储，即 set 类型，可以设置这个存储的键过期时间，示例代码如下：

```php
<?php
    $m = new Memcached();
    $m->addServer("127.0.0.1",11211); //连接 Memcache 服务器
    $m->set("mkey","123",600);//设置一个键名为 mkey，值为 123，600s 过期，0 为永久有效
    echo $m->get("mkey");//输出 123,get 可以获取键名为 mkey 的值
    $m->delete("mkey");//删除键名为 mkey 的值
?>
```

PHP 操作 Memcache 的方法和函数简单明了，可以顺藤摸瓜，照猫画虎，根据示例对其他函数的用法进行联系，此处就不一一赘述。

使用 Memcache 的时候需要注意以下几点内容：

1）Memcache 是如何工作的？

Memcache 本身就像是一个巨大的、存储了很多<key,value>对的哈希表，可以简单地理解为 Memcache 是一张表的数据库，只有 key 和 value 两个字段。通过 key，可以存储或查询任意相关的数据。

在客户端可以把数据存储在多台 Memcache 上，当用户查询数据时，客户端先参考节点列表计算出 key 的哈希值（也称为阶段一哈希），选中一个节点，客户端再将请求发送给选中的节点，然后 Memcache 节点通过一个内部的哈希算法（阶段二哈希）查找真正的数据（item）返回。

2）Memcache 的最大优势是什么？

Memcache 最大的好处是具有很好的水平可扩展性，在一个巨大的系统中，客户端做了一次存储后，我们增加大量的数据到 Memcache 的集群中，Memcache 之间没有互相通信，不会增加 Memcache 的负载，不会网络通信量爆炸。

3）Memcache 和 Memcached 有什么区别？

Memcache 是一个自由开放的高性能内存对象缓存系统，可用于加速动态 web 应用程序，减轻数据库负载。Memcache 是这个软件项目的一般叫法，但项目的主程序文件称为 Memcached.exe，在服务端主要靠这个守护进程管理 HashTable。因为这个进程名，所以可以把这个软件系统称为 Memcached。

PHP 对该软件存在两个 pecl 扩展，分别是 Memcache 和 Memcached。

它们的区别如下：

① Memcache 扩展是完全在 PHP 框架内开发的，而 Memcached 扩展是使用 libMemcached 开发的，在方法上 Memcached 的方法比 Memcache 多，但是用法方式都差不多。

② Memcached 因为使用了 libMemcached，所以只支持 OO 接口，而 Memcache 是 OO 和非 OO 两套接口并存的。

③ Memcached 是支持 Binary Protocol 的，而 Memcache 不支持，所以 Memcached 的性能更高。

4）Memcache 如何实现冗余机制？

Memcache 不能实现冗余机制，它设计的本身不存在任何冗余机制。如果一个 Memcache 节点失去了所有数据，那么应该从数据源（如数据库）再次获取数据。如果担心节点失效加大数据库的负担，那么可以增加更多的节点来减少丢失一个节点的影响。

5）Memcache 能接受的 key 的最大长度是多少？

Memcache 要求 key 的最大长度是 250 个字符，如果使用的客户端支持"key"的前缀，那么 key 可以是前缀+原始 key，最大长度可以超过 250 个字符。但是为了节省内存和带宽，不建议使用太长字符做 key。

6）Memcache 对 item 的过期时间有什么限制？

Memcache 的 item 过期时间最长可以为 30 天，Memcache 把传入的过期时间解释成时间点后，当到了这个时间点，Memcache 就把 item 设置为失效状态。当使用 Memcache 存储数据时，设置一个值为永久时间或一段时间，如果 Memcache 分配的内存使用完毕，则首先会替换掉已失效的数据，其次是最近少使用的数据。

7）Memcache 永久数据被踢现象。

Memcache 存在数据丢失的情况，一些数据设置为永久不过期，但却莫名其妙地丢失了，主要是以下几点原因：

① 数据在内存中并没有真正删除某个 item 而是 item 已失效，当去 get 时发现失效才将 chunk 清空。

② 如果 slab 里很多 chunk 都已经过期，但从来没有 get 过，那么系统并不知道它们已过期。

③ 永久数据很少被获取，当新增 item 后则永久数据被踢出。

如果要解决这个问题，那么可以尝试将永久数据和非永久数据分开存放在不同的 Memcache 中。

8）Memcache 最大能存储多大的单个 item？

Memcache 存储的单个最大数据为 1MB，如果数据大于 1MB，那么可以考虑将数据进行拆分存储到不同的 key 中。

9）使用 Memcache 需要注意的问题：

① 将程序、Memcache、mysql 分开存放。在实际的开发过程中，因为 Memcache 使用过程中把数据缓存在内存中，会消耗很大的内存，所以建议把程序、mysql 数据库和 Memcache 分开存放。

② 不要使用 Memcache 保存重要数据。因为 Memcache 是把数据存放在内存中，所以服务器突然断电或挂掉，重启后数据就会消失，没有办法找回，所以建议不要使用 Memcache 保存重要的数据。

③ 定期查看缓存的分布状况和击中情况。只有定期查看缓存的分布状况和击中情况才能更好地分析缓存的工作效率和对缓存进行优化，发现缓存中可能存在的问题，并及时解决。

【真题 136】 请简单地描述一下 Memcache 的工作原理。

参考答案：Memcache 的工作就是在专门的机器内存里维护一张巨大的 hash 表，来存储经常被读写的一些文件与数据，从而极大地提高网站的运行效率。

Memcache 的程序运行在一个或多个服务器中，Memcache 把全部的数据保存在内存中，通过 hash 表的方式，每条数据由 key/value 的形式构成，随时接受客户端的请求，然后返回结果。

客户端与 Memcache 建立连接后，存储对象主要是通过唯一的 key 存储 value 到内存中，取数据时通过这个 key 从内存中获取对应的 value。由于 Memcache 的数据是存储在内存中而不是保存 cache 文件中，所以 Memcache 访问比较快，但是由于这些数据不是永久化存储，所以重启服务器后就会消失。

【真题 137】 请简要描述你对 Memcache 的理解，它的优点有哪些？

参考答案：Memcache 是一个高性能的分布式内存对象缓存系统，主要通过在内存里维护一个巨大的 hash 表进行数据缓存。它主要是将数据调用到内存中，然后从内存中读取数据，从而提高读取速度。它主要通过 key-value 的形式存储各种数据，包括图像、视频、文件等。

它具有以下几点优点：

支持多台服务器使用 Memcache，由于 Memcache 的存储数据大小必须小于内存的大小，所以可以将 Memcache 使用在多台服务器上，增加缓存容量。

支持均衡请求。当使用多台 Memcache 服务器时，可以均衡请求，避免所有请求都进入一台 Memcache 服务器中，导致服务器挂掉。

支持分布式，可以解决缓存本身水平线性扩展的问题和缓存大并发下的本身性能问题，避免缓存的单点故障问题。

支持部分容灾问题，即如果多台服务器存储了 Memcache 数据，那么其中一台 Memcache 服务器挂掉，部分请求还是可以在 Memcache 中命中，为修复挂掉的服务器争取一些时间。

【真题 138】 简述怎么合理地使用 Memcache 缓存？如果缓存数据量过大，那么怎么部署？（分布式，缓存时间，优化缓存数据）

参考答案：要合理地使用 Memcache 缓存，需要注意以下几点：

1）因为 Memcache 支持最大的存储对象大小为 1MB，所以要求不能往 Memcache 存储一个大于 1MB 的数据。

2）往 Memcache 存储的所有数据，如果数据大小分布于各种 chunk 大小区间，从 64B 到 1MB 都有，那么会造成内存的极大浪费和 Memcache 的异常。所以需要注意数据大小的分布区间。

3）key 的长度不能大于 250 个字符。

4）虚拟主机不允许运行 Memcache 服务，所以不能把 Memcache 部署到虚拟主机中。

5）因为 Memcache 可以轻松访问到，所以可以运行在不安全的环境中，如果对数据安全要求高，那么需要着重考虑运行环境的安全问题。

6）因为 Memcache 存储的数据都在内存中，如果服务器挂掉，那么就会清空，所以缓存的数据尽管是丢失了也不会有太大影响的数据。

如果缓存的数据量过大，那么可以采取以下的办法：

1）使用 Memcache 服务器集群的方法，首先是将数据安排放在不同的 Memcache 服务器上，可以将不同硬件服务器上的 Memcache 服务器再做成一个数据互相备份的组，避免数据的单点丢失问题。

2）缓存数据到数据库中，在数据库中先建一张表来说明 Memcache 服务器集群中缓存数据的存放逻辑，然后实现把缓存数据存到数据库中，可以保证数据库和缓存的数据双向存取。

第 2 章　PHP Web 与框架

因为 PHP 是内嵌在 Web 的脚本语言，所以 PHP 和 Web 是分不开的。而为了避免因为 PHP 与 Web 代码的高度混杂在一起导致阅读性和维护性问题而产生了框架，合理地分开了前后端开发人员的工作。由于 Web 和框架都是 PHP 开发中必不可少的东西，所以在面试中也是重要考点，作为开发者是必须熟练掌握各种主流的 MVC 框架的，因为在实际开发中经常用到。

2.1　PHP Web

2.1.1　Session 与 Cookie 的区别是什么？

1．Session

PHP 的会话也称为 Session。PHP 在操作 Session 时，当用户登录或访问一些初始页面时服务器会为客户端分配一个 SessionID。SessionID 是一个加密的随机数字，在 Session 的生命周期中保存在客户端。它可以保存在用户机器的 Cookie 中，也可以通过 URL 在网络中进行传输。

用户通过 SessionID 可以注册一些特殊的变量，称为会话变量，这些变量的数据保存在服务器端。在一次特定的网站连接中，如果客户端可以通过 Cookie 或 URL 找到 SessionID，那么服务器就可以根据客户端传来的 SessionID 访问会话保存在服务器端的会话变量。

Session 的生命周期只在一次特定的网站连接中有效，当关闭浏览器后，Session 会自动失效，之前注册的会话变量也不能再使用。具体的使用步骤如下：

1）初始化会话。在实现会话功能之前必须要初始化会话，初始化会话使用 session_start() 函数。

```
bool session_start(void)
```

该函数将检查 SessionID 是否存在，如果不存在，则创建一个，并且能够使用预定义数组 $_SESSION 进行访问。如果启动会话成功，则函数返回 TRUE，否则返回 FALSE。会话启动后就可以载入该会话已经注册的会话变量以便使用。

2）注册会话变量。自 PHP 4.1 以后，会话变量保存在预定义数组$_SESSION 中，所以可以以直接定义数组单元的方式来定义一个会话变量，格式如下：

```
$_SESSION["键名"]="值";
```

会话变量定义后被记录在服务器中，并对该变量的值进行跟踪，直到会话结束或手动注销该变量。

3）访问会话变量。要在一个脚本中访问会话变量，首先要使用 session_start()函数启动一个会话。之后就可以使用$_SESSION 数组访问该变量了。

4）销毁会话变量。会话变量使用完后，删除已经注册的会话变量以减少对服务器资源的占用。删除会话变量使用 unset()函数，语法格式如下：

```
void unset(mixed $var [, mixed $var [, $... ]])
```

说明：$var 是要销毁的变量，可以销毁一个或多个变量。要一次销毁所有的会话变量，使用 session_unset();。

5）销毁会话。使用完一个会话后，要注销对应的会话变量，然后再调用 session_destroy()函数销毁会话，语法格式如下：

```
bool session_destroy ( void )
```

该函数将删除会话的所有数据并清除 SessionID，关闭该会话。

【真题 139】 下面可以用于服务器共享 Session 的方式有（　　）。

A．利用 NFS 共享 Session 数据　　　B．基于数据库的 Session 共享

C．基于 Cookie 的 Session 共享　　　D．使用类似 BIG-IP 的负载设备来实现资源共享

参考答案：A、B、C、D。

分析：共享 Session 的方式主要有以下几种：

1）基于 NFS 的 Session 共享。NFS（Network File System）最早由 Sun 公司为解决 Unix 网络主机间的目录共享而研发。仅需将共享目录服务器 mount 到其他服务器的本地 Session 目录即可。

2）基于数据库的 Session 共享。

3）基于 Cookie 的 Session 共享。原理是将全站用户的 Session 信息加密、序列化后以 Cookie 的方式，统一种植在根域名下（如：.host.com），利用浏览器访问该根域名下的所有二级域名站点时，会传递与之域名对应的所有 Cookie 内容的特性，从而实现用户的 Cookie 化 Session 在多服务间的共享访问。

4）基于缓存（Memcache）的 Session 共享。Memcache是一款基于Libevent多路异步 I/O 技术的内存共享系统，简单的 key + value 数据存储模式使得代码逻辑小巧高效，因此在并发处理能力上占据了绝对优势，目前能达到 2000/s 平均查询，并且服务器 CPU 消耗依然不到 10%。

所以，本题的答案为 A、B、C、D。

【真题 140】 PHP Session 扩展默认将 Session 数据存储在（　　）。

A．SQLite Database　　　B．MySQL Database

C．Shared Memory　　　D．File System

参考答案：D。

分析：默认情况下，php.ini中设置的 Session 保存方式是 files，Session 文件保存的目录由 session.save_path 指定，文件的前缀为 sess_，后跟 Session ID，例如，sess_c62665af28a8b19c0fe11afe3b59b41b。文件中的数据即是序列化之后的 Session 数据。当访问量大的时候，产生的 Session 文件会比较多，在这种情况下，可以设置分级目录进行 Session 文

件的保存，从而能提高性能，设置方法为 session.save_path="N;/save_path"，其中，N 为分级的级数，save_path 为开始目录。

所以，本题的答案为 D。

【真题 141】 如何修改 Session 的生存时间？

参考答案：方法如下：

方法一：将 php.ini 中的 session.gc_maxlifetime 设置为 9999，重启 apache。

方法二：Session 提供了一个函数 session_set_cookie_params()来设置 Session 的生存期，该函数必须在 session_start()之前调用，示例代码如下：

```
$savePath = "./session_save_dir/";
$lifeTime = 小时 * 秒;
session_save_path($savePath);
session_set_cookie_params($lifeTime);
session_start();
```

方法三：使用 setcookie()。

【真题 142】 Session 的运行机制是什么？

参考答案：Session 是一种服务器端的机制，服务器使用一种类似于散列表的结构（也可能就是使用散列表）来保存信息。

当程序需要为某个客户端的请求创建一个 Session 的时候，服务器首先检查这个客户端的请求里是否已包含了一个 Session 标识 SessionID，如果已包含一个 SessionID，则说明已经为此客户端创建过 Session，服务器就按照 SessionID 把这个 Session 检索出来使用，如果客户端请求不包含 SessionID，则为此客户端创建一个 Session 并且生成一个与此 Session 相关联的 SessionID，SessionID 的值应该是一个既不会重复，又不容易被找到规律以仿造的字符串，这个 SessionID 将在本次响应中被返回给客户端保存。

【真题 143】 默认情况下，PHP 把会话（Session）数据存储在（   ）里。

A．文件系统　　　B．数据库　　　C．虚拟内容　　　D．共享内存

参考答案：A。

分析：默认情况下，PHP 把所有会话信息存储在/tmp 文件夹中；在没有这个文件夹的操作系统中（例如 Windows），必须在 php.ini 中给 session.save_path 设置一个合适的位置（例如 C:\Temp）。

【真题 144】 假设浏览器没有重启，那么在最后一次访问后的多久，会话（Session）才会过期并被回收？（   ）

A．1440s 后　　　　　　　　　　B．在 session.gc_maxlifetime 设置的时间过了后
C．除非手动删除，否则永不过期　　D．除非浏览器重启，否则永不过期

参考答案：B。

分析：session.gc_maxlifetime 设置的是用户最后一次请求到 Session 被回收之间的时间间隔。

尽管数据文件并没有被真正删除，不过一旦 Session 被回收，将无法对此 Session 进行访问。巧合的是，session.gc_maxlifetime 的默认设置正好是 1440s，但这个数字是可以被系统管理员调整的。

【真题 145】 类的属性可以序列化后保存到 Session 中，从而以后可以恢复整个类，这要用到的函数是（　　）。

参考答案：serialize()/unserialize()。

分析：serialize()函数是将对象或数组序列化为可保持或可传输的格式的过程，而 unserialize()函数是和序列化相对的反序列化函数，它可以将流转换为对象或数组，重新创建该对象。所以如果要保存一个类的属性在 Session 中，那么可以使用 serialize()将该类的属性序列化然后存储在 Session 中，在需要使用该类属性的地方再通过 unserialize()转换为对象属性进行使用。

2．Cookie

Cookie 可以用来存储用户名、密码、访问该站点的次数等信息。在访问某个网站时，Cookie 将 html 网页发送到浏览器中的小段信息以脚本的形式保存在客户端的计算机上。

一般来说，Cookie 通过 HTTP Headers 从服务器端返回浏览器。首先，服务器端在响应中利用 Set Cookie Header 来创建一个 Cookie。其次浏览器在请求中通过 Cookie Header 包含这个已经创建的 Cookie，并且将它返回至服务器，从而完成浏览器的验证。

Cookie 技术有很多局限性，例如：

1）多人共用一台计算机，Cookie 数据容易泄露。

2）一个站点存储的 Cookie 信息有限。

3）有些浏览器不支持 Cookie。

4）用户可以通过设置浏览器选项来禁用 Cookie。

正是由于以上 Cookie 的一些局限性，所以，在进行会话管理时，SessionID 通常会选择 Cookie 和 URL 两种方式来保存，而不是只保存在 Cookie 中。

具体而言，Cookie 的使用步骤如下：

1）创建 Cookie。在 PHP 中创建 Cookie 使用 setcookie()函数，语法格式如下：

```
bool setcookie(string $name [, string $value [, int $expire [, string $path [, string $domain [, bool $secure [, bool $httponly ]]]]]])
```

① $name：表示 Cookie 的名字。

② $value：表示 Cookie 的值，该值保存在客户端，所以不要保存比较敏感的数据。

③ $expire：表示 Cookie 过期的时间，这是一个 UNIX 时间戳，即从 UNIX 纪元开始的秒数。对于$expire 的设置一般通过当前时间戳加上相应的秒数来决定。例如，time()+1200 表示 Cookie 将在 20min 后失效。如果不设置则 Cookie 将在浏览器关闭之后失效。

④ $path：表示 Cookie 在服务器上的有效路径。默认值为设定 Cookie 的当前目录。

⑤ $domain：表示 Cookie 在服务器上的有效域名。例如，要使 Cookie 能在 example.com 域名下的所有子域都有效，该参数应设为".example.com"。

2）访问 Cookie。通过 setcookie()函数创建的 Cookie 是作为数组的单元，存放在预定义变量$_COOKIE 中。也就是说，直接对$_COOKIE 数组单元进行赋值也可以创建 Cookie。但 $_COOKIE 数组创建的 Cookie 在会话结束后就会失效。

3）删除 Cookie。Cookie 在创建时指定了一个过期时间，如果到了过期时间，那么 Cookie 将自动被删除。在 PHP 中没有专门删除 Cookie 的函数。如果为了安全方面的考虑，在 Cookie 过期之前就想删除 Cookie，那么可以使用 setcookie()函数或$_COOKIE 数组将已知 Cookie 的值设为空。

示例代码如下：

```
<?php
    $_COOKIE["user"]="administrator";
    setcookie("password","123456",time()+3600);
    $_COOKIE["user"]="";                        //使用$_COOKIE 清除 Cookie
    setcookie("password","");                   //使用 setcookie()函数清除 Cookie
    print_r($_COOKIE);                          //输出：Array ( [user] => )
?>
```

Cookie 和 Session 都是用来实现会话机制的，由于 HTTP 协议是无状态的，所以要想跟踪一个用户在同一个网站之间不同页面的状态，需要有一个机制，称为会话机制。

具体而言，二者的差别见下表。

角　　度	描　　述
保存位置	Cookie 保存在客户端，而 Session 则保存在服务器端
安全性角度	Session 的安全性更高
保存内容的类型角度	Cookie 只保存字符串（即能够自动转换成字符串），而 Session 可以保存所有的数据类型
保存内容的大小角度	Cookie 保存的内容是有限的，Session 基本无限制
性能角度	Session 对服务器压力会更大一些

【真题 146】 如果不给 Cookie 设置过期时间，那么其结果是（　　　）。

A．立刻过期

B．永不过期

C．Cookie 无法设置

D．在浏览器会话结束时过期

参考答案：D。

分析：如果没有设置过期时间，那么 Cookie 将在用户会话结束时自动过期。Cookie 不需要服务器端会话的支持。

所以，本题的答案为 D。

【真题 147】 在向某台特定的计算机中写入带有效期的 Cookie 时总是会失败，而这在其他计算机上都正常。在检查了客户端操作系统传回的时间后，发现这台计算机上的时间和 Web 服务器上的时间基本相同，而且这台计算机在访问大部分其他网站时都没有问题。原因是（　　　）。（双选）

A．浏览器的程序出问题了

B．客户端的时区设置不正确

C．用户的杀毒软件阻止了所有安全的 Cookie

D．浏览器被设置为阻止任何 Cookie

参考答案：B、D。

分析：由于浏览器访问其他网站都正常，所以不可能是浏览器程序出了问题。杀毒软件通常不会选择性地只阻止安全的 Cookie（不过有可能会阻止所有的 Cookie）。首先应当检查浏览器是否被设置为阻止所有 Cookie，这是最有可能导致该问题的原因。同时，错误的时区设置也可能是根源，给 Cookie 设置有效期时用的是 GMT 时间。可能会出现 Cookie 在写入时就立刻过期，从而无法被脚本接收的情况。

所以，本题的答案为 B、D。

【真题 148】 setcookie("vipname","tom",time()+1000); ，有关上述代码的描述中，错误的是（   ）。

A．该代码设置了一个变量名为 vipname 的 Cookie

B．该代码设置了一个变量值为 tom 的 Cookie

C．该变量的存活期限为 1000s

D．该变量的存活期限为 1s

参考答案：D。

分析：setcookie()函数的语法为 setcookie("cookie 名", "cookie 值", "cookie 过期时间")，cookie 过期时间是以 s 计算的，所以 time()+1000 表示的是 1000s 后过期而不是 1s，所以，选项 D 的说法错误。

【真题 149】 在忽略浏览器 bug 的正常情况下，如何用一个先前设置的域名（domain）来访问新域名中的某个 Cookie（   ）。

A．通过 HTTP_REMOTE_COOKIE 访问

B．不可能

C．在调用 setcookie()时设置一个不同的域名

D．向浏览器发送额外的请求

参考答案：B。

分析：domain 表示的是 Cookie 所在的域，默认为请求的地址，如网址为 www.shuaiqi100.com/index.php/index/hello，那么 domain 默认为 www.shuaiqi100.com。对于 Cookie 的跨域名访问只支持同域名下的多级域名访问，如域 A 为 a.hello.com，域 B 为 b.hello.com，那么域名 A 和域名 B 共同访问域名 A 或域名 B 生成的 Cookie，它们的 domain 都要设置为.hello.com 才行。而如果要在域 A 中生成一个域名 B 不能访问的 Cookie，那么只需要将 Cookie 的 domain 设置为 a.hello.com。

如果先前设置了一个域名 domain，让新域名访问，那么会存在新域名不在 domain 的范围内，domain 的 Cookie 不能被新域名访问。所以，选项 B 正确。

2.1.2 GET 和 POST 有什么区别？

用户在页面上填写的表单信息都可以通过 GET 和 POST 这两种方法将数据传递到服务器上，当使用 GET 方法时，所有的信息都会出现在 URL 地址中，并且使用 GET 方法最多只能传递 1024 个字符，所以在传输量小或者安全性不那么重要的情况下可以使用 GET 方法。而对于 POST 方法而言，最多可以传输 2MB 字节的数据，而且可以根据需要调节。

以下将分别对这两种方法进行介绍。

1．GET 请求

使用 GET 方式发送请求时，在 open()方法的 url 参数中要包含需要传递的参数，url 的格式如下：

url="xxx.php?参数 1=值 1&参数 2=值 2&…"

请求发送后服务器端将在 xxx.php 页面中进行数据处理，之后将该页面的输出结果返回到本页面中。整个过程浏览器页面一直是本页面的内容，页面没有刷新。

2．POST 请求

使用 POST 方式发送请求时，open()方法中发送的 url 中不包含参数。如果要上传文件或发送 POST 请求，那么必须先调用 XMLHttpRequest 对象的 setRequestHeader()方法修改 HTTP 报头的相关信息，如下：

XMLHttp.setRequestHeader("Content-Type","application/x-www-form-urlencoded")

然后，在使用 send()方法发送请求时，send()方法的参数就是要发送的查询字符串，格式如下：

参数 1=值 1&参数 2=值 2&…

【真题 150】 从一个 get 的 form 中获取信息的方式是（ ）。

A．$_GET[]; B．Request.Form;
C．Request.Query String; D．.$_POST[];

参考答案：A。

分析：获取表单 get 的数据主要使用$_GET[]方法获取，而获取表单 post 的数据是使用 $_POST[]。

所以，本题的答案为 A。

【真题 151】 magic_quotes_gpc()、magic_quotes_runtime()的意思是什么？

参考答案：magic_quotes_gpc()是 PHP 配置文件中的，如果设置为 on，则会自动对 POST、GET、COOKIE 中的字符串进行转义，在'之前加\。

magic_quotes_runtime()是 PHP 中的函数，如果参数为 TRUE，则会把从数据库中取出来的单引号、双引号、反斜线自动加上反斜杠进行转义。

【真题 152】 在 HTTP 协议中，用于发送大量数据的方法是（ ）。

A．get B．post C．put D．options

参考答案：B。

分析：get 方法是通过 URL 路径进行传递数据，而 URL 的长度和大小有限制导致不能进行大量数据的发送，而 post 可以发送大量数据。

所以，本题的答案为 B。

【真题 153】 $_REQUEST、$_POST、$_GET、$_COOKIE、$_SESSION、$_FILE 的意思是什么？

参考答案：它们都是 PHP 预定义变量。其中，$_REQUEST 用来获取 post 或 get 方式提交的值。$_POST 用来获取 post 方式提交的值。$_GET 用来获取 get 方式提交的值。$_COOKIE 用来获取 Cookie 存储的值，$_SESSION 用来获取 Session 存储的值，$_FILE 用来获取上传文件表单的值。

【真题 154】 POST 和 GET 传输的最大容量分别是多少？

参考答案：POST 默认是 2MB，php.ini 可设置，GET 是 1KB。

分析：GET 是通过 URL 提交数据，因此，GET 可提交的数据量就跟 URL 所能达到的最大长度有直接关系。URL 不存在参数上限的问题，HTTP 协议规范也没有对 URL 长度进行限制。IE 对 URL 长度的限制是 2083B（2KB+35B）。对于其他浏览器，例如 FireFox、Netscape 等，则没有长度限制，这个时候其限制取决于服务器的操作系统。即如果 URL 太长，那么服务器可能会因为安全方面的设置从而拒绝请求或者发生不完整的数据请求。

理论上讲，POST 是没有大小限制的，HTTP 协议规范也没有进行大小限制，但实际上，POST 所能传递的数据量大小取决于服务器的设置和内存大小。对于 PHP 语言而言，上传文件涉及的参数 PHP 默认的上限为 2MB，更改这个值需要更改 php.conf 的 post_max_size 这个值。

2.1.3 如何预防各类安全性问题？

常见的安全性问题主要包括以下方面：

1）SQL 注入攻击。所谓 SQL 注入式攻击，就是攻击者把 SQL 命令插入 Web 表单的域或页面请求的查询字符串中，欺骗服务器执行恶意的 SQL 命令。在某些表单中，用户输入的内容直接用来构造动态 SQL 命令，或作为存储过程的输入参数，这类表单特别容易受到 SQL 注入式攻击。例如，对于一个站点 http://www.shuaiqi100.com/News/details.jsp?id=2 的页面，id 是查询参数，通过 id 获取显示某条信息，在 JSP 程序中，用 SQL 语句来读取该条新闻："select * from news where id =" + id，正常执行的话，只需要将 id 替换为参数 2 即可，没有任何问题，但是当非法用户将 id 的参数变为 id=2;drop database news 时，则执行的 SQL 语句除了读取对应的新闻信息外，还会执行 drop database news 信息，可是后面这条语句是非法的。

由于 SQL 注入攻击利用的是合法的 SQL 语句，使得这种攻击不能被防火墙检查，而且由于对任何基于 SQL 语言标准的数据库都适用，所以危害特别大。尽管如此，目前防止 SQL 注入攻击的方法也非常多，具体而言，有以下一些方法：使用预处理语句和参数分别发送到数据库服务器进行解析，参数将会被当作普通字符处理。使用这种方式后，攻击者无法注入恶意的 SQL。那么如何防止 SQL 注入攻击呢，下面介绍常用的一些方法：

① 预处理语句和参数分别发送到数据库服务器进行解析。

② 使用函数 addslashes() 转义提交的内容。

③ PHP 配置文件中开启 magic_quotes_gpc=on;将自动转换用户查询的 SQL 语句，对防止 SQL 注入有重大作用。

④ 在 PHP 配置文件中，将 register_globals 设置为 off，关闭全局变量注册。

⑤ 在 PHP 配置文件中，开启安全模式 safe_mode=on;。

⑥ SQL 语句的书写尽量不要省略小引号与单引号。

⑦ 提高数据库表和字段的命名技巧，对一些重要的字段根据程序的特点命名，取不易被猜到的名字。

⑧ 控制错误信息，关闭错误信息的输出，将错误信息写到日志文件中，不要在网站暴露错误信息。

2）数据库操作安全问题。例如，未对用户的权限进行限制，update、delete、insert 等误操作造成系统安全性问题。

解决方法为给不同的用户授不同的权限，这样能够保证只有有权限的用户才能进行特定的操作。

3）没有验证用户 http 请求方式。恶意的用户可以模拟 http 对网站进行请求产生恶意攻击，为了防止这种攻击需要检查用户的 http 请求中的访问来源是否可信，对 http 头中的 referer 进行过滤，只允许本域站点访问。

4）没有验证表单来源的唯一性，不能识别是合法的表单提交还是黑客伪造的表单提交。

为了防止黑客伪造表单提交，可以使用一次性令牌 Token。通过服务器端以某种策略生成随机字符串作为令牌保存在 Session 里，然后发出请求的页面时，把该令牌以隐藏域一类的形式，与其他信息一并发出，在接收页面中把接收到的信息中的令牌与 Session 中的令牌比较，一致才处理请求，否则拒绝请求，以此保证表单的来源唯一，防止黑客伪造的表单提交。

【真题 155】 下列 PHP 配置项中，和安全最不相关的是（   ）。

A．open_basedir   B．register_globals

C．disable_functions   D．file_uploads

参考答案：D。

分析：对于选项 A，open_basedir 可将用户访问文件的活动范围限制在指定的区域，通常是其家目录的路径，也可用符号"."来代表当前目录。注意，用 open_basedir 指定的限制实际上是前缀，而不是目录名。举例来说：若"open_basedir = /dir/user"，那么目录"/dir/user"和"/dir/user1"都是可以访问的。所以如果要将访问限制在仅为指定的目录，那么用斜线结束路径名，例如设置成"open_basedir = /dir/user/"。

对于选项 B，register_globals 的意思就是注册为全局变量，所以当 On 的时候，传递过来的值会被直接地注册为全局变量直接使用，而 Off 的时候，需要到特定的数组里去得到它。①PHP 4.2.0 版开始配置文件中 register_globals 的默认值从 On 改为 Off 了，虽然可以设置它为 On，但是当无法控制服务器的时候，代码的兼容性就成为一个大问题，所以，最好用 Off 的风格来编程。②当 register_globals 打开以后，各种变量都被注入代码，例如来自 HTML 表单的请求变量。再加上 PHP 在使用变量之前是无须进行初始化的，这就使得更容易写出不安全的代码。当打开时，人们使用变量时确实不知道变量是哪里来的。但是 register_globals 的关闭改变了这种代码内部变量和客户端发送的变量混杂在一起的糟糕情况。

对于选项 C，disable_functions 限制程序使用一些可以直接执行系统命令的函数，如 system、exec、passthru、shell_exec、proc_open 等。所以如果想保证服务器的安全，那么需将这个函数加到 disable_functions 里或者将安全模式打开。

对于选项 D，file_uploads 是决定 PHP 文件上传时记录 file_uploads 指令是否启用的函数，默认值为 On。该函数和安全最不相关，所以，选项 D 正确。

2.1.4 HTTP 状态码的含义是什么？

HTTP 状态码的详细介绍见下表。

状态码	描　　述
200	成功
302	在其他地址发现了请求数据。临时重定向
402	所请求的页面被禁止访问
500	内部服务器错误

下面给出常见的码的含义：

（1）2xx——成功

1）200——OK 处理成功。

2）201——Created 服务器已经创建了资源。

3）202——Accepted 已经接受请求，但处理尚未完成。

4）203——Non-Authoritative Information 文档已经正常地返回，但一些应答头可能不正确。

5）204——No Content 没有新文档，浏览器应该继续显示原来的文档。

6）205——Reset Content 没有新的内容，但浏览器应该重置它所显示的内容。用来强制浏览器清除表单输入内容。

7）206——Partial Content 客户发送了一个带有 Range 头的 GET 请求，服务器完成了它（HTTP 1.1 新）。

（2）3xx——重定向

1）300——Multiple Choices 服务器根据请求可以执行多种操作。

2）301——Moved Permanently 请求的网页已被永久移动到新位置。

3）302——Move temporarily 服务器目前正从不同位置的网页响应请求，但请求者应继续使用原有位置来进行以后的请求。

4）303——See Other 当请求者对不同的位置进行单独的 GET 请求来检索响应时，服务器会返回此代码。

5）304——Not Modified 自从上一次请求后，被请求的网页未被修改过。服务器返回此响应时，不会返回网页内容。305（使用代理）请求者只能使用代理访问请求的网页。如果服务器返回此响应，那么服务器还会指明请求者应当使用的代理。

6）305——Use Proxy 被请求的资源必须通过指定的代理才能被访问。

7）307——Temporary Redirect 服务器目前正从不同位置的网页响应请求，但请求者应继续使用原有位置来进行以后的请求，会自动将请求者转到不同的位置。但由于搜索引擎会继续抓取原有位置并将其编入索引，因此不应使用此代码来告诉搜索引擎某个页面或网站已被移动。

（3）4xx——客户端错误

1）401——Unauthorized 访问被拒绝，客户试图未经授权访问受密码保护的页面。

2）403——Forbidden 资源不可用。服务器理解客户的请求，但拒绝处理它。通常由于服务器上文件或目录的权限设置导致。

3）404——Notfound 所请求的页面不存在或已被删除。通常由于用户请求的页面不存在导致。

（4）5xx——服务器错误

1）500——Internal Server Error 服务器遇到了意料不到的情况，不能完成客户的请求。

2）501——Not Implemented 服务器不支持实现请求所需要的功能，页眉值指定了未实现的配置。

3）502——Bad Gateway 服务器作为网关或者代理时，为了完成请求访问下一个服务器，但该服务器返回了非法的应答。

4）503——Service Unavailable 服务不可用，服务器由于维护或者负载过重未能应答。

5）504——Gateway Timeout 网关超时，由作为代理或网关的服务器使用，表示不能及时地从远程服务器获得应答。

【真题156】 在 HTTP 1.0 中，状态码 401 的含义是（　　）；如果返回"找不到文件"的提示，则可用 header 函数，其语句为（　　）。

参考答案：客户端在授权头信息中没有有效的身份信息时访问受到密码保护的页面；header("HTTP/1.0 404 Not Found");。

【真题157】 下列关于 HTTP 协议的说法中，错误的是（　　）。

A．如果本地开启了 Cookie，那么每打开一个网址，HTTP 请求就会把相应的 Cookie 传给 Web 服务器

B．HTTP 响应的状态码为 301，意思是暂时地把内容转移到一个新的 URL，但是老的 URL 还没有废除

C．HTTP 是一个基于请求与响应模式的、无状态的、应用层的协议，绝大多数的 Web 开发都是基于 HTTP 协议

D．绝大多数的 Web 开发离不开 Cookie，如果禁用 Cookie 导致 Session 失效，那么可以通过 URL 来传递 SessionID

参考答案：B。

分析：301 表示请求的网页已被永久移动到新位置而不是暂时转移内容到新的 URL。所以，选项 B 说法错误。

【真题158】 用户在浏览器中输入一个网址，按下回车后后台的执行流程是怎么样的？

参考答案：主要的执行流程如下：

一个 Web 应用程序一般都是由客户端程序与服务端程序两部分组成。其中，客户端主要是指用户和浏览器，用户可以通过浏览器查找所需的资源，而这些资源则位于服务器上。浏览器是一个工具软件，它主要有两个作用：一是完成与服务端的交互，二是完成 HTML（Hyper Text Mark-up Language，超文本标记语言，用来告诉浏览器怎样给用户展示内容）的解析，从而实现把用户需要查看的资源信息以直观的形式展现出来。服务端用来接收客户端发来的请求，并对该请求进行处理，找到客户端请求的资源，最后把查找到的资源返回给客户端，这些资源主要包括 HTML 页面、图片、音频、视频、PDF 文件等内容。

下图给出了最基本的页面请求与响应的流程。

1）用户通过浏览器输入链接地址来请求所需的资源。

2）浏览器接受用户的请求，并把该请求组装成指定的格式发送给服务端，客户端与服务端之间通过 HTTP 协议来完成具体的交互。其中请求的数据流中主要包含 HTTP（Hypertext Transfer Protocol，超文本传输协议，建立在 TCP/IP 协议基础上的一个协议，主要用来实现客户端与服务端之间的通信)请求方法(GET 或 POST)、请求的网址(URL，全称 Uniform Resource

Locator，统一资源定位符）以及请求的一些参数信息（当然在把数据发送给服务器之前，首先需要根据网页地址获取服务器的 IP 地址，这就需要通过访问 DNS 服务器来完成）。

3）服务器接收到客户端发来的请求，并查找用户所需要的资源。

4）服务器查找到用户请求的资源后，把该资源返回给客户端。

5）服务器通过把响应消息组装成特定的消息格式后返回给客户端，这个过程通过 HTTP 协议来完成。响应的数据流主要包含状态码（代表请求成功或失败）、Content-type（例如 text、picture、HTML 等）、响应消息的内容（图片或 HTML 格式的内容）。

6）浏览器对 HTML 进行解析后并把响应结果展现给用户。

2.1.5　utf-8 编码需要注意哪些问题？

网站存在十几种不同的编码，如果编码不同，那么网页内容显示就会出现乱码。如果网站的编码为 utf-8，那么相关的文件和数据库都必须使用 utf-8 编码，否则网页就会出现乱码。

具体需要注意 utf-8 编码的文件有：

1）数据库需要用 utf-8 编码，包括创建的数据库和表都必须使用 utf-8 编码。

2）PHP 代码连接数据库的时候，也必须指定所使用的编码为 utf-8。

3）网站中所有文件都使用 utf-8 编码，在 PHP 文件中指定头部编码为 utf-8：header ("content-type:text/html;charset=utf-8")，HTML 文件也需要指定 utf-8 编码：utf-8 header("content-type:text/html;charset=utf-8")。

【真题 159】 PHP 程序使用 utf-8 编码，以下程序的输出结果是（　　　）。

```php
<?php
    $str = "hello 你好世界";
    echo strlen($str);
?>
```

A．9　　　　　　　　B．13　　　　　　C．18　　　　　　　D．17

参考答案：D

分析：在使用 utf-8 编码的时候，一个中文占 3 个字节，一个字母占 1 个字节，因此这个字符串长度为 17。

所以，本题的答案为 D。

【真题 160】 实现中文字符串截取无乱码的方法是什么？

参考答案：如果直接使用 substr()函数分割中文字符串，那么可能出现乱码，这时可以使用 mb_substr()函数或 mb_strcut()函数截取中文字符串而不出现乱码，但是要在 mb_substr()函数或 mb_strcut()函数最后多加一个参数，以设定字符串的编码，但要在 php.ini 配置文件中把 php_mbstring.dll 打开。

以截取 utf-8 编码中文字符串为例：

```php
<?php
    echo mb_substr("你好，世界",0,2,'utf-8');
?>
<?php
    echo mb_strcut("你好，世界",0,2'utf-8');
?>
```

2.1.6　如何进行网站的优化?

随着互联网的访问人数增多，程序员在开发的过程中不得不面对一个问题，那就是当网站大流量访问时的加载速度是否足够快。如果用户打开网页超过 10s，那么用户体验就会非常差，甚至用户以后都不会再去访问这个网站。所以需要对网站进行优化提高访问速度。通常情况采用以下方法解决大流量的问题:

1）确认服务器硬件是否足够支持当前的流量。如果访问量过大，那么考虑性能更高的服务器配置。

2）优化数据库访问。数据库读写占用过大资源是造成服务器负载过大的常见原因之一，可以从增加缓存和 MySQL 优化等方面入手优化。

3）禁止外部的盗链，防止大量的外链加载内容时拖慢服务器的访问。

4）控制大文件的下载和控制文件下载的容量。

5）使用不同主机分流主要流量。

6）使用流量分析统计软件，针对流量的访问情况进行优化系统。

【真题 161】 假设有 5 台服务器，请大致地描述一下，如何搭建一个日 pv300 万左右的中型网站?

参考答案:3 台 Web 服务器，2 台 MySQL 数据库服务器，采样 master/slave 同步的方式减轻数据库负载，Web 服务器可以结合缓存来减少负载，同时三台 Web 服务器内容一致，可以采用 DNS 轮询的方式来进行负载均衡。

【真题 162】 以下关于大型网站的说法中，正确的是（　　　）。

A．大型网站程序异常后，程序员可以依据服务器日志信息定位错误，然后在服务器上用 vim 修正错误即可

B．大型网站开发很多细节和小网站有巨大差异，如"浏览次数"，小网站用数据库记录，大型网站常采用 NoSQL 来存储

C．大型网站选择开发语言很重要，PHP 只适合开发中小型网站，并不适合开发大型网站

D．虚拟机技术不能用在大型网站上，是因为虚拟机性能较差，而大型网站的访问压力太大，采用后服务器可能会宕机

参考答案:B。

分析:当大型网站出现异常后，可以根据服务器的日志信息定位错误，但是要修改错误并不是简单地通过 vim 就可以解决的，还需要分析错误发生的原因，根据错误去修改程序中相对应的 bug，避免异常再次发生。如果是服务器的配置文件出现的问题导致出错，那么用 vim 修改好配置文件后，还需要重启服务器。所以，选项 A 错误。

大型网站的访问次数非常多，不能像小网站那样访问人数少，从而可以针对浏览次数时常向数据库进行写操作，因为这样会使数据库负担加重。所以大型网站会通过 NoSQL 减少数据库的请求和操作，从而把浏览次数缓存在 NoSQL 中。所以，选项 B 正确。

开发语言只是一个工具，目前 PHP 是用于开发网站最多的语言，并不是只能开发中小型网站，它也可以用来开发大型的网站，例如亚马逊、优酷、51job 等，所以，选项 C 错误。

虚拟机技术并不是不可用在大型网站上，因为可以产生非常多的虚拟机将大型网站的流

量进行分散，减少同一个服务器的访问压力，将压力分散到不同的虚拟机中从而可以减少服务器的负担，而虚拟机的性能问题是可以通过分配内存解决的。所以，选项 D 错误。

2.2 模板

模板的作用是实现 PHP 与 HTML 的分开，让前端与后端开发人员工作分开，互不干扰。常用的模板引擎有 Smarty、TinyButStrong、XTemplate、Savant、Phemplate、Dwoo、Sugar 等。以下简单对这几个模板进行介绍。

（1）Smarty

Smarty 模板是使用 PHP 编写出来的模板引擎，它分离了逻辑代码和外在的视图代码，提供了一种易于管理和使用的方法，用来将原本和 HTML 代码混在一起的 PHP 逻辑代码分离。它的目的主要是使程序员改变程序的逻辑内容不会影响到前端人员的页面设计，前端人员重新修改页面不会影响到程序的程序逻辑。

（2）TinyButStrong

TinyButStrong（TBS）是一个可以让PHP脚本和HTML 文件干净分离的 PHP 模板引擎。TBS 被设计成可以使用任何可视化HTML 编辑器来编写 TBS 的 HTML 模板页。

（3）XTemplate

XTemplate是一个适用于PHP的模板引擎。它允许把HTML 代码与 PHP 代码分开存储。XTemplate 包含了许多有用的功能，例如嵌套的程序块、各种类型的插值变量。其代码非常简洁并且是最优化的。

（4）Savant

Savant 是一个强大但轻量级的面向对象的 PHP 模板引擎。不像其他模板系统，Savant默认没有把模板编译成PHP，而是使用 PHP 本身来作为它的模板语言，所以开发者不需要学习一套新的标记系统。Savant 有一个面向对象的模板插件系统和输出过滤器，可以让开发者快速为它新增新的行为。

（5）Phemplate

Phemplate 是一个简单而且快速的 PHP 模板引擎。它允许在模板中加入变量和一些动态程序块包括循环。该模板引擎能够实现表现与逻辑相分离，也就是说，可以从PHP脚本中抽出所有 HTML 内容。设计人员可以随意更改 HTML 而不用担心程序的逻辑。

（6）Dwoo

Dwoo 是一个兼容Smarty模板的 PHP5 模板引擎。它在 Smarty 语法的基础上完全进行重写，支持通过插件扩展其功能。

（7）Sugar

Sugar 是一个类似于Smarty的模板引擎，它拥有一个简洁和易于理解的语法。

【真题 163】在 PHP 中，模板引擎的目的是什么？你用过哪些模板引擎？

参考答案：因为 PHP 是一种内嵌脚本在 HTML 页面中执行的服务器端脚本语言，所以PHP 开发出来的 Web 网站的模板都是混杂了许多视图和逻辑的代码，使得代码的可读性变差，前后端人员的开发不能有效分开。通过模板引擎可以有效地解决这个问题，让网页的逻辑和视图分开，后端人员只用处理程序的输入、逻辑然后输出内容到视图中显示即可。所以模板的引擎的目的是在 Web 开发中分离应用程序的业务逻辑和表现逻辑，前端人员只要将开发好的页面指定为模板，后端人员负责逻辑编写进行数据库交互、用户交互部分，定义特殊的变量，当用户打开模板时特殊的变量可以动态地改变内容呈现给用户浏览。

我使用过 Smarty 模板，它是目前使用非常广的一个模板引擎。

2.3　框架

PHP 作为网络开发的强大语言之一，现在应用非常广泛，具有开放源代码，跨平台性强，开发快捷，效率高，面向对象，并且易于上手，专业专注等诸多优点。各种 PHP 开发框架也让程序开发变得简单有效。

框架就是通过提供一个开发 Web 程序的基本架构，PHP 开发框架把 PHPWeb 程序开发摆到了流水线上。换句话说，PHP 开发框架有助于促进快速软件开发，大大节约了开发的时间，有助于创建更为稳定的程序，并减少开发者重复编写代码。这些框架还通过确保正确的数据库操作以及只在表现层编程的方式帮助初学者创建稳定的程序。PHP 开发框架使得开发人员可以花更多的时间去创造更好的 Web 程序，而不是编写重复性的代码。

2.3.1　什么是 MVC?

MVC 是一种软件设计模式，20 世纪 70 年代就出现了基于 MVC 的开发模式。随着 Web 应用开发的发展及复杂度的提高，MVC 的设计模式显得越来越重要。

MVC 的设计模式对于 Web 应用的开发提供了一种先进的设计开发思想，针对任何语言，任何复杂应用，都可以设计出清晰明了的产品框架。它的广泛应用提高了 Web 应用的健壮性。下面先介绍 MVC 的思想和用法，之后介绍 PHP 中常见的 MVC 开发框架。

MVC 是 Model View Controller 的缩写，它将应用程序的输入、处理、输出分开进行。Model 即程序的数据或数据模型，包括应用程序的数据和对数据的操作。View 是程序视图界面模型，即用户界面，Controller 是程序的流程控制处理模型，即完成用户界面和程序数据之间的操作同步工作。这样各个模块各司其职，高效协调处理任务，系统更加健壮和美观，易于维护和扩展。

（1）Controller 控制器

控制器负责协调整个应用程序的运转，简单来讲，控制器的作用就是接收浏览器端的请求。它接收用户的输入并调用模型和视图去完成用户的需求，当用户单击 Web 页面中的超链接或发送 HTML 表单时，控制器本身不输出任何东西，它只是接收请求并决定调用哪个模型构件去处理浏览器端发出的请求，然后确定用哪个视图来显示模型处理返回的数据。

（2）Model 数据模型

通常，Web 应用的业务流程处理过程对其他层来说是不可见的，也就是说，模型接收视图请求的数据，并返回最终的处理结果。

数据模型的设计可以说是 MVC 最主要的核心。对一个开发者来说，需要专注于 Web 应用的业务模型的设计。MVC 设计模式把应用的模型按一定的规则抽取出来，抽取的层次很重要，抽象与具体不能隔得太远，也不能太近。MVC 并没有提供模型的设计方法，只是用来组织管理这些模型，以便模型的重构和重用性。从面向对象编程来讲，MVC 定义了一个顶级类，再告诉它的子类有哪些是可以做的。这一点对开发人员来说非常重要。

既然是数据模型，那么它就携带着数据，但数据模型又不仅仅是数据，它还负责执行那些操作这些数据的业务规则。通常会将业务规则的实现放进模型，这样保证 Web 应用的其他部分不会产生非法数据。这意味着，模型不仅仅是数据的容器，还是数据的监控者。

（3）View 视图

从用户角度说，视图就是用户看到的 HTML 页面。从程序角度说，视图负责生成用户界面，通常根据数据模型中的数据转化成 HTML 输出给用户。视图可以允许用户以多种方式输入数据，但数据本身并不由视图来处理，视图只是用来显示数据。在实际应用中，可能会有多个视图访问同一个数据模型。如"用户"这一数据模型中，就有一个视图显示用户信息列表，还有管理员使用的用于查看、删除用户的视图。这两个视图同时访问"用户"这一数据模型。

2.3.2　PHP 的开发框架有哪些?

CodeIgniter 是一个轻量级的 PHP 开发框架，具有快速开发、灵活性高等优点，它特别适合互联网公司的快速迭代场景，因此很受欢迎，据说腾讯、去哪儿网等应用场景都使用了这个框架。CodeIgniter 具有动态实例化、松耦合、组件单一性等很多优点。动态实例化是指组件的导入和函数在执行时才会生效。松耦合是指系统模块之间的关联依赖很少，确保系统具有很好的重用性和灵活性。框架内的类和功能都是高度自治的，具有非常好的组件单一性。

在 CodeIgniter 中，模型代表数据结构，包含取出、插入、更新数据库的这些功能。视图通常是一个网页，但是在 CodeIgniter 中，一个视图也可以是一个页面片段，如头部、顶部 HTML 代码片段。它还可以是一个 RSS 页面，或其他任一页面。控制器相当于一个指挥者，或者说是一个"中介"，它负责联系视图和模型，以及其他任何处理 HTTP 请求和产生网页的资源。

Zend Framework 是完全基于 PHP 语言的针对 Web 应用开发的框架，与众多的其他 PHP 开发框架相比，Zend Framework 是一个 PHP "官方"的框架，它由 Zend 公司负责开发和维护。Zend Framework 同样基于 MVC 模式，Zend Framework 采用了 ORM（Object Relational Mapping，对象关系映射）思路，这是一种为了解决面向对象编程与关系数据库存在的互不匹配现象的技术。简单地说，这种技术将数据库中的一个表映射为程序中的一个对象，表中的字段映射为对象的属性，然后通过提供的方法完成对数据库的操作。就这一点而言，Zend Framework 很相似于现在流行的非 PHP 的开发框架 Ruby on Rails。

ThinkPHP 是一个快速、兼容而且简单的轻量级国产 PHP 开发框架，诞生于 2006 年初，原名 FCS，2007 年元旦正式更名为 ThinkPHP，其遵循 Apache2 开源协议发布，从 Struts 结构移植过来并做了改进和完善，同时也借鉴了国外很多优秀的框架和模式，使用面向对象的开发结构和 MVC 模式，融合了 Struts 的思想和 TagLib（标签库）、RoR 的 ORM 映射和 ActiveRecord 模式。

此外，还有 FleaPHP、CakePHP 等很多优秀的框架，此处就不一一列举，它们本质上都是基于 MVC 的架构，下面着重介绍一下在互联网公司使用比较广泛的 CI 框架。

2.3.3　什么是 CI 框架?

1．原理及用法

CI 框架的数据流程大致如下图所示。

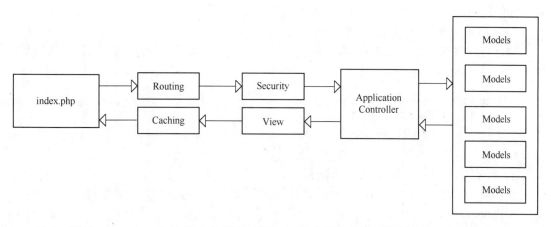

首先，通过 index.php 文件作为前端控制器，初始化框架运行所需的资源，其次通过 Router 检查 HTTP 请求，分发处理 HTTP 请求。如果存在缓存文件，则直接将缓存结果返回给浏览器，展现给用户。否则，系统在加载应用程序控制器之前，对请求和提交的数据进行安全检查，排除异常请求。之后应用控制器加载模型、核心类库、辅助函数及其他所需的外部资源。最后，将在视图层进行渲染展现、缓存等。这样整个数据流程就完成了。

那么，该如何理解 CI 框架的钩子用法呢？

CodeIgniter 的钩子是指提供了一种方法来修改框架的内部运作流程，而无须修改核心文件。CodeIgniter 的运行遵循着一个特定的流程，如之前讲解的应用程序流程图。但是，有时希望在执行流程中的某些阶段添加一些动作，例如，在控制器加载之前或之后执行一段脚本，或者在其他的某些位置触发脚本。这个时候就可以使用钩子方法来实现。使用的流程如下：

1）启用钩子，在配置文件中设置参数启用流程。

2）定义钩子，钩子是在 application/config/hooks.php 文件中被定义的，每个钩子可以定义为下面这样的数组格式：

```
$hook['pre_controller'] = array(
    'class' => 'MyClass',
    'function' => 'Myfunction',
    'filename' => 'Myclass.php',
    'filepath' => 'hooks',
    'params' => array('beer', 'wine', 'snacks')
);
```

需要注意以下几点内容：

数组的索引为使用的挂钩点名称，例如，上例中挂钩点为 pre controller，下面会列出所有可用的挂钩点。钩子数组是一个关联数组，数组的键值可以是下面这些：

1）class：希望调用的类名，如果更喜欢使用过程式的函数，那么这一项可以留空。

2）function：希望调用的方法或函数的名称。

3）filename：包含类或函数的文件名。

4）filepath：包含脚本文件的目录名。需要注意的是，脚本必须放在 application/ 目录里面，所以 filepath 是相对 application/目录的路径，举例来说，如果脚本位于 application/hooks/，那么 filepath 可以简单地设置为"hooks"，如果脚本位于 application/hooks/utilities/，那么

filepath 可以设置为 "hooks/utilities"，路径后面不用加斜线。

5）params：希望传递给脚本的任何参数，这个参数是可选的。

如果使用 PHP 5.3 以上的版本，那么也可以使用 lambda 表达式（匿名函数或闭包）作为钩子，这样语法更简单：

```
$hook['post_controller'] = function()
{
    /* do something here */
};
```

2．什么是 CI 框架的网页缓存机制？

缓存机制是指用户的请求不需要再请求后端服务逻辑，而是直接将缓存的结果返回给用户，这样可以提高系统的性能、降低响应时间等。在 Web 系统中网页的动态内容、主机的内存、CPU、数据库、文件等操作的读取速度等因素会对网页的加载速度有很大的影响，通过 CI 的网页缓存机制，可以直接返回缓存的数据，不需要请求后端服务逻辑，使网页的访问达到近乎静态网页的加载速度。

在 CI 中可以对每个独立的页面进行缓存设置，同时也可以设置页面缓存的更新时间窗。当页面第一次被请求加载时，缓存数据被写入 application/cache 目录下的文件中，当下次请求这个页面时，就可以直接从缓存文件读取数据内容直接输出展现到用户浏览器，当缓存时间窗过去时，会重新刷新缓存。

开启缓存：将 $this->output->cache($n); 代码放到任何一个控制器的方法内，即可开启缓存设置，其中 $n 是换成更新的时间（单位为 min）。注意：在写入缓存文件之前，需要把 application/cache/ 目录的权限设置为可写权限。

删除缓存：删除缓存设置很简单，直接删除掉刚才的缓存代码即可，这样当缓存时间窗过期时就不会刷新了。注意：删除缓存代码不会立即生效，必须等到缓存过期才会生效。

3．安全性

安全性一直是 Web 系统非常重要的环节，在项目开发中，需要额外注意各个方面的细节，增强系统的健壮性和安全性。以下列举一些在 CI 框架开发中在安全性方面需要注意的关键点。

1）URL 安全性：URL 的请求中包含恶意数据是常见的攻击方式，CI 框架严格限制了 URL 中允许出现的字符，CI 框架 URL 中只允许包含字母、数字、波浪符、百分号、句号、分号、下画线、连字号、空格等字符类型。

2）生产环节禁用 PHP 错误报告：在生产环节，需要将 index.php 中的 ENVIRONMENT 常量设置为 'production' 生产环节，这样 PHP 的错误报告就不会显示在页面上了，其中包含的潜在敏感信息也不会显示。

3）严格处理请求数据：对于用户提交的请求数据，需要进行如验证数据类型正确性、长度、大小合法性，过滤不良数据，操作数据库或页面显示对数据进行及时转义等操作。减少潜在的安全风险。

4）启用 XSS 过滤：CI 框架的 XSS 过滤器可以过滤一些恶意的 JavaScript 脚本，劫持 Cookie 信息等。

5）对于密码需要特殊处理。密码不能明文存储，使用加密算法后存储，也不要以明文形式显示和发送密码。

2.4 JavaScript、HTML、CSS 等

JavaScript 和 HTML、CSS 都是前端开发必不可少的语言，而 PHP 作为服务端语言是需要内嵌代码到 HTML 中实现逻辑功能的。以下罗列常考到的部分前端相关真题。

【真题 164】 请使用 JavaScript 写出三种产生一个 Image 标签的方法（提示：从方法、对象、HTML 角度考虑）。

参考答案：1）使用 JavaScript 的方法创建图片：var img = new Image();。

2）通过对象创建一个图片：var img = document.createElementById("image");。

3）HTML 方法产生一个图片方法：img.innerHTML = "<img src='xxx.jpg'/>";。

【真题 165】 请写出 JavaScript 中网页前进和后退的代码。

参考答案：前进：history.forward();也相当于 history.go(1);。

后退：history.back ();等价于 history.go(-1);。

【真题 166】 以下关于 JavaScript 的说法中，不正确的是（ ）。

A．语句"alert(1==true);"和语句"alert(2==true); "的结果都是 true

B．JavaScript 的数组其实就是对象，用 for...in 语句可以遍历数组的所有属性

C．JavaScript 中的对象通过引用来传递，它们永远不会被复制

D．JavaScript 中的函数就是对象，所以它们可以像任何其他的值一样被使用

参考答案：A。

分析：alert(2==true)返回的是 false，因为 JavaScript 默认 1 等同 true 和默认 0 是 false，而其他数字和布尔型都不相等，所以返回的结果都是 false，选项 A 说法错误。

【真题 167】 JavaScript 表单弹出对话框函数是（ ），获得输入焦点函数是（ ）。

参考答案：弹出对话框函数是 alert()、prompt()、confirm()；获得输入焦点函数是 focus()。

【真题 168】 JavaScript 的转向函数是什么？怎么引入一个外部 js 文件？

参考答案：转向函数：window.location.href='跳转链接';。

引入外部 js 文件：<script type="text/javascript" src="js 文件路径"></script>。

【真题 169】 用户提交内容后，系统生成静态 HTML 页面；写出实现的基本思路。

参考答案：将用户提交的内容写入数据库。再从数据库取出这些数据，生成缓存字符串 cache，加载模版 HTML 静态页面，解析缓存 cache，将数据导入静态页面。保存为缓存文件，存放入指定目录。

【真题 170】 请描述出两点以上 XHTML 和 HTML 最显著的区别。

参考答案：它们的区别主要有以下几点：

1）XHTML 必须强制指定文档类型 DocType，HTML 不需要。

2）XHTML 所有标签必须闭合，HTML 比较随意。

3）XHTML 严格区分大小写，所有标签的元素和属性的名字都必须使用小写。

4）XHTML 规定所有属性都必须有一个值，没有值的就重复本身。

5）XHTML 要求所有的标记都必须要有一个相应的结束标记。

【真题 171】 在页面中引用 CSS 有几种方式？

参考答案：在页面中引用 CSS 有三种方式，如下：

1）引用外部 CSS 文件，例如：<link rel="stylesheet" type="text/css" href="样式路径">。

2）内部定义 Style 样式，例如：

```
<style type="text/css">
    body{background:#cccccc;}
</style>
```

3）内联样式，例如： 。

第3章　PHP进阶知识

本章主要针对PHP的时间和日期管理、缓存、文件、验证码等部分进行讲解。在一个项目的实际开发中，都需要涉及这些知识，它会穿插在整个项目中。在面试中问得比较多的是时间和缓存相关的问题，只要是涉及数据的存储都需要和时间打交道，而缓存是为了提高网站的打开速度而一定要使用的技术。

3.1　时间和日期管理

3.1.1　如何输出年–月–日？

Y/y表示年，其中，大写Y表示年的四位数字，而小写y表示年的两位数字；小写m表示月份的数字（带前导），而小写n则表示不带前导的月份数字。如下例所示：

echo date('Y-m-j');

输出：2017-11-25

echo date('y-n-j');

输出：17-11-25

大写M表示月份的3个缩写字符，而小写m则表示月份的数字（带前导0）；没有大写的J，只有小写j，小写j表示月份的日期，无前导0；若需要月份带前导，则使用小写d。如下例所示：

echo date('Y-M-j');

输出：2007-Nov-25

echo date('Y-m-d');

输出：2017-09-12

大写M表示月份的3个缩写字符，而大写F表示月份的英文全写。需要注意的是，没有小写f。大写S表示日期的后缀，例如"st""nd""rd"和"th"，具体看日期数字的取值。如下例所示：

echo date('Y-M-j');

输出：2017-Nov-25

echo date('Y-F-jS');

输出：2017-November-25th

总结：

1）表示年可以用大写的Y和小写y。

2）表示月可以用大写F、大写M、小写m和小写n（分别表示字符和数字的两种方式）。

3）表示日可以用小写d和小写j，大写S表示日期的后缀。

3.1.2 如何输出时-分-秒?

默认情况下，PHP 解释显示的时间为"格林威治标准时间"，与我们本地的时间相差 8h。

小写 g 表示 12 小时制，无前导 0，而小写 h 则表示有前导 0 的 12 小时制。当使用 12 小时制时，需要表明上、下午，小写 a 表示小写的"am"和"pm"，大写 A 表示大写的"AM"和"PM"。如下例所示：

echo date('g:i:s a');

输出：5:56:57 am

echo date('h:i:s A');

输出：05:56:57 AM

大写 G 表示 24 小时制的小时数，但是不带前导的；使用大写的 H 表示带前导的 24 小时制小时数。如下例所示：

echo date('G:i:s');

输出：14:02:26

echo date('H:i:s');

输出：14:02:26

i 表示带有首位零的分钟，不存在大写 I。s 表示带有首位零的秒数（00～29）。

echo date("Y-m-d H:i:s");

输出:2017-11-25 22:26:49

总结：

1）字母 g 表示小时不带前导，字母 h 表示小时带前导。

2）小写 g、h 表示 12 小时制，大写 G、H 表示 24 小时制。

3）字母 i 表示带有首位零的分钟，字母 s 代表带有首位零的秒数。

针对日期函数 date()的语法 date(format,timestamp)进行归纳总结，见下表。

参　数	描　　述
format	该参数是必需的，用于规定输出的日期字符串格式，有以下日期字符串可供选择： D——一个月中的第几天（01～31） D——星期几的文本表示（用三个字母表示） j——一个月中的第几天，不带前导零（1～31） l（'L' 的小写形式）—星期几的完整的文本表示 N——星期几的 ISO 8601 数字格式表示（1 表示 Monday[星期一]，7 表示 Sunday[星期日]） S——一个月中的第几天的英语序数后缀（2 个字符：st、nd、rd 或 th。与 j 搭配使用） w——星期几的数字表示（0 表示 Sunday[星期日]，6 表示 Saturday[星期六]） z——一年中的第几天（0～365） W——用 ISO 8601 数字格式表示一年中的星期数字（每周从 Monday[星期一]开始） F——月份的完整的文本表示（January[一月份]～December[十二月份]） m——月份的数字表示（01～12） M——月份的短文本表示（用三个字母表示） n——月份的数字表示，不带前导零（1～12） t——给定月份中包含的天数 L——是否是闰年（如果是闰年，则为 1，否则为 0） o－ISO 8601 标准下的年份数字 Y——年份的四位数表示 y——年份的两位数表示 a——小写形式表示：am 或 pm

（续）

参　　数	描　　述
format	A—大写形式表示：AM 或 PM B—Swatch Internet Time（000～999） g—12 小时制，不带前导零（1～12） G—24 小时制，不带前导零（0～23） h—12 小时制，带前导零（01～12） H—24 小时制，带前导零（00～23） i—分，带前导零（00～59） s—秒，带前导零（00～59） u—微秒（PHP 5.2.2 中新增的） e—时区标识符（例如，UTC、GMT、Atlantic/Azores） I（i 的大写形式）—日期是否是在夏令时（如果是夏令时，则为 1，否则为 0） O—格林威治时间（GMT）的差值，单位是 h（实例：+0100） P—格林威治时间（GMT）的差值，单位是 hours:minutes（PHP 5.1.3 中新增的） T—时区的简写（实例：EST、MDT） Z—以 s 为单位的时区偏移量。UTC 以西时区的偏移量为负数（−43200～50400） c—ISO 8601 标准的日期（例如，2013-05-05T16:34:42+00:00） r—RFC 2822 格式的日期（例如，Fri, 12 Apr 2013 12:01:05 +0200） U—自 Unix 纪元（January 1 1970 00:00:00 GMT）以来经过的秒数
timestamp	该参数可选，默认为当前时间戳。也可以指定某个时间的时间戳

【真题 172】　请用 PHP 打印出当前日期的前一天的时间格式。

参考答案：echo date("Y-m-d H:i:s", strtotime("-1 day"));。

分析：从 PHP 5.3.0 版本后开始，strtotime()函数进行了更新，获取的时间点是相对时间格式，例如，这一周、前一周、上一周、下一周，规定一周从星期一到星期日，而不是使用相对于当前日期/时间的前后 7 天。

根据上面的分析进行归纳总结，快速获得当前时间点为范围的一段时间的时间戳的方法，见下表。

获取的时间戳	函数表示
今天	strtotime("today")
昨天	strtotime("-1 day");
明天	strtotime("+1 day");
下一周	strtotime("+1 week");
下一个月	strtotime("+1 month");
3 年后	strtotime("+3 year");
上个周一	strtotime("-1 Monday");

根据以上的介绍，可以变通地使用这些方法获得不同时间段的时间戳，在此就不一一罗列出来。

3.1.3　如何输出闰年–星期–天?

大写 L 表示判断今年是否闰年，如果为真，则返回 1，否则返回 0。小写 l 表示当天是星期几的英文全写（Tuesday），而使用大写 D 表示星期几的 3 个字符缩写（Tue）。如下例所示：

echo date('L');

输出：0，表示今年不是闰年

echo date('l');

输出：Saturday

echo date('D');

输出：Sat

小写 w 表示星期几，数字形式表示。大写 W 表示是一年中的星期数。如下例所示：

echo date('w');

输出：6，表示的是星期六

echo date('W');

输出：47，表示的是这一年的第 47 周

小写 t 表示当前月份有多少天。小写 z 表示今天是本年中第几天。如下例所示：

echo date('t');

输出：30，表示这个月只有 30 天

echo date('z');

输出：328，表示今天是今年的第 328 天

【真题 173】 在如下代码中，date()将会输出（   ）。

```php
<?php
    $date="2009-5-19";
    $time="14:31:38";
    $datetime=$date.$time;
    echo date("Y-m-d:H:i:s",strtotime($datetime));
?>
```

A．2009-05-19:14:31:38

B．19-5-2009:2:31:38

C．2009-5-19:2:31:38

D．19/5/2009:14:31:38

参考答案：A。

分析：日期中输出的 H:i:s 中的 H 表示 24 小时制的小时，i 表示分，s 表示秒。所以根据拼接的时间通过 strtotime()函数转换成时间戳后再转成日期就可以得到 2009-05-19:14:31:38。所以，选项 A 正确。

3.1.4 PHP 相关的日期函数有哪些?

1．PHP 相关的日期函数

1）checkdate($month,$date,$year)函数的功能是在日期用于计算或被保存在数据库中之前，判断日期是否是一个合法的日期。如下例所示：

```php
<?php
    echo checkdate(2,30,2005) ? "valid" : "invalid";        //输出 invalid
    echo checkdate(4,6,2010) ? "valid" : "invalid";         //输出 valid
?>
```

如果日期有效，则输出 valid，如果日期无效，则输出 invalid。

2）mktime($hour, $minute, $second, $month, $day, $year)函数的功能是获得即时时间的 UNIX 时间戳。示例代码如下：

```php
<?php
```

```php
    // returns timestamp for 2017-11-25 13:15:23
    echo mktime(13,15,23,11,25,2017);              //输出 1511586923
?>
```

mktime 可以根据实际返回 unix 时间戳。

3）date($format, $ts)函数的功能是显示格式化时间或日期。示例代码如下：

```php
<?php
    echo date("d-M-Y h:i A", mktime()); //输出 13-Sep-2005 01:16 PM
?>
```

4）strtotime($str)函数的功能是将非标准化的日期/时间字符串转换成标准、兼容的 UNIX 时间戳。示例代码如下：

```php
<?php
    echo date("d-M-y", strtotime("today"));              //输出 25-Nov-17
    echo date("d-M-y", strtotime("tomorrow"));           //输出 26-Nov-17
    echo date("d-M-y", strtotime("today +3 days"));      //输出 28-Nov-17
?>
```

strtotime("today")获取的是今天的时间戳，strtotime("tomorrow")获取的是明天时间的时间戳，strtotime("today +3 days")获取到的是三天后的时间戳。

2．PHP 与 MySQL 时间转换

PHP 与 MySQL 时间转换见下表。

PHP	MySQL
UNIX 时间戳转换为日期用函数：date() 一般形式：date('Y-m-d H:i:s', 1156219870);	UNIX 时间戳转换为日期用函数： FROM_UNIXTIME() 一般形式：select FROM_UNIXTIME(1156219870);
日期转换为 UNIX 时间戳用函数：strtotime() 一般形式：strtotime('2010-03-24 08:15:42');	日期转换为 UNIX 时间戳用函数： UNIX_TIMESTAMP() 一般形式：Select UNIX_TIMESTAMP('2006-11-04 12:23:00'); 举例：MySQL 查询当天的记录数： $sql="select* from message Where DATE_FORMAT(FROM_UNIXTIME (chattime),'%Y-%m-%d') = DATE_FORMAT(NOW(),'%Y-%m-%d') order by id desc";

【真题 174】 以下程序的功能是（   ）。

```php
<?php
    $a = array_sum (explode (' ', microtime()));
    for ($i = 0; $i < 10000; $i++);
        $b = array_sum (explode (' ', microtime()));
    echo $b - $a;
?>
```

A．测算 for 循环的执行时间

B．测定服务器的时钟频率

C．计算操作系统的硬件时钟频率与软件时钟频率的差

D．测算 for 循环、一个 array_sum()函数与一个 microtime()的总执行时间

参考答案：A。

分析：代码 array_sum (explode (' ', microtime())) 求得的是时间戳和微秒数的一个和，在执行循环前的$a 得到的是执行循环前的开始时间点，$b 得到的是每次循环的运行时间点。所以每次循环后的$b 的值都是执行一次循环后的总时间点，直到循环结束，$b 得到的是执行 10000 次的总执行时间点，最后输出的$b 减去$a 的值是 for 循环的总执行时间。所以，选项 A 正确。

【真题 175】处理数据库中读取的日期数据时，以下有助于避免 bug 的方法是（   ）。（三选）

A. 确保日期数据与服务器使用相同的时区

B. 如果日期需要被转换成 UNIX 时间戳进行操作，那么要确保结果不会溢出

C. 用数据库功能测试日期的合法性

D. 如果可能，那么用数据库功能计算日期的值

参考答案：B、C、D。

分析：数据库存储日期/时间的能力比 PHP 强。大多数 DBMS 能够处理格里高利日历上所有的日期，而基于 UNIX 时间戳的 PHP 只能处理较短的一个时间段里的日期。因此在脚本中处理日期时，必须确保在它转换成时间戳后不会溢出（答案 B）。

此外，在处理日期时，无论是验证一个日期的合法性（答案 C）还是进行计算（答案 D），都最好尽量让数据库来完成。

所以，本题的答案为 B、C、D。

【真题 176】 要把 microtime() 的输出转化成一个数字值，以下方法最简便的是（   ）。

A. $time = implode (' ', microtime());

B. $time = explode (' ', microtime()); $time = $time[0] + $time[1];

C. $time = microtime() + microtime();

D. $time = array_sum (explode (' ', microtime()));

参考答案：D。

分析：microtime 函数返回一个由时间戳和小数两部分组成的字符串，两部分由空格分开。因此，explode() 将字符串分割并放入数组，array_sum() 把它们相加，转换成数字。所以，选项 D 正确。

【真题 177】 求两个日期的差数，例如 2007-2-5 ～ 2007-3-6 的日期差数。

参考答案：解题思路为把题目中给定的日期格式转换为时间戳，然后求出两个时间戳的差值，最后用这个差值除以一天的秒数（24*60*60），下面给出两种实现方法。

方法一：利用 strtotime 函数把英文文本的日期时间描述解析为 UNIX 时间戳，然后求时间差。

```php
<?php
    function get_days($date1, $date2)
    {
        $time1 = strtotime($date1);
        $time2 = strtotime($date2);
        return ($time2-$time1)/(60*60*24);
    }
    echo get_days('2007-2-5', '2007-3-6'); //输出  29
?>
```

方法二：利用 mktime 函数得到日期的 UNIX 时间戳，然后再求时间差。

```php
<?php
    function get_days($date1, $date2)
    {
        $temp = explode('-', $date1);
        $time1 = mktime(0, 0, 0, $temp[1], $temp[2], $temp[0]);
        $temp = explode('-', $date2);
        $time2 = mktime(0, 0, 0, $temp[1], $temp[2], $temp[0]);
        return ($time2-$time1)/(60*60*24);;
    }
    echo get_days('2007-2-5', '2007-3-6');//输出 29
?>
```

【真题 178】 getdate()函数返回的值的数据类型是（   ）。

A．整型　　　　　　　B．浮点型　　　　　　　C．数组　　　　　　　D．字符串

参考答案：C。

分析：getdate()函数返回一个由时间戳组成的关联数组，总共返回 11 个数组元素。print_r(getdate())的输出结果如下：

```
Array
(
    [seconds] => 58
    [minutes] => 16
    [hours] => 14
    [mday] => 4
    [wday] => 4
    [mon] => 1
    [year] => 2018
    [yday] => 3
    [weekday] => Thursday
    [month] => January
    [0] => 1515075418
)
```

所以，选项 C 正确。

3.2 缓存

系统的快速响应在系统的整个生命过程中都是一个优化的重点，而缓存机制是提高系统响应的关键点，如何快速、正确地使用缓存是需要重点探讨的方向。针对缓存，主要从以下几个方面进行考虑。

1）页面缓存：把动态页面解析后保存为静态页面缓存起来。

2）数据缓存：即将后台数据缓存起来，如查找某个学号的学生信息时，一般都是通过学号查找到学生的其他详细信息；此时，可以将这些数据缓存起来，下次再请求此数据时，直接返回缓存中的数据即可。

3）查询缓存：即将高频率查询的数据及时缓存下来，下一次相同的查询，就直接返回缓存的数据即可。

4）按内容的修改进行缓存：这是针对高频率的查看、低频率的修改需求而使用的方法。例如某个商品管理系统，假如数据量特别大，可以将数据缓存起来，直接以静态页面去展现，就不需要访问数据库了，当商品修改后，同时更新缓存内容。这样，就可以大大减轻服务器的压力。

5）内存缓存：与 Memcached 类似（高性能的分布式内存缓存服务器），将缓存数据直接加载到内存，减少数据库访问次数，缩短请求响应时间。

总之，缓存技术是提高系统访问效率很重要的方法，但是在使用过程中，还是要根据系统资源、实际环境等诸多因素折中选择。

【真题 179】 简单描述一个 PHP 文件缓存的实现机制（例如 Smarty 的缓存机制原理）。

参考答案：将用户请求的内容存入一个静态文件中，当再次处理相同请求时可以直接从静态文件中输出，减少对数据库的访问。

Smarty 的缓存机制原理就是这样，开启 Cache 后，用户第一次请求，服务器响应，PHP 文件经过编译后生成 HTML 静态页保存在相应目录中，在有效期内，当用户再次发起相同请求时，就可以直接输出静态页。

3.3　文件管理

3.3.1　PHP 中文件操作函数有哪些?

1．PHP 文件操作时常用的函数

1）basename()：返回路径中的文件名部分。

2）dirname()：返回路径中的目录名称部分。

3）chown()：改变文件所有者。

4）copy()：复制文件。

5）unlink()：删除文件。

6）fclose()：关闭打开的文件。

7）file()：把文件读取到数组。

8）file_get_contents()：读取文件到字符串。

9）fopen()：打开一个文件或 URL。

10）fread()：读取打开的文件。

11）filesize()：返回文件的大小。

12）filetype()：返回文件类型。

13）fwrite()：将内容写入文件。

14）is_dir()：判断指定的文件名是否是一个目录。

2．PHP 获取一个文件内容的步骤

1）使用 fopen()函数打开 url 或文件，然后通过 fgets()函数获取内容。

2）file_get_contents()可以获得 url 或文件的内容，把整个文件读入一个字符串中。

3）通过 fsockopen() 函数打开 url 或文件，可以通过 get 或 post 方式获取完整的数据，包括 header 和 body 内容。

4）先在 php.ini 中开启 curl 扩展，通过 curl 库获取文件的内容。

【真题 180】 写一个函数，尽可能高效地从一个标准 url 里取出文件的扩展名。例如，http://www.sina.com.cn/abc/de/fg.php?id=1 需要取出 php 或 .php。

参考答案：方法一：

```php
function getExt($url){
    $arr = parse_url($url);
    $file = basename($arr['path']);
    $ext = explode(".",$file);
    return $ext[1];
}
```

方法二：

```php
function getExt($url) {
    $url = basename($url);
    $pos1 = strpos($url,".");
    $pos2 = strpos($url,"?");
    if(strstr($url,"?")){
        return substr($url,$pos1 + 1,$pos2 - $pos1 - 1);
    }else{
        return substr($url,$pos1);
    }
}
```

【真题 181】 写一个函数，算出两个文件的相对路径。例如，$a = \/a/b/c/d/e.php\;，$b = \/a/b/12/ 34/c.php\;，计算出 $b 相对于 $a 的相对路径应该是 ../../c/d。

参考答案：示例代码如下：

```php
function getRelativepath($a, $b) {
    $returnpath = array(dirname($b));
    $arrA = explode('\/\', $a);
    $arrB = explode('\/\', $returnpath[0]);
    for ($n = 1, $len = count($arrB); $n < $len; $n++) {
        if ($arrA[$n] != $arrB[$n]) {
            break;
        }
    }
    if ($len - $n > 0) {
        $returnpath = array_merge($returnpath, array_fill(1, $len - $n, "\..\"));
    }
    $returnpath = array_merge($returnpath, array_slice($arrA, $n));
    return implode('\/\', $returnpath);
}
$a = "\/a/b/c/d/e.php\";
```

```
$b = "\/a/b/12/34/c.php\/";
echo getRelativepath($a, $b);
```

【真题 182】 以下关于 PHP 文件处理的说法中，正确的是（　　）。

A．filegetcontents()函数能用来抓取网页数据，但是没办法设置超时时间

B．file()函数既能读取文本文件也能读取二进制文件，但是读取二进制文件有可能出现安全问题

C．如果表单中没有选择上传的文件，则 PHP 变量的值将为 NULL

D．fsockopen()和 fputs()结合起来可以发送邮件，也可以用来抓取网页内容、下载 ftp 文件等

参考答案：C。

分析：对于选项 A，可以通过 context 参数设置超时时间。所以，选项 A 错误。

对于选项 B，file()函数是可以安全用于读取二进制文件的。所以，选项 B 错误。

对于选项 C，表单中没有文件上传时，PHP 的$_FILES 变量值为 NULL。所以，选项 C 正确。

对于选项 D，fputs()用于写入字符串到文件中，只能用于上传不能用于下载 ftp 文件。所以，选项 D 错误。

【真题 183】 PHP 中获取图像尺寸大小的方法是什么？

参考答案：1）可以使用 getimagesize()函数获取图片的大小及相关信息，使用方法为 getimagesize("图片路径")，如果成功获取，则返回存储图片信息的数组，如果不成功，则返回 false。成功后返回的数组内容包括图片的宽度、高度、类型、字节数和属性。格式为

```
Array(
    [0] => 290
    [1] => 69
    [2] => 3
    [3] => width="290" height="69"
    [bits] => 8
    [mime] => image/png
)
```

2）可以使用 Imagesx()函数获取图像的宽度，单位为像素，返回值为整型，使用方法为 Imagesx("图片路径")，输出得到的是该图片的宽度。

3）可以使用 Imagesy()函数获取图像的高度，单位为像素，返回值为整型，使用方法为 Imagesy("图片路径")，输出得到的是该图片的高度。

【真题 184】 处理以下文件内容，将域名取出并进行计数排序，例如有如下网址：

http://www.baidu.com/index.html

http://www.baidu.com/1.html

http://post.baidu.com/index.html

http://mp3.baidu.com/index.html

http://www.baidu.com/3.html

http://post.baidu.com/2.html

处理得到如下结果：

域名的出现的次数

域名

3 www.baidu.com

2 post.baidu.com

1 mp3.baidu.com

可以使用 bash/perl/PHP/C 任意一种。

参考答案：这里使用 PHP 来实现，先用正则匹配，只匹配 1～2 级域名部分，然后计数，按出现次数排序后输出。

```php
<?php
    $subject = <<< EOF
        http://www.baidu.com/index.html http://www.baidu.com/1.html
        http://post.baidu.com/index.html
        http://mp3.baidu.com/index.html
        http://www.baidu.com/3.html
        http://post.baidu.com/2.html
    EOF;
    preg_match_all('|http://(.*)/|U', $subject, $matches);
    $res = array_count_values($matches[1]);
    foreach ($res as $key => $value) {
        echo $value." ".$key."\n";
    }
?>
```

【真题 185】 GD 库的作用是什么？

参考答案：GD 库提供了一系列用来处理图片的功能，使用 GD 库可以处理图片，或者生成图片。在网站上 GD 库通常用来生成缩略图或者用来对图片加水印。

3.3.2 如何进行文件上传？

与用户进行交互时，经常需要上传用户的文件到服务器，需要用到文件上传的技术。它的工作原理：如果用户选择的表单里面有文件域选择，那么当用户提交表单时，服务器会自动将文件信息保存到全局变量$_FILES 内，且自动将文件放入操作系统的临时文件夹，然后就可以使用 move_upload_file 函数将文件移动到指定的上传位置。

$_FILES 是一个全局数组，当页面提交后，会得到这个数组。$_FILES 数组的内容如下：

$_FILES['myFile']['name'] 上传文件的原名称。

$_FILES['myFile']['type'] 文件类型。

$_FILES['myFile']['size'] 已上传文件的大小，单位为字节。

$_FILES['myFile']['tmp_name'] 文件被上传后在服务端存储的临时文件名，一般是系统默认。

$_FILES['myFile']['error'] 和该文件上传相关的错误代码。

具体代码的含义见下表。

内　容	值	含　义
UPLOAD_ERR_OK	0	文件上传成功
UPLOAD_ERR_INI_SIZE	1	上传的文件大小超过限制
UPLOAD_ERR_FORM_SIZE	2	上传文件的大小超过了 HTML 表单中 MAX_FILE_SIZE 选项指定的值
UPLOAD_ERR_PARTIAL	3	文件只有部分被上传
UPLOAD_ERR_NO_FILE	4	没有文件被上传
UPLOAD_ERR_NO_TMP_DIR	6	找不到临时文件夹
UPLOAD_ERR_CANT_WRITE	7	文件写入失败

如下代码实现了获取上传文件的功能：

```php
<?php
    print_r($_FILES);                              //打印文件上传数组内容
    $path="/home/";
    $name =$_FILES['file']['name'];                //文件原始名称
    $path1 =$_FILES['file']['tmp_name'];           //文件保存的临时路径
    $path2 =$_SERVER[DOCUMENT_ROOT].$path.$name;
    echo $path1;
    $abpath=$path1.$name;
    echo $abpath;
    move_uploaded_file($path1,$path2);             //将临时文件移动到相应的位置
?>
```

注意：上传的文件默认存储在临时目录，如果要获取文件，那么就必须将此文件从临时目录移动到固定目录，否则脚本执行完成后，临时目录中的文件会被删除。

【真题 186】 下列有关获取上传文件信息的预定义数据变量的写法正确的是（　　　　）。

A．$FILES　　　　B．_FILES　　　　C．__FILES　　　　D．$_FILES

参考答案：D。

分析：$_FILES 超级全局变量是预定义超级全局数组中唯一的二维数组。其作用是存储各种与上传文件有关的信息，这些信息对于通过 PHP 脚本上传到服务器的文件至关重要。

此函数中总共有五项，见下表：

内　容	含　义
$_FILES["userfile"]["error"]	$_FILES["userfile"]["error"]数组值提供了与上传尝试结果有关的重要信息。总共有 5 个不同的返回值，其中一个表示成功的结果，另外 4 个表示在尝试中出现的特殊错误
$_FILES["userfile"]["name"]	$_FILES["userfile"]["name"]变量指定客户端机器上声明的文件最初的名字，包括扩展名。因此，如果浏览器一个名为 vacation.jpg 的文件，并通过表单上传，则此变量的值将是 vacation.png
$_FILES["userfile"]["size"]	$_FILES["userfile"]["size"]变量指定从客户端上传的文件的大小，以字节为单位。因此，在 vacation.jpg 文件的例子中，此函数可能赋值为 5253，大约为 5KB
$_FILES["userfile"]["tmp_name"]	$_FILES["userfile"]["tmp_name"]变量指定上传到服务器后为文件赋予的临时名。这是存储在临时目录（由 PHP 指令 upload_tmp_dir 指定）中时所指定的文件名
$_FILES["userfile"]["type"]	$_FILES["userfile"]["type"]变量指定从客户端上传的文件的 mime 类型。因此，在 vacation.jpg 文件的例子中，此变量会赋值为 image/jpeg。如果上传的是 PDF，则赋值为 application/pdf。因为这个变量有时会得到意外的结果，所以应当在脚本中显示地进行验证

【真题 187】 详细描述 PHP 处理 Web 上传文件的流程。如何限制上传文件的大小不能超过某个数值？

参考答案：首先用户在浏览器端选择上传的文件，提交后，通过 post 方式上传到 Apache 服务器，由 PHP 引擎处理判断文件是否能够上传到 PHP 配置文件中指定的临时目录，之后获取文件后缀名判断文件是否是允许上传的文件格式，没有问题后再通过$_FILES["file"]["size"] 得到上传文件的数值大小，通过判断是否小于设置的值，如果没问题，则按照随机数+时间的方式生成文件的名字+后缀。最后将文件从临时目录转移至 Apache 服务器目录。

也可以在 PHP 配置文件通过 file_upload_max 设置其值限制上传文件大小。

3.3.3 如何进行文件下载?

header()函数的作用是向浏览器发送正确的 HTTP 报头，报头指定了网页内容的类型、页面的属性等信息。header()函数的功能很多，这里只列出以下几点：

1）页面跳转。如果 header()函数的参数为"Location: xxx"，那么页面就会自动跳转到"xxx"指向的 URL 地址。

2）指定网页内容。例如，同样的一个 XML 格式的文件，如果 header()函数的参数指定为"Content-type: application/xml"，那么浏览器会将其按照 XML 文件格式来解析。但如果是"Content-type: text/xml"，那么浏览器就会将其看做文本解析。

3）文件下载。header()函数结合 readfile()函数可以下载将要浏览的文件，例如，下载 html 目录下的 1.txt 文件可以使用以下代码：

```php
<?php
    $textname="html/1.txt";                                    //源文件
    $newname="index.txt";                                      //新文件名
    header("Content-type: text/plain");                        //设置下载的文件类型
    header("Content-Length:" .filesize($textname));            //设置下载文件的大小
    header("Content-Disposition: attachment;filename=$newname");  //设置下载文件的文件名
    readfile($textname);            //读取文件
?>
```

【真题 188】 函数 header()不可以被用来（   ）。

A．转到指定的 url
B．引用 js 文件
C．设置 HTTP 首部信息状态码
D．提示下载文件

参考答案：B。

分析：header()函数的作用是向客户端发送原始的 HTTP 报头，即必须在任何实际的输出被发送之前调用 header()函数。header()函数不具备引用文件的功能，PHP 只能使用 include 或 require．include_once．require_once 引用文件。

所以，本题的答案为 B。

【真题 189】 请写一段 PHP 代码，确保多个进程同时写入同一个文件成功。

参考答案：示例代码如下：

```php
function write_file($filename, $content)
{
```

```
        $lock = $filename . '.lck';
          $write_length = 0;
          while(true) {
               if( file_exists($lock) ) {
                     usleep(100);
               } else {
                     touch($lock);
                     $write_length = file_put_contents($filename, $content, LOCK_EX);
                     break;
               }
          }
          if( file_exists($lock) ) {
               unlink($lock);
          }
          return $write_length;
     }
```

分析：file_put_contents()函数语法为 file_put_contents(file,data,mode,context)，其中 file 是写入数据的文件名，该参数是必需的，如果文件不存在，那么就会新创建一个文件；data 是要写入的数据，该参数是必需的，写入内容可以是字符串、数组或数据流；mode 是规定如何打开或写入文件；context 是规定文件句柄的环境。关于 mode 的模式有①FILE_USE_INCLUDE_PATH，它可以检查*filename*富本的内置路径；②FILE_APPEND，将需要添加的内容移至文件末尾，否则会清空文件内容；③LOCK_EX，它的作用是锁定文件。当多个进程需要对文件进行写操作时，为了保证文件内容一致性，当一个进程写这个文件时需要给文件上锁，禁止其他进程对这个文件操作，防止出现文件冲突，只有当写文件的进程完成操作后才释放这个锁，这时其他线程才可以对文件进行写操作，所以使用 LOCK_EX 模式。

3.3.4　如何进行版本管理?

一个项目由一个团队去开发时，每个人将自己写好的代码提交到版本服务器中时，SVN 可以自动帮你合并修改后的代码文件，并且可以回滚到任意版本的地方；可以方便项目负责人对版本进行管理，提高开发效率，保证团队开发的协作。

常用的版本控制器有 SVN、Git 等。

【真题 190】 可以使用哪些工具进行版本控制?

参考答案：目前拥有的版本控制器有以下三种，分别为 SVN（Subversion）、CVS（Concurrent Versions System）、GIT。

SVN：是一个开放的源代码版本控制系统，方便团队对代码的托管和代码版本控制。

CVS：是一个中心代码版本控制系统，多个开发人员提交的代码可以通过 CVS 保证文件同步管理，可以用于多人开发环境下的源码维护。

GIT：是一款免费、开源的分布式版本控制系统，可以用于敏捷高效地处理任何或小或大的项目管理中。

3.4　验证码

验证码生成技术是使用 PHP 的图形图像处理技术的一个应用。主要使用的图像函数见下表。

函数类别	函 数 原 型	函 数 作 用
绘图函数	resource imagecreatetruecolor (int $width , int $height) width：宽度 height：高度	新建一个真彩色图像。返回一个图像标识符，代表了一幅大小为 x_size 和 y_size 的黑色图像
	intimagecolorallocate(resource $image,int $red,int $green, int $blue) image：图像资源句柄 red：红色成分 green：绿色成分 blue：蓝色成分	为一幅图像分配颜色
	bool imagestring (resource $image , int $font , int $x , int $y , string $s , int $col) image：图像资源 font：字体 x,y：坐标 s：字符串 col：颜色值	绘横式字符串
生成函数	bool imagejpeg (resource $image [, string $filename [, int $quality]]) image：图像资源 filename：文件保存路径 quality：质量等级	创建一个 JPEG 图像文件

下面给出一个使用示例，这个示例用来创建随机验证码的数字图片。

```php
<?php
    $image = imagecreatetruecolor(80,30);                    /*创建一个背景色*/
    $backColor=imagecolorallocate($image,0,0,0);
    $gColor=imagecolorallocate($image,255,255,255);
    /*生成验证码的字符串*/
    $i=1;   $str="";
    while($i<=4)   {
        $str.=rand(0,9);
        $i++;
    }
    /*将字符串绘入图片*/
    imagestring($image,7,20,8,$str,$gColor);                 //输出图片到文件路径
    imagejpeg($image,"res.jpeg");
?>
```

程序输出结果为

`7335`

第4章 设 计 模 式

　　无论是 PHP 还是 Java，都时常会考到设计模式，了解透设计模式的人可以很快知道在什么场景下采用哪种代码的设计是合理的、稳定的、可扩展的，这样可以帮助团队在设计的前期减少问题的产生。而熟练掌握面向对象开发的人不一定懂得设计模式，但懂得设计模式的人可以熟练懂得面向对象，所以通过设计模式可以看出一个人对面向对象的掌握熟练程度，并且懂得设计模式的人还可以开发出一套模板或框架。对 PHP 程序员来说，因为设计模式是非常重要的，所以在面试中经常考到。

4.1 常见的设计模式有哪些?

　　设计模式有很多种，这里重点介绍 PHP 中常用的五种设计模式。

　　1）工厂模式：可以按需实例化对象，类图如下图所示。

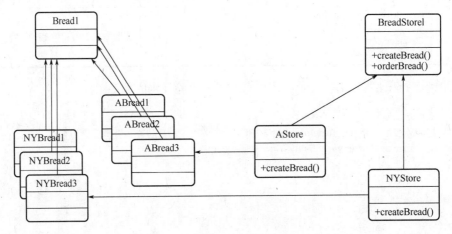

　　2）单例模式：保证一个类只有一个实例化对象，类图如下图所示。

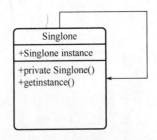

　　3）观察者模式：观察者模式提供了避免组件之间耦合的另一种方法，该模式非常简单，即一个对象通过添加方法（该方法允许另一个对象，即观察者自己）使本身变得可观察。当可观察的对象更改时，它会将消息发送到已注册的观察者，类图如下图所示。

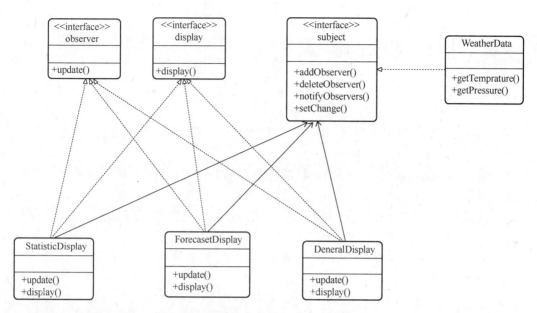

4）命令模式：以松散耦合主题为基础，发送消息、命令和请求，或通过一组处理程序发送任意内容。每个处理程序都会自行判断自己能否处理请求，如果可以，该请求被处理，进程停止，类图如下图所示。

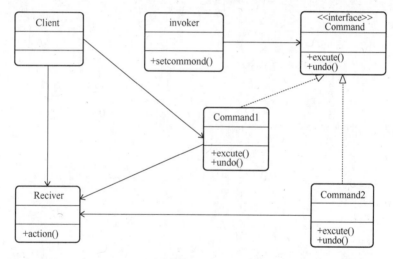

5）策略模式：在策略模式中，创建各种策略的对象和一个行为随着策略对象的改变而改变的 context 对象，并且一个类的行为或其算法可以在运行时更改，类图如下图所示。

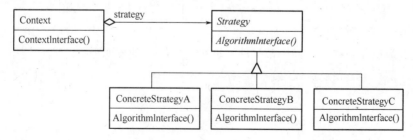

4.2 什么是单例模式？

单例模式是在应用程序中最多只能拥有一个该类的实例存在，一旦创建就会一直在内存中。

由于单例模式的设定，所以常应用于数据库类设计，它可以保证只连接一次数据库。

单例类的特点如下：

1）单例类不能直接实例化创建，只能由类本身实例化。因此，构造函数必须标记为 private，从而防止类被实例化。

2）需要保证一个能访问到的实例公开的静态方法和一个私有静态成员变量来保存类实例。

3）类中通常需要有一个空的私有__clone()方法防止别人对单例类进行实例克隆。

示例代码如下：

```php
<?php
    class Database
    {
        private static $instance;
        private function __construct()
        {
            // to do
        }
        private function __clone()
        {
            // to do
        }
        public static function getInstance()
        {
            if (!(self::$instance instanceof self)) {
                self::$instance = new self();
            }
            return self::$instance;
        }
    }
    $a =Database::getInstance();
    $b =Database::getInstance();
    print_r($a === $b);
?>
```

【真题 191】请用单例设计模式方法设计类，要求满足如下需求，请用 PHP5 代码编写类，实现在每次对数据库连接的访问中都只能获取唯一的一个数据库连接，具体连接数据库的详细代码忽略，请写出主要逻辑代码。

参考答案：

```php
<?php
    class Database {
```

```php
        static public $_instance; // 保存在类中唯一的一个实例
        private function __construct() { // 单态模式只允许被其自身实例化
            // 连接数据库
        }
        static function getInstance() { // 实例化
            if (!self::$_instance)
                self::$_instance = new self();
            return self::$_instance;
        }
        private function __clone() {} // 私有化克隆方法,阻止通过 new()来调用类
            public function query($sql) {
            // 查询
            }
        }
    }
?>
```

<h2>4.3　什么是工厂模式?</h2>

工厂模式专门负责实例化有大量公共接口的类。工厂模式可以动态地决定将哪一个类实例化，而不必事先知道每次要实例化哪一个类。客户类和工厂类是分开的。消费者无论什么时候需要某种产品，需要做的只是向工厂提出请求即可。消费者无须修改就可以接纳新产品。这种方法当然也存在缺点，就是当产品修改时，工厂类也要做相应的修改。

假设矩形、圆都有同样的一个方法，那么用基类提供的 API 来创建实例时，通过传参数来自动创建对应的类的实例，它们都有获取周长和面积的功能。

示例代码如下：

```php
<?php
    interface InterfaceShape
    {
        functiongetArea();
        functiongetCircumference();
    }
    //矩形
    class Rectangle implements InterfaceShape
    {
        private $width;
        private $height;

        public function __construct($width，  $height)
        {
            $this->width = $width;
            $this->height = $height;
        }
        public function getArea()
        {
            return $this->width* $this->height;
        }
```

```php
        public function getCircumference()
        {
                return 2 * $this->width + 2 * $this->height;
        }
}
//圆形
class Circle implements InterfaceShape
{
        private $radius;
        function __construct($radius)
        {
            $this->radius = $radius;
        }
        public function getArea()
        {
            return M_PI * pow($this->radius， 2);
        }
        public function getCircumference()
        {
            return 2 * M_PI * $this->radius;
        }
}
//工厂类
class FactoryShape
{
        public static function create()
        {
                switch (func_num_args()) {
                    case1:
                        return newCircle(func_get_arg(0));
                    case2:
                        return newRectangle(func_get_arg(0)， func_get_arg(1));
                    default:
                        # code...
                        break;
                }
        }
}
$rect =FactoryShape::create(5， 5);
var_dump($rect);
echo "<br>";
$circle =FactoryShape::create(4);
var_dump($circle);
?>
```

4.4 什么是观察者模式?

观察者模式（也被称为发布/订阅模式）提供了避免组件之间紧密耦合的另一种方法，它将观察者和被观察的对象分离开。在该模式中，一个对象通过添加一个方法（该方法允许另一个对象，即观察者注册自己）使本身变得可观察。当可观察的对象更改时，它会将消息发送到已注册的观察者。这些观察者使用该信息执行的操作与可观察的对象无关，结果是对象可以相互对话，而不必了解原因。

例如，用户界面可以作为一个观察者，业务数据是被观察者，用户界面观察业务数据的变化，发现数据变化后，就显示在界面上。面向对象设计的一个原则是：系统中的每个类将重点放在某一个功能上，而不是其他方面。一个对象只做一件事情，并且将它做好。观察者模式在模块之间划定了清晰的界限，提高了应用程序的可维护性和重用性。

示例代码如下：

```php
<?php
//观察者接口
interface InterfaceObserver
{
    function onListen($sender，$args);
    function getObserverName();
}
// 被观察者接口
interface InterfaceObservable
{
    function addObserver($observer);
    function removeObserver($observer_name);
}
// 观察者抽象类
abstract class Observer implements InterfaceObserver
{
    protected $observer_name;

    function getObserverName()
    {
        return $this->observer_name;
    }

    function onListen($sender，$args)
    {}
}
// 被观察类
abstract class Observable implements InterfaceObservable
{
    protected $observers = array();

    public function addObserver($observer)
    {
        if ($observerinstanceofInterfaceObserver)
        {
            $this->observers[] = $observer;
        }
    }
```

```php
        public function removeObserver($observer_name)
        {
                foreach ($this->observersas $index => $observer)
                {
                        if ($observer->getObserverName() === $observer_name)
                        {
                                array_splice($this->observers， $index， 1);
                                return;
                        }
                }
        }
}
// 模拟一个可以被观察的类
class A extends Observable
{
        public function addListener($listener)
        {
                foreach ($this->observersas $observer)
                {
                        $observer->onListen($this， $listener);
                }
        }
}
// 模拟一个观察者类
class B extends Observer
{
        protected $observer_name = 'B';
        public function onListen($sender， $args)
        {
                var_dump($sender);
                echo "<br>";
                var_dump($args);
                echo "<br>";
        }
}
// 模拟另外一个观察者类
class C extends Observer
{
        protected $observer_name = 'C';
        public function onListen($sender， $args)
        {
                var_dump($sender);
                echo "<br>";
                var_dump($args);
                echo "<br>";
        }
}
$a = new A();
// 注入观察者
```

```
            $a->addObserver(new B());
            $a->addObserver(new C());
            // 可以看到观察到的信息
            $a->addListener('D');
            // 移除观察者
            $a->removeObserver('B');
        ?>
```

【真题 192】 以下关于设计模式的说法中，错误的是（   ）。

A. 观察者模式中，观察者可以改变被观察者的状态，再由被观察者通知所有观察者依据被观察者的状态进行

B. MVC 模型的基本工作原理是基于观察者模式，实现是基于命令模式

C. 设计模式的核心原则是"开-闭"原则：对扩展开放，对修改关闭

D. 创立型模式的根本意图是要把对象的创建和使用分离的责任进行分离，从而降低系统的耦合度

参考答案：A。

分析：观察者只能观察到被观察者状态的变化，而不能改变被观察者的状态。

所以，本题的答案为 A。

第5章 数 据 库

数据库是按照数据结构来组织、存储和管理数据的仓库。从最简单的存储各种数据的表格数据到如今进行海量数据存储都要用到数据库。PHP 主要负责客户端和数据库的交互，随着用户访问一个网站的量的增加，PHP 每次请求一次数据库都需要耗费内存和访问时间，从而加大服务器的压力和降低网页的访问速度。所以如今的公司都要求每个 PHP 开发人员需要懂得数据库的合理设计、优化。高并发访问的网站对数据库的设计维护要求更高，需要引入 Memcache 或 Redis 缓存来减少对数据库的请求，从而提高用户的访问速度。本章详细介绍 MySQL 的知识、优化和常考题目。

5.1　数据库基础知识

【真题 193】　说出你所知道的三种以上开源数据库的名称。

参考答案：MySQL、PostgreSQL、Ingres r3、MaxDB、InterBase（即 Firebird）等。

下表针对以上五个主流开源数据库进行简要的介绍概述。

数据库	概 要 介 绍	主 要 优 点
MySQL	MySQL 是一个多线程、结构化查询语言(SQL)数据库服务器。MySQL 的执行性能高，运行速度快，容易使用	(1) 可靠的性能和服务 (2) 易于使用和部署 MySQL 的结构体系，易于定制，运行速度快，其独特的多存储引擎结构为企业客户提供了灵活性 (3) 跨平台多，MySQL 可用于 20 多种不同平台
PostgreSQL	一个功能齐全、开放源码的对象-关系性数据库管理系统（ORDBMS）	(1)丰富的数据类型，PostgreSQL 包括了丰富的数据类型支持，例如 IP 类型和几何类型等 (2) 功能全面，PostgreSQL 是全功能的开源软件数据库，全面支持事务、子查询、多版本并行控制系统和数据完整性检查等特性 (3) 丰富的接口，PostgreSQL 支持几乎所有类型的数据库客户端接口 (4) 支持多平台使用
Ingres r3	Ingres r3 按照 C A Trusted Open Source License（CATOSL，CA 可信开放源代码许可）授权，取得此授权的人可以查看 Ingres r3 数据库的源代码，并免费下载该软件	(1) 具备高可用性、可扩展性和可靠性等 (2) 是第一个以 Zope RDBMS Persistence 引擎为基础的初始数据库（Initial Database），其表分区和索引功能满足超大型数据库部署的需求 (3) 可以在异构环境中与其他应用程序和数据进行无缝集成
MaxDB	MaxDB 是一个适应繁重任务、经过 SAP 认证的开源 OLTP 数据库，OLTP 的使用为其提供了可靠性、可用性、扩展性和高性能	(1) 降低企业 SAP 运行的费用成本 (2) 配置简单，管理维护成本低廉 (3) 完善的备份和恢复功能：为大容量的用户和工作量而设计 (4) 数据库容量可达 TB 级：提供集群和热备份支持，带来高可用性
InterBase	InterBase 是一个易于开发者使用的数据库，可以支持复杂商业应用的快速开发与部署	(1) 占用很少的空间，意味着数据库消耗的系统资源很少，能够运行在一个并不昂贵的系统之上 (2) 自动崩溃恢复功能，自动崩溃恢复机制的调优功能使得系统维护量很小，并且没有日志文件蔓延（Log File Creep）现象 (3) 在线备份功能，在线备份进一步降低系统维护量，并提高生产率，因为在备份数据时并不需要停止数据库

5.1.1 SQL 语言的功能有哪些?

SQL 是结构化查询语言（Structured Query Language）的缩写，其功能包括数据查询、数据操纵、数据定义和数据控制四个部分。

数据查询是数据库中最常见的操作，通过 select 语句可以得到所需的信息。SQL 语言的数据操纵语句（Data Manipulation Language，DML）主要包括插入数据、修改数据以及删除数据三种语句。SQL 语言使用数据定义语言（Data Definition Language，DDL）实现数据定义功能，可对数据库用户、基本表、视图、索引进行定义与撤销。数据控制语句（Data Control Language，DCL）用于对数据库进行统一的控制管理，保证数据在多用户共享的情况下能够安全。

基本的 SQL 语句有 select、insert、update、delete、create、drop、grant、revoke 等。其具体使用方式见下表。

类　型	关　键　字	描　　述	语　法　格　式
数据查询	select	选择符合条件的记录	select * from table where 条件语句
数据操纵	insert	插入一条记录	insert into table(字段 1，字段 2...)values(值 1，值 2...)
	update	更新语句	update table set 字段名=字段值 where 条件表达式
	delete	删除记录	Delete from table where 条件表达式
数据定义	create	数据表的建立	create table tablename(字段 1，字段 2....)
	drop	数据表的删除	drop table tablename
数据控制	grant	为用户授予系统权限	grant<系统权限>|<角色> [,<系统权限>|<角色>]... to <用户名>|<角色>|public[,<用户名>|<角色>]... [with admin option]
	revoke	收回系统权限	revoke <系统权限>|<角色> [,<系统权限>|<角色>]... from<用户名>|<角色>|public[,<用户名>|<角色>]...

例如，设教务管理系统中有三个基本表：

学生信息表 S(SNO, SNAME, AGE, SEX)，其属性分别表示学号、学生姓名、年龄和性别。

选课信息表 SC(SNO, CNO, SCGRADE)，其属性分别表示学号、课程号和成绩。

课程信息表 C(CNO, CNAME, CTEACHER)，其属性分别表示课程号、课程名称和任课老师姓名。

1）把 SC 表中每门课程的平均成绩插入另外一个已经存在的表 SC_C(CNO, CNAME, AVG_GRADE)中，其中 AVG_GRADE 表示的是每门课程的平均成绩。

```
INSERT INTO SC_C(CNO, CNAME, AVG_GRADE)
SELECT SC.CNO, C.CNAME, AVG(SCGRADE) FROM SC, C WHERE SC.CNO = C.CNO GROUP BY SC.CNO ,C.CNAME
```

2）给出两种从 S 表中删除数据的方法。

（1）使用 delete 语句删除，这种方法删除后的数据是可以恢复的。

（2）使用 truncate 语句删除，这种方法删除后的数据是无法恢复的。

```
delete from S
```

```
truncate table S
```

3）从 SC 表中把何昊老师的女学生选课记录删除。

```
DELETE FROM SC WHERE CNO=(SELECT CNO FROM C WHERE C.CTEACHER ='何昊') AND
SNO IN (SELECT SNO FROM S WHERE SEX='女')
```

4）找出没有选修过"何昊"老师讲授课程的所有学生姓名。

```
SELECT SNAME FROM S
WHERE NOT EXISTS(
SELECT * FROM SC,C WHERE SC.CNO=C.CNO AND CTEACHER ='何昊' AND SC.SNO=S.SNO)
```

5）列出有两门以上（含两门）不及格课程（成绩小于 60）的学生姓名及其平均成绩。

```
SELECT S.SNO,S.SNAME,AVG_SCGRADE=AVG(SC.SCGRADE)
     FROM S,SC,(
     SELECT SNO FROM SC WHERE SCGRADE<60 GROUP BY SNO
     HAVING COUNT(DISTINCT CNO)>=2)A WHERE S.SNO=A.SNO AND SC.SNO =
     A.SNO
     GROUP BY S.SNO,S.SNAME
```

6）列出既学过"1"号课程，又学过"2"号课程的所有学生姓名。

```
SELECT S.SNO,S.SNAME
FROM S,(SELECT SC.SNO FROM SC,C
WHERE SC.CNO=C.CNO AND C.CNAME IN('1','2')
     GROUP BY SC.SNO
     HAVING COUNT(DISTINCT C.CNO)=2
)SC WHERE S.SNO=SC.SNO
```

7）列出"1"号课成绩比"2"号同学该门课成绩高的所有学生的学号。

```
SELECT S.SNO,S.SNAME
FROM S,(
SELECT SC1.SNO
FROM SC SC1,C C1,SC SC2,C C2
WHERE SC1.CNO=C1.CNO AND C1.CNAME='1'
AND SC2.CNO=C2.CNO AND C2.CNAME='2'
AND SC1.SNO =SC2.SNO AND SC1.SCGRADE>SC2.SCGRADE
)SC WHERE S.SNO=SC.SNO
```

8）列出"1"号课成绩比"2"号课成绩高的所有学生的学号及其"1"号课和"2"号课的成绩。

```
SELECT S.SNO,S.SNAME,SC.grade1,SC.grade2
FROM S,(
SELECT SC1.SNO,grade1=SC1.SCGRADE,grade2=SC2.SCGRADE
FROM SC SC1,C C1,SC SC2,C C2
WHERE SC1.CNO=C1.CNO AND C1.CNO=1
AND SC2.CNO=C2.CNO AND C2.CNO=2
AND SC1.SNO =SC2.SNO AND SC1.SCGRADE>SC2.SCGRADE
```

)SC WHERE S.SNO=SC.SNO

引申：delete 与 truncate 命令有哪些区别？

相同点：都可以用来删除一个表中的数据。

不同点：

1）truncate 是一个 DDL（Data Definition Language，数据定义语言），它会被隐式地提交，一旦执行后将不能回滚。delete 执行的过程是每次从表中删除一行数据，同时将删除的操作以日志的形式进行保存以便将来进行回滚操作。

2）用 delete 操作后，被删除的数据占用的存储空间还在，还可以恢复。而用 truncate 操作删除数据后，被删除的数据会立即释放所占有的存储空间，被删除的数据是不能被恢复的。

3）truncate 的执行速度比 delete 快。

【真题 194】 Oracle 数据库的一个表中有若干条数据，其占用的空间为 10MB，如果用 delete 语句删除表中所有的数据，那么此时这个表所占的空间为多大？

参考答案：10MB。数据库中 delete 操作类似于在 Windows 系统中把数据放到回收站，还可以恢复，因此它不会立即释放所占的存储空间。如果想在删除数据后立即释放存储空间，那么可以使用 truncate。

5.1.2 内连接与外连接有什么区别？

内连接也称为自然连接，只有两个表相匹配的行才能在结果集中出现。返回的结果集是两个表中所有相匹配的数据，而舍弃不匹配的数据。由于内连接是从结果表中删除与其他连接表中没有匹配行的所有行，所以内连接可能会造成信息的丢失。内连接的语法如下：

```
select fieldlist from table1 [inner] join table2 on table1.column=table2.column
```

内连接是保证两个表中所有的行都要满足连接条件，而外连接则不然。与内连接不同，外连接不仅包含符合连接条件的行，而且还包括左表（左外连接时）、右表（右外连接时）或两个边接表（全外连接）中的所有数据行，也就是说，只限制其中一个表的行，而不限制另一个表的行。SQL 的外连接共有三种类型：左外连接，关键字为 LEFT OUTER JOIN、右外连接，关键字为 RIGHT OUTER JOIN 和全外连接，关键字为 FULL OUTER JOIN。外连接的用法和内连接一样，只是将 INNER JOIN 关键字替换为相应的外连接关键字即可。

内连接只显示符合连接条件的记录，外连接除了显示符合连接条件的记录外，例如若用左外连接，还显示左表中记录。

例如，如下有两个学生表 A 和课程表 B。

学生表 A

学　号	姓　名
0001	张三
0002	李四
0003	王五

课程表 B

学　　号	课 程 名
0001	数学
0002	英语
0003	数学
0004	计算机

对表 A 和表 B 进行内连接后的结果见下表。

学　　号	姓　名	课 程 名
0001	张三	数学
0002	李四	英语
0003	王五	数学

对表 A 和表 B 进行右外连接后结果见下表。

学　　号	姓　名	课 程 名
0001	张三	数学
0002	李四	英语
0003	王五	数学
0004		计算机

5.1.3　什么是事务?

事务是数据库中一个单独的执行单元（Unit），它通常由高级数据库操作语言（例如 SQL）或编程语言（例如 C++、Java 等）书写的用户程序的执行所引起。当在数据库中更改数据成功时，在事务中更改的数据便会提交，不再改变；否则，事务就取消或者回滚，更改无效。

例如网上购物，其交易过程至少包括以下几个步骤的操作:

1）更新客户所购商品的库存信息。

2）保存客户付款信息。

3）生成订单并且保存到数据库中。

4）更新用户相关信息，如购物数量等。

在正常的情况下，这些操作都将顺利进行，最终交易成功，与交易相关的所有数据库信息也成功地更新。但是，如果遇到突然掉电或是其他意外情况，导致这一系列过程中任何一个环节出了差错，例如在更新商品库存信息时发生异常、顾客银行账户余额不足等，都将导致整个交易过程失败。而一旦交易失败，数据库中所有信息都必须保持交易前的状态不变，例如最后一步更新用户信息时失败而导致交易失败，那么必须保证这笔失败的交易不影响数据库的状态，即原有的库存信息没有被更新、用户也没有付款、订单也没有生成。否则，数据库的信息将会不一致，或者出现更为严重的不可预测的后果，数据库事务正是用来保证这种情况下交易的平稳性和可预测性的技术。

事务必须满足四个属性，即原子性（Atomicity）、一致性（Consistency）、隔离性（Isolation）、持久性（Durability），即 ACID 四种属性。

（1）原子性

事务是一个不可分割的整体，为了保证事务的总体目标，事务必须具有原子性，即当数据修改时，要么全执行，要么全都不执行，即不允许事务部分地完成，避免了只执行这些操作的一部分而带来的错误。原子性要求事务必须被完整执行。

（2）一致性

一个事务执行之前和执行之后数据库数据必须保持一致性状态。数据库的一致性状态应该满足模式锁指定的约束，那么在完整执行该事务后数据库仍然处于一致性状态。为了维护所有数据的完整性，在关系型数据库中，所有的规则必须应用到事务的修改上。数据库的一致性状态由用户来负责，由并发控制机制实现，例如银行转账，转账前后两个账户金额之和应保持不变，由于并发操作带来的数据不一致性包括丢失数据修改、读"脏"数据、不可重复读和产生幽灵数据。

（3）隔离性

隔离性也被称为独立性，当两个或多个事务并发执行时，为了保证数据的安全性，将一个事物内部的操作与事务的操作隔离起来，不被其他正在进行的事务看到。例如对任何一对事务 T1、T2，对 T1 而言，T2 要么在 T1 开始之前已经结束，要么在 T1 完成之后再开始执行。数据库有四种类型的事务隔离级别：不提交的读、提交的读、可重复的读和串行化。因为隔离性使得每个事务的更新在它被提交之前，对其他事务都是不可见的，所以，实施隔离性是解决临时更新与消除级联回滚问题的一种方式。

（4）持久性

持久性也被称为永久性，事务完成以后，数据库管理系统（DBMS）保证它对数据库中的数据的修改是永久性的，当系统或介质发生故障时，该修改也永久保持。持久性一般通过数据库备份与恢复来保证。

严格来说，数据库事务属性（ACID）都是由数据库管理系统来进行保证的，在整个应用程序运行过程中应用无须去考虑数据库的 ACID 实现。

一般情况下，通过执行 COMMIT 或 ROLLBACK 语句来终止事务，当执行 COMMIT 语句时，自从事务启动以来对数据库所做的一切更改就成为永久性的了，即被写入磁盘，而当执行 ROLLBACK 语句时，自动事务启动以来对数据库所做的一切更改都会被撤销，并且数据库中内容返回到事务开始之前所处的状态。无论什么情况，在事务完成时，都能保证回到一致状态。

【真题 195】 请谈谈数据库中的事务。

参考答案：事务是作为一个单元的一组有序的数据库操作。如果组中的所有操作都成功，则认为事务成功，即使只有一个操作失败，事务也不成功。如果所有操作完成，事务则提交，那么其修改将作用于所有其他数据库进程。如果一个操作失败，则事务将回滚，该事务所有操作的影响都将取消。

【真题 196】 对于 MySQL 的事务处理，下面说法错误的是（　　　）。

A．如果某表引擎是 MyISAM，则无法使用事务处理

B．执行 start transaction; 可以开启事务

C．开启事务后可以执行多条 SQL 操作，在没有 COMMIT 之前，所做操作并未实际生效

D．如果执行了 COMMIT 后再执行 ROLLBACK，则所做操作都会被取消

参考答案：D。

分析：对于选项 A，MySQL 的存储引擎 MyISAM 和 MEMORY 都是不支持事务的，只有 InnoDB 是支持事务的。选项 A 的说法是正确的。

对于选项 D，当所有事务执行成功并且 COMMIT 后所做的全部操作实际生效后，就不能够再通过 ROLLBACK 取消前面的所有操作了。所以，选项 D 的说法错误。

5.1.4 什么是存储过程？它与函数有什么区别与联系？

SQL 语句执行的时候要先编译，然后再被执行。在大型数据库系统中，为了提高效率，将为了完成特定功能的 SQL 语句集进行编译优化后，存储在数据库服务器中，用户通过指定存储过程的名字来调用执行。

例如，如下为一个创建存储过程的常用语法：

```
create procedure sp_name @[参数名][类型]
                as
                begin
                ........
                End
```

调用存储过程语法：exec sp_name [参数名]

删除存储过程语法：drop procedure sp_name

使用存储过程可以增强 SQL 语言的功能和灵活性，由于可以用流程控制语句编写存储过程，有很强的灵活性，所以可以完成复杂的判断和运算，并且可以保证数据的安全性和完整性，同时存储过程可以使没有权限的用户在控制之下间接地存取数据库，也保证了数据的安全。

需要注意的是，存储过程不等于函数，二者虽然本质上没有区别，但具体而言，还是有如下几个方面的区别：

1）存储过程一般是作为一个独立的部分来执行，而函数可以作为查询语句的一个部分来调用。由于函数可以返回一个表对象，因此它可以在查询语句中位于 FROM 关键字的后面。

2）一般而言，存储过程实现的功能较复杂，而函数实现的功能针对性比较强。

3）函数需要用括号包住输入的参数，且只能返回一个值或表对象，存储过程可以返回多个参数。

4）函数可以嵌入在 SQL 中使用，可以在 SELECT 中调用，存储过程不行。

5）函数不能直接操作实体表，只能操作内建表。

6）存储过程在创建时即在服务器上进行了编译，执行速度更快。

5.1.5 一二三四范式有何区别？

在设计与操作维护数据库时，最关键的问题就是要确保数据正确地分布到数据库的表中，

使用正确的数据结构，不仅有助于对数据库进行相应的存取操作，还可以极大地简化应用程序的其他内容（查询、窗体、报表、代码等）。正确地进行表的设计称为"数据库规范化"，它的目的就是减少数据库中的数据冗余，从而增加数据的一致性。

范式是在识别数据库中的数据元素、关系，以及定义所需的表和各表中的项目这些初始工作之后的一个细化的过程。常见的范式有 1NF、2NF、3NF、BCNF 以及 4NF。

1NF，第一范式。是指数据库表的每一列都是不可分割的基本数据项，同一列中不能有多个值，即实体中的某个属性不能有多个值或者不能有重复的属性。如果出现重复的属性，那么就可能需要定义一个新的实体，新的实体由重复的属性构成，新实体与原实体之间为一对多关系。第一范式的模式要求属性值不可再分裂成更小部分，即属性项不能是属性组合或由组属性组成。简而言之，第一范式就是无重复的列。例如，由"职工号""姓名""电话号码"组成的表（一个人可能有一个办公电话和一个移动电话），这时将其规范化为 1NF 可以将电话号码分为"办公电话"和"移动电话"两个属性，即职工（职工号，姓名，办公电话，移动电话）。

2NF，第二范式。第二范式（2NF）是在第一范式（1NF）的基础上建立起来的，即满足第二范式（2NF）必须先满足第一范式（1NF）。第二范式（2NF）要求数据库表中的每个实例或行必须可以被唯一地区分。为实现区分通常需要为表加上一个列，以存储各个实例的唯一标识。如果关系模式 R 为第一范式，并且 R 中每一个非主属性完全函数依赖于 R 的某个候选键，则称 R 为第二范式模式（如果 A 是关系模式 R 的候选键的一个属性，则称 A 是 R 的主属性，否则称 A 是 R 的非主属性）。例如，在选课关系表（学号，课程号，成绩，学分）中，关键字为组合关键字（学号，课程号），但由于非主属性学分仅依赖于课程号，对关键字（学号，课程号）只是部分依赖，而不是完全依赖，所以此种方式会导致数据冗余以及更新异常等问题，解决办法是将其分为两个关系模式：学生表（学号，课程号，分数）和课程表（课程号，学分），新关系通过学生表中的外关键字课程号联系，在需要时进行连接。

3NF，第三范式。如果关系模式 R 是第二范式，且每个非主属性都不传递依赖于 R 的候选键，则称 R 是第三范式的模式。例如学生表（学号，姓名，课程号，成绩），其中学生姓名无重名，所以该表有两个候选码（学号，课程号）和（姓名，课程号），则存在函数依赖：学号→姓名，（学号，课程号）→成绩，（姓名，课程号）→成绩，唯一的非主属性成绩对码不存在部分依赖，也不存在传递依赖，所以属于第三范式。

BCNF。它构建在第三范式的基础上，如果关系模式 R 是第一范式，且每个属性都不传递依赖于 R 的候选键，那么称 R 为 BCNF 的模式。假设仓库管理关系表（仓库号，存储物品号，管理员号，数量），满足一个管理员只在一个仓库工作；一个仓库可以存储多种物品。则存在如下关系：

（仓库号，存储物品号）→（管理员号，数量）

（管理员号，存储物品号）→（仓库号，数量）

所以，（仓库号，存储物品号）和（管理员号，存储物品号）都是仓库管理关系表的候选码，表中的唯一非关键字段为数量，它是符合第三范式的。但是，由于存在如下决定关系：

（仓库号）→（管理员号）

（管理员号）→（仓库号）

即存在关键字段决定关键字段的情况，所以其不符合 BCNF 范式。把仓库管理关系表分解为两个关系表：仓库管理表（仓库号，管理员号）和仓库表（仓库号，存储物品号，数量），这样的数据库表是符合 BCNF 范式的，消除了删除异常、插入异常和更新异常。

4NF，第四范式。设 R 是一个关系模式，D 是 R 上的多值依赖集合。如果 D 中成立非平凡多值依赖 X→Y 时，X 必是 R 的超键，那么称 R 是第四范式的模式。例如，职工表（职工编号，职工孩子姓名，职工选修课程），在这个表中同一个职工也可能会有多个职工孩子姓名，同样，同一个职工也可能会有多个职工选修课程，即这里存在着多值事实，不符合第四范式。如果要符合第四范式，那么只需要将上表分为两个表，使它们只有一个多值事实，例如职工表一（职工编号，职工孩子姓名），职工表二（职工编号，职工选修课程），两个表都只有一个多值事实，所以符合第四范式。

右图所示为各范式关系图。

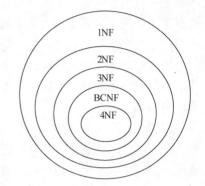

5.1.6　什么是触发器？

触发器是一种特殊类型的存储过程，它由事件触发，而不是程序调用或手工启动，当数据库有特殊的操作时，对这些操作由数据库中的事件来触发，自动完成这些 SQL 语句。使用触发器可以用来保证数据的有效性和完整性，完成比约束更复杂的数据约束。

具体而言，触发器与存储过程的区别见下表。

触 发 器	存 储 过 程
当某类数据操纵 DML 语句发生时隐式地调用	从一个应用或过程中显式地调用
在触发器体内禁止使用 COMMIT、ROLLBACK 语句	在过程体内可以使用所有 PL/SQL 块中都能使用的 SQL 语句，包括 COMMIT、ROLLBACK
不能接收参数输入	可以接收参数输入

根据 SQL 语句的不同，触发器可分为两类：DML 触发器和 DLL 触发器。

DML 触发器是当数据库服务器发生数据操作语言事件时执行的存储过程，有 After 和 Instead Of 这两种触发器。After 触发器被激活触发是在记录改变之后进行的一种触发器。Instead Of 触发器是在记录变更之前，去执行触发器本身所定义的操作，而不是执行原来 SQL 语句里的操作。DLL 触发器是在响应数据定义语言事件时执行的存储过程。

具体而言，触发器的主要作用表现为如下几个方面：

1）增加安全性。

2）利用触发器记录所进行的修改\以及相关信息，跟踪用户对数据库的操作，实现审计。

3）维护那些通过创建表时的声明约束不可能实现的复杂的完整性约束以及对数据库中特定事件进行监控与响应。

4）实现复杂的非标准的数据库相关完整性规则、同步实时地复制表中的数据。

5）触发器是自动的，它们在对表的数据做了任何修改之后就会被激活，例如可以自动计算数据值，如果数据的值达到了一定的要求，则进行特定的处理。以某企业财务管理为例，如果企业的资金链出现短缺，并且达到某种程度，则发送警告信息。

下面是一个触发器的例子，该触发器的功能是在每周末进行数据表更新，如果当前用户没有访问 WEEKEND_UPDATE_OK 表的权限，那么需要重新赋予权限。

```
CREATE OR REPLACE TRIGGER update_on_weekends_check
BEFORE UPDATE OF sal ON EMP
FOR EACH ROW
DECLARE
my_count number(4);
BEGIN
SELECT COUNT(u_name)
FROM WEEKEND_UPDATE_OK INTO my_count
WHERE u_name = user_name;
IF my_count=0 THEN
RAISE_APPLICATION_ERROR(20508, 'Update not allowed');
END IF;
END;
```

引申：触发器分为事前触发和事后触发，二者有什么区别？语句级触发和行级触发有什么区别？

事前触发发生在事件发生之前验证一些条件或进行一些准备工作；事后触发发生在事件发生之后，做收尾工作，保证事务的完整性。而事前触发可以获得之前和新的字段值。语句级触发器可以在语句执行之前或之后执行，而行级触发在触发器所影响的每一行触发一次。

5.1.7　什么是游标？

数据库中，游标提供了一种对从表中检索出的数据进行操作的灵活手段，它实际上是一种能从包括多条数据记录的结果集中每次提取一条记录的机制。

游标总是与一条 SQL 选择语句相关联，因为游标由结果集（可以是零条、一条或由相关的选择语句检索出的多条记录）和结果集中指向特定记录的游标位置组成。当决定对结果集进行处理时，必须声明一个指向该结果集的游标。

游标允许应用程序对查询语句 SELECT 返回的行结果集中每一行进行相同或不同的操作，而不是一次对整个结果集进行同一种操作；它还提供对基于游标位置而对表中数据进行删除或更新的能力；而且，正是游标把作为面向集合的数据库管理系统和面向行的程序设计两者联系起来，使两个数据处理方式能够进行沟通。

例如，声明一个游标 student_cursor，用于访问数据库 SCHOOL 中的"学生基本信息表"，代码如下：

```
USE SCHOOL
GO
DECLARE student_cursor CURSOR
FROM SELECT * FROM 学生基本信息表
```

上述代码中，声明游标时，在 SELECT 语句中未使用 WHERE 子句，故此游标返回的结果集是由"学生基本信息表"中的所有记录构成的。

在 SELECT 返回的行集合中，游标不允许程序对整个行集合执行相同的操作，但对每一行数据的操作不做要求。游标的优点有以下两个方面的内容：

1）在使用游标的表中，对行提供删除和更新的能力。

2）游标将面向集合的数据库管理系统和面向行的程序设计连接了起来。

5.1.8　如果数据库日志满了，那么会出现什么情况?

日志文件（Log File）记录所有对数据库数据的修改，主要是保护数据库以防止故障，以及恢复数据时使用。其特点如下：

1）每一个数据库至少包含两个日志文件组。每个日志文件组至少包含两个日志文件成员。

2）日志文件组以循环方式进行写操作。

3）每一个日志文件成员对应一个物理文件。

通过日志文件来记录数据库事务可以最大限度地保证数据的一致性与安全性，但一旦数据库中日志满了，就只能执行查询等读操作，不能执行更改、备份等操作，原因是任何写操作都要记录日志，也就是说，基本上处于不能使用的状态。

5.1.9　UNION 和 UNION ALL 有什么区别?

UNION 在进行表求并集后会去掉重复的元素，所以会对所产生的结果集进行排序运算，删除重复的记录再返回结果。

而 UNION ALL 只是简单地将两个结果合并后就返回。因此，如果返回的两个结果集中有重复的数据，那么返回的结果集就会包含重复的数据。

从上面的对比可以看出，在执行查询操作的时候，UNION ALL 要比 UNION 快很多，所以，如果可以确认合并的两个结果集中不包含重复的数据，那么最好使用 UNION ALL。例如，如下有两个学生表 Table1 和 Table2。

Table1	
C1	C2
1	1
2	2
3	3

Table2	
C1	C2
3	3
4	4
1	1

select * from Table1 union select * from Table2 的查询结果为

C1	C2
1	1
2	2
3	3
4	4

select * from Table1 union all select * from Table2 的查询结果为

C1	C2
1	1
2	2
3	3
3	3
4	4
1	1

5.1.10　什么是视图?

视图是由从数据库的基本表中选取出来的数据组成的逻辑窗口，它不同于基本表，是一个虚表，在数据库中，存放的只是视图的定义而已，而不存放视图包含的数据项，这些项目仍然存放在原来的基本表结构中。

视图的作用非常多，主要有以下几点：首先，可以简化数据查询语句；其次，可以使用户能从多角度看待同一数据；然后，通过引入视图，可以提高数据的安全性；最后，视图提供了一定程度的逻辑独立性等。

通过引入视图机制，用户可以将注意力集中在其关心的数据上而非全部数据，这样就大大提高了用户效率与用户满意度，而且如果这些数据来源于多个基本表结构，或者数据不仅来自于基本表结构，还有一部分数据来源于其他视图，并且搜索条件又比较复杂，那么需要编写的查询语句就会比较繁琐，此时定义视图就可以使数据的查询语句变得简单可行。定义视图可以将表与表之间的复杂的操作连接和搜索条件对用户不可见，用户只需要简单地对一个视图进行查询即可，所以增加了数据的安全性，但是不能提高查询的效率。

5.1.11　什么是数据库三级封锁协议?

众所周知，基本的封锁类型有两种：排它锁（X 锁）和共享锁（S 锁）。所谓 X 锁是事务 T 对数据 A 加上 X 锁时，只允许事务 T 读取和修改数据 A。所谓 S 锁是事务 T 对数据 A 加上 S 锁时，其他事务只能再对数据 A 加 S 锁，而不能加 X 锁，直到 T 释放 A 上的 S 锁。若事务 T 对数据对象 A 加了 S 锁，则 T 就可以对 A 进行读取，但不能进行更新（S 锁因此又称为读锁），在 T 释放 A 上的 S 锁以前，其他事务可以再对 A 加 S 锁，但不能加 X 锁，从而可以读取 A，但不能更新 A。

在运用 X 锁和 S 锁对数据对象加锁时，还需要约定一些规则，例如，何时申请 X 锁或 S 锁、持锁时间、何时释放等，称这些规则为封锁协议（Locking Protocol）。对封锁方式规定不同的规则，就形成了各种不同的封锁协议。一般使用三级封锁协议，也称为三级加锁协议。

该协议是为了保证正确的调度事务的并发操作。三级加锁协议是事务在对数据库对象加锁、解锁时必须遵守的一种规则。下面分别介绍这三级封锁协议。

一级封锁协议：事务 T 在修改数据 R 之前必须先对其加 X 锁，直到事务结束才释放。事务结束包括正常结束（COMMIT）和非正常结束（ROLLBACK）。一级封锁协议可以防止丢失修改，并保证事务 T 是可恢复的。使用一级封锁协议可以解决丢失修改问题。在一级封锁协议中，如果仅仅是读数据不对其进行修改，是不需要加锁的，它不能保证可重复读和不读"脏"数据。

二级封锁协议：一级封锁协议加上事务 T 在读取数据 R 之前必须先对其加 S 锁，读完后方可释放 S 锁。二级封锁协议除防止了丢失修改，还可以进一步防止读"脏"数据。但在二级封锁协议中，由于读完数据后即可释放 S 锁，所以它不能保证可重复读。

三级封锁协议：一级封锁协议加上事务 T 在读取数据 R 之前必须先对其加 S 锁，直到事务结束才释放。三级封锁协议除防止了丢失修改和不读"脏"数据外，还进一步防止了不可重复读。

5.1.12 索引的优缺点

创建索引可以大大提高系统的性能，总体来说，索引的优点如下：

1）大大加快数据的检索速度，这也是创建索引的最主要的原因。

2）索引可以加速表和表之间的连接。

3）索引在实现数据的参照完整性方面特别有意义，例如，在外键列上创建索引可以有效地避免死锁的发生，也可以防止当更新父表主键时，数据库对子表的全表锁定。

4）索引是减少磁盘 I/O 的许多有效手段之一。

5）当使用分组（GROUP BY）和排序（ORDER BY）子句进行数据检索时，可以显著减少查询中分组和排序的时间，大大加快数据的检索速度。

6）创建唯一性索引，可以保证数据库表中每一行数据的唯一性。

7）通过使用索引，可以在查询的过程中，使用优化隐藏器，提高系统的性能。

索引的缺点如下：

1）索引必须创建在表上，不能创建在视图上。

2）创建索引和维护索引要耗费时间，这种时间随着数据量的增加而增加。

3）建立索引需要占用物理空间，如果要建立聚簇索引，那么需要的空间会很大。

4）当对表中的数据进行增加、删除和修改的时候，系统必须要有额外的时间来同时对索引进行更新维护，以维持数据和索引的一致性，所以，索引降低了数据的维护速度。

索引的使用原则如下：

1）在大表上建立索引才有意义。

2）在 WHERE 子句或者连接条件经常引用的列上建立索引。

3）索引的层次不要超过 4 层。

4）如果某属性常作为最大值和最小值等聚集函数的参数，那么考虑为该属性建立索引。

5）表的主键、外键必须有索引。

6）创建了主键和唯一约束后会自动创建唯一索引。

7）经常与其他表进行连接的表，在连接字段上应该建立索引。

8）经常出现在 WHERE 子句中的字段，特别是大表的字段，应该建立索引。

9）要索引的列经常被查询，并只返回表中的行的总数的一小部分。

10）对于那些查询中很少涉及的列、重复值比较多的列尽量不要建立索引。

11）经常出现在关键字 ORDER BY、GROUP BY、DISTINCT 后面的字段，最好建立索引。

12）索引应该建在选择性高的字段上。

13）索引应该建在小字段上，对于大的文本字段甚至超长字段，不适合建索引。对于定义为 CLOB．TEXT、IMAGE 和 BIT 的数据类型的列不适合建立索引。

14）复合索引的建立需要进行仔细分析。正确选择复合索引中的前导列字段，一般是选择性较好的字段。

15）如果单字段查询很少甚至没有，那么可以建立复合索引；否则考虑单字段索引。

16）如果复合索引中包含的字段经常单独出现在 WHERE 子句中，那么分解为多个单字段索引。

17）如果复合索引所包含的字段超过 3 个，那么仔细考虑其必要性，考虑减少复合的字段。

18）如果既有单字段索引，又有这几个字段上的复合索引，那么一般可以删除复合索引。

19）频繁进行 DML 操作的表，不要建立太多的索引。

20）删除无用的索引，避免对执行计划造成负面影响。

"水可载舟，亦可覆舟"，索引也一样。索引有助于提高检索性能，但过多或不当的索引也会导致系统低效。不要认为索引可以解决一切性能问题，否则就大错特错了。因为用户在表中每加进一个索引，数据库就要做更多的工作。过多的索引甚至会导致索引碎片。所以说，要建立一个"适当"的索引体系，特别是对聚合索引的创建，更应精益求精，这样才能使数据库得到高性能的发挥。所以，提高查询效率是以消耗一定的系统资源为代价的，索引不能盲目地建立，这是考验一个 DBA 是否优秀的一个很重要的指标。

5.2 MySQL 基础知识

MySQL 是一种开放源代码的关系型数据库管理系统（RDBMS），MySQL 数据库系统使用最常用的数据库管理语言——结构化查询语言（SQL）进行数据库管理。

由于 MySQL 是开放源代码的，因此，任何人都可以在 General Public License 的许可下下载并根据个性化的需要对其进行修改。MySQL 因为其速度、可靠性和适应性而备受关注。大多数人都认为在不需要事务化处理的情况下，MySQL 是管理内容最好的选择。PHP 与 MySQL 的关系就像是亲兄弟一样，项目开发中总是天然地在一起使用。

【真题 197】 说出 MySQL 4.0 和 MySQL 4.1 版本的最主要的两个区别。如果你使用过 MySQL 5，那么请描述 MySQL 5 与 MySQL 4 的主要区别。

参考答案：MySQL 4.1 主要是比 MySQL 4.0 多了子查询和字符编码的支持两个特点。MySQL 5 增加的功能比 MySQL 4 要更多，包括存储过程、视图、事务等。

【真题 198】 以下关于"表驱动法"的描述中，错误的是（   ）。

A．表驱动法可以作为复杂继承结构的替代方案，难点在于一个经过深思熟虑的查询表

B．表驱动法是一种编程模式——从数据库表里面查找信息而不使用逻辑语句

C．凡是能通过逻辑来选择的事物，都可以通过查表来选择

D．表驱动法查找无规则分布的数据采用阶梯访问的方法最佳

参考答案：B。

分析：表驱动方法是一种使你可以在表中查找信息，而不必用很多的逻辑语句（if 或 Case）来把它们找出来的方法。所谓的表中查找信息是指程序员构造一个数组存储这个信息去匹配数据，并不是从数据库表中查找。选项 B 的说法错误。

5.2.1 PHP 操作 MySQL 的函数有哪些?

PHP 操作 MySQL 常用的函数及用法见下表。

函 数 类 别	函 数 原 型	函 数 作 用
连接函数	mysql_connect(server,user,pwd,newlink,clientflag) server: 可选，连接的服务器。可以包括端口号，例如" xxx:3306"，默认是 3306 user: 可选，用户名 pwd: 可选，密码	打开非持久的 MySQL 连接。如果成功，则返回一个 MySQL 连接标识，失败则返回 FALSE。注意：使用该连接必须显示地关闭连接
	mysql_pconnect(server,user,pwd,clientflag) 参数说明同上	打开一个到 MySQL 服务器的持久连接。注意：使用该连接函数不需要显示地关闭连接，它相当于使用了连接池
关闭函数	mysql_close(link_identifier) link_identifier: 必需。MySQL 的连接标识符	关闭非持久的 MySQL 连接。如果成功，则返回 true，失败则返回 false
选择函数	mysql_select_db(database,connection) database: 必需。要选择的数据库 connection: 可选。规定 MySQL 连接	选择数据库。如果成功，则该函数返回 true。如果失败，则返回 false
查询处理函数	mysql_query(query,connection) query: 必需。规定要发送的 SQL 查询。注意：不需要以分号结束 connection: 可选，连接标识符	函数执行一条MySQL 查询。仅对 SELECT、SHOW、EXPLAIN 或 DESCRIBE 语句有效
	mysql_result(data,row,field) data:必需。规定要使用的结果标识符 row:必需。规定行号。行号从 0 开始 field: 可选。规定获取哪个字段	返回结果集中一个字段的值。如果成功，则该函数返回字段值。如果失败，则返回 false
	mysql_fetch_row(data) data: 必需。要使用的数据指针。该数据指针是从 mysql_query() 返回的结果	从结果集中取得一行作为数字数组。返回根据所取得的行生成的数组，如果没有更多行，则返回 false
	mysql_fetch_array(data,array_type) data: 可选。规定要使用的数据指针。该数据指针是 mysql_query() 函数产生的结果 array_type: 可选。规定返回哪种结果	从结果集中取得一行作为关联数组，或数字数组，或二者兼有 返回根据从结果集取得的行生成的数组，如果没有更多行，则返回 false
	mysql_fetch_object(data) data: 必需。要使用的数据指针。该数据指针是从 mysql_query() 返回的结果	返回一个对象，在操作上与 mysql_fetch_array()相同
	mysql_num_rows(resource result_set)	返回选择的记录的个数
其他函数	mysql_db_name(resource result_set, integer index)	该函数获取在 mysql_list_dbs()所返回 result_set 中位于指定 index 索引的数据库名
	mysql_list_fields (string database_name, string table_name [, resource link_id])	获取指定表的所有字段的字段名

以上列举的是传统的面向过程的访问方式，在 PHP 5 版本后，增加了 MySQLi 的函数功能，某种意义上讲，它是 MySQL 系统函数的增强版，更稳定、更高效、更安全，与 mysql_ query()对应的有 mysqli_query()，属于面向对象，用对象的方式操作驱动 MySQL 数据库。在开发过程中，建议读者更多地使用 MySQLi 的访问方式。对应的函数功能都是相似的，以下就直接以示例的方式展开说明。

【真题 199】 设有一个数据库 mydb 中有一个表 tb1，表中有六个字段，主键为 ID，有十条记录，ID 从 0 到 9，以下代码输出结果是（   ）。

```php
<?php
    $link = mysql_connect("localhost","mysql_user", "mysql_password")
            ordie("Could not connect: ". mysql_error());
    $result = mysql_query("SELECT id,name,age FROM mydB.  tb1 where id < 5");
            ordie("Could not query: . mysql_error());
    echo mysql_num_fields($result);
    mysql_close($link);
?>
```

A. 6   B. 5   C. 4   D. 3

参考答案：D。

分析：mysql_num_fields()返回结果集中字段的数目，该语句主要查了 id、name、age 三个字段。所以，选项 D 正确。

【真题 200】 写出下面两个 PHP 操作 MySQL 函数的作用及区别。

```
mysql_num_rows()
mysql_affected_rows()
```

参考答案：mysql_num_rows()返回影响的结果集的行数，只对 select 操作有用，对于 update、delete、insert，用 mysql_affected_rows()来返回受影响的行数。

5.2.2 PHP 连接 MySQL 的方法是什么?

PHP 连接 MySQL 有以下三种方法。

方法一：普通方法（面向过程）

```
$username="数据库用户名";
$userpass="数据库密码";
$dbhost="数据库的 ip 地址";
$dbdatabase="需要连接的数据库";
下面是关键步骤:
//生成一个连接
$db_connect=mysql_connect($dbhost,$username,$userpass) or die("Unable to connect to the MySQL!");
//选择一个需要操作的数据库
  mysql_select_db($dbdatabase,$db_connect);
//执行 MySQL 语句
$result=mysql_query("SELECT id,name FROM user");
//提取数据
$row=mysql_fetch_row($result);
```

1）在 mysql_connect()、mysql_select_db()等函数之前使用@（错误控制运算符），可以忽略掉系统产生的错误信息，然后用 die()来自定义错误信息。

2）提取数据的时候，除了上面的 mysql_fetch_row，常见的还有 mysql_fetch_assoc 和 mysql_fetch_array，具体差别请查阅 PHP Manual。

3）对于 mysql_query()函数的返回值，如果执行的语句有返回值（如 SELECT、SHOW、DESCRIBE 等），则返回相应数据（成功时）或 FALSE（失败时）；如果执行的语句没有返回值（如 DELETE、DROP、INSERT、UPDATE 等），则返回 TRUE（成功时）或 FALSE（失败时）。

方法二：面向对象方法

其实这种方法和普通方法非常类似，只是把相应的函数换成了面向对象方法，示例代码如下：

```php
$db=new mysqli($dbhost,$username,$userpass,$dbdatabase);
if(mysqli_connect_error()){
    echo 'Could not connect to database.';
    exit;
}
$result=$db->query("SELECT id,name FROM user");
$row=$result->fetch_row();
```

这里用到的是 MySQLi，它是 MySQL 的扩展，既可以通过面向过程的方式，也可以通过面向对象的方式与数据库进行交互，唯一不同的是调用函数（对象方法）的方式不一样。

方法三：PDO 方法

PDO 其实是 PHP Database Objects 的缩写，中文即 PHP 数据库对象。它提供了一种统一的 PHP 与数据库交互的方法。

这是目前比较流行的一种连接数据库的方法。它的优势在于：只要正确提供数据源，余下对于数据库的基本操作都是一样的。也就是说，同一段代码既可以同 MySQL 交互，也可以和 SQLite3 交互，当然也可以和 PostgreSQL 进行交互，前提是提供了正确的数据源。下面看一下连接 MySQL 的代码：

```php
$dsn='mysql:host='.$dbhost.';dbname='.$dbdatabase.';'
$dbh=new PDO($dsn,$username,$userpass);
```

如果是 SQLite3，那么直接使用下面的代码：

```php
$dsn='sqlite3:"C:\sqlite\user.db"';
$dbh=new PDO($dsn);
```

如果是 PostgreSQL，那么直接使用下面的代码：

```php
$dsn='pgsql:host='.$dbhost.' port=5432 dbname='.$dbdatabase.' user='.$username.' password='.$userpass;
$dbh=new PDO($dsn);
```

与数据库成功建立连接之后，下面就只需要从数据库获取数据或插入更新数据，实例代码如下：

```php
$stmt=$dbh->query('SELECT id,name FROM user');
```

```
$row=$stmt->fetch();
```

【真题 201】 有如下代码，数据库关闭指令将关闭的连接标识是（　　）。

```
<?php
    $link1 =mysql_connect("localhost","root","");
    $link2 = mysql_connect("localhost","root","");
    mysql_close();
?>
```

A．$link1　　　　　　B．$link2　　　　　　C．全部关闭　　　　　D．报错

参考答案：B。

分析：当数据库连接时，默认使用最后被 mysql_connect()打开的连接。如果没有找到该连接，那么函数会尝试调用 mysql_connect()建立连接并使用它。如果发生意外，没有找到连接或无法建立连接，那么系统会发出 E_WARNING 级别的警告信息。所以，选项 B 正确。

【真题 202】 以下关于 mysql_pconnect 的说法中，正确的是（　　）。

A．与数据库进行多连接　　　　　　　　　B．与 mysql_connect 功能相同

C．与@mysql_connect 功能相同　　　　　D．与数据库建立持久连接

参考答案：D。

分析：mysql_pconnect()函数打开一个到 MySQL 服务器的持久连接。

mysql_pconnect()和 mysql_connect()非常相似，虽然只多了一个 p，但它们有两个主要区别：当连接的时候本函数将先尝试寻找一个在同一个主机上用同样的用户名和密码已经打开的（持久）连接，如果找到，则返回此连接标识而不打开新连接。其次，当脚本执行完毕后到 SQL 服务器的连接不会被关闭，此连接将保持打开以备以后使用（mysql_close()不会关闭由 mysql_pconnect()建立的连接）。所以，选项 D 正确。

【真题 203】 如果在 PHP 中使用 Oracle 数据库作为数据库服务器，那么应该在 PDO 中加载下面驱动程序中的（　　）。

A．PDO_DBLIB　　　　　　　　B．PDO_MySQL

C．PDO_OCI　　　　　　　　　D．PDO_ODBC

参考答案：C。

分析：PDO_OCI is a driver that implements the PHP Data Objects (PDO) interface to enable access from PHP to Oracle databases through the OCI library. 所以，选项 C 正确。

【真题 204】 PDO 通过执行 SQL 查询与数据库进行交互，可以分为多种不同的策略，使用哪一种方法取决于你要做什么操作。如果向数据库发送 DML 语句，那么下面最合适的方式是（　　）。

A．使用 PDO 对象中的 exec()方法

B．使用 PDO 对象中的 query()方法

C．使用 PDO 对象中的 prepare()和 PDOStatement 对象中的 execute()两个方法结合

D．以上方式都可以

参考答案：A。

分析：PDO->exec()方法主要是针对没有结果集合返回的操作，例如 INSERT、UPDATE、DELETE 等操作，它返回的结果是当前操作影响的列数。所以，选项 A 正确。

【真题 205】 当 PDO 对象创建成功以后，与数据库的连接已经建立，就可以使用 PDO 对象了，下面不是 PDO 对象中的成员方法的是（   ）。

A．errorInfo()　　　　　B．bindParam()　　　　　C．exec()　　　　　D．prepare()

参考答案：B。

分析：bindParam 是 PDOStatement 类的方法，其余是 PDO 类的方法（PDOStatement 也有 errorInfo 方法）。

errorInfo：从数据库返回一个含有错误信息的数组，如果有的话。

exec：执行一条 SQL 语句并返回影响的行数。

prepare：为执行准备一条 SQL 语句。

所以，选项 B 正确。

5.2.3　MySQLi 访问数据库的方法

在开始示例之前，先创建测试的数据库表。

```
mysql> select * from userinfotb;
+----+-------+--------+----------+
| id | name  | passwd | phone    |
+----+-------+--------+----------+
|  1 | jack  | pwd1   |    12345 |
|  2 | lucy  | pwd2   | 13590898 |
|  4 | marry | pwd4   |   456324 |
|  5 | jim   | pwd5   |   908714 |
|  6 | mike  | pwd3   | 66666666 |
+----+-------+--------+----------+
```

上面创建了一张数据库的表，插入了 5 条信息。

1．建立连接

与 MySQL 数据库交互时，首先要建立连接，最后要断开连接；这包括与服务器连接并选择一个数据库，以及最后关闭连接，释放资源。选择使用面向对象接口与 MySQL 服务器交互，首先需要通过其构造函数实例化 MySQLi 类。

```php
<?php
$con = mysql_connect("10.89.60.63","root","abcd");
if (!$con){
    die('Could not connect: ' . mysql_error());
}
else{
    echo "connnect successs"."\n";
}
// other
mysql_close($con);
?>
```

成功连接数据库后，就可以对这个数据库执行查询操作了。程序脚本执行完毕后，所有打开的数据库连接都会自动关闭，并释放资源。不过，有可能一个页面在执行期间需要多个数据库连接，各个连接都应当适当地加以关闭。即使只使用一个连接，也应该在脚本的最后将其关闭，这是一种很好的实践方法。在任何情况下，都由方法 close() 负责关闭连接。当连接出现错误时，需要根据错误信息进行及时的判定。具体错误信息可以查阅相关文档。

2．数据库交互

对于数据库的交互，主要包括查询、插入、更新、删除等操作。这是最常用最基本的功能。

（1）数据库查询操作

```php
<?php
    // 实例化 MySQLi 类
    $mysqliConn = new mysqli();
    // 连接服务器
    $mysqliConn->connect('10.1.1.1', 'root', 'root', 'db');
    if ($mysqliConn->connect_error) {
        echo "Unable to connect to the database:".$mysqliConn->connect_error."\n";
        exit();
    }
    $query = 'select name,passwd,phone from userinfotb;';   // 查询
    // 发送查询给 MySQL
    $result = $mysqliConn->query($query);
    $mysqliConn->close();
?>
```

结果：

```
name:jack passwd:pwd1 phone:12345
name:lucy passwd:pwd2 phone:13590898
name:marry passwd:pwd4 phone:456324
name:jim passwd:pwd5 phone:908714
name:mike passwd:pwd3 phone:66666666
```

通过 query() 函数将数据库表中的数据查询出来。

（2）数据库增、删、改操作

```php
<?php
    $mysqliConn = new mysqli();
    $mysqliConn->connect('10.1.1.1', 'root', 'root', 'db');

    if ($mysqliConn->connect_error){
        echo "Unable to connect to the database:".$mysqliConn->connect_error."\n";
        exit();
    }
    // 与数据库交互
     $query = "delete from userinfotb where name = 'mike';";
     $result = $mysqliConn->query($query);
     // 影响行数
```

```
echo "$mysqliConn->affected_rows row have been deleted"."\n";
    // 重新查询结果集
$query = 'select name,passwd,phone from userinfotb;';
    // 发送查询给 MySQL
 $result = $mysqliConn->query($query);
echo "after delete"."\n";
while (list($name, $passwd, $phone) = $result->fetch_row())
{
    echo "name:$name passwd:$passwd phone:$phone"."\n";
}
// 关闭连接
$mysqliConn->close();
?>
```

结果：

```
1 row have been deleted
after delete
name:jack passwd:pwd1 phone:12345
name:lucy passwd:pwd2 phone:13590898
name:marry passwd:pwd4 phone:456324
name:jim passwd:pwd5 phone:908714
```

（3）释放操作结果内存

当操作数据库时，可能会获得比较庞大的结果集，如果处理完成后，那么很有必要是否清掉结果集占用的内存。free()方法具有此功能。

```
// 重新查询结果集
$query = 'select name,passwd,phone from userinfotb;';
 // 发送查询给 MySQL
$result = $mysqliConn->query($query);
echo "after delete"."\n";
while (list($name, $passwd, $phone) = $result->fetch_row())
{
    echo "name:$name passwd:$passwd phone:$phone"."\n";
}
$result->free();
```

3．解析查询结果集

查询到结果集后，下面就可以解析获取到的结果行了。PHP 提供了多种方法来解析结果集，可以根据自己的喜好来选择。

（1）将结果对象化

使用 fetch_object()方法来完成。fetch_object()方法通常在一个循环中调用，每次调用都使得返回结果集中的下一行被填入一个对象，然后可以按照 PHP 典型的对象访问语法来访问这个对象。

```
<?php
$mysqliConn = new mysqli();
```

```
        $mysqliConn->connect('10.1.1.1', 'root', 'root', 'db');
        if ($mysqliConn->connect_error){
            echo "Unable to connect to the database:".$mysqliConn->connect_error."\n";
            exit();
        }
        // 与数据库交互
        $query = 'select name,passwd,phone from userinfotb;';
        // 发送查询给 MySQL
        $result = $mysqliConn->query($query);
        // 迭代处理结果集
        while ($row = $result->fetch_object())
        {
            echo "name:$row->name passwd:$row->passwd phone:$row->phone"."\n";
        }
        $result->free();
        // 关闭连接
        $mysqliConn->close();
    ?>
```

（2）使用索引数组和关联数组获取结果

MySQLi 扩展包还允许通过 fetch_array()方法和 fetch_row()方法分别使用关联数组和索引数组来管理结果集。fetch_array()方法实际上能够将结果集的各行获取为一个关联数组、一个数字索引数组，或者同时包括二者，可以说，fetch_row()是 fetch_array 的一个子集。默认情况下，fetch_array()会同时获取关联数组和索引数组，可以在 fetch_array 中传入参数来修改这个默认行为。

MySQLI_ASSOC：将行作为一个关联数组返回，键由字段名表示，值由字段内容表示。

MySQLI_NUM：将行作为一个数字索引数组返回，其元素顺序由查询中指定的字段名顺序决定。

MySQLI_BOTH：将得到一个同时包含关联和数字索引的数组。此处就不一一列举了，实际开发中可以根据业务的需要来灵活地选择处理结果集的方法。

【真题 206】 使用 MySQLi 对象中的 affected_rows 属性，没有影响的操作是（   ）。

A．SELECT   B．DELETE   C．UPDATE   D．INSERT

参考答案：A。

分析：MySQLi 的 num_rows 返回 DQL 语句的结果集行数，affected_rows 取回 DML 语句受影响行数。

affected_rows 表示受影响的行数，只有增删改才会对数据进行修改，这个值才有意义。

delete、insert、update 使用 affected_rows()，返回的是受影响的行数，select 返回的是结果集。所以，选项 A 正确。

【真题 207】 使用 MySQLi 扩展可以很方便地完成数据库的事务处理功能，下面对数据库事务处理的描述中，不正确的是（   ）。

A．MySQL 目前只有 InnoDB 和 BDB 两个数据表类型才支持事务

B．MySQL 是以自动提交（Autocommit）模式运行的，必须执行 MySQLi 对象中的 autocommit(0)方法关闭 MySQL 事务机制的自动提交模式

C．调用 MySQLi 类对象的 commit()方法提交事务

D．调用 MySQLi 类对象的 rollback()方法撤销事务，并开启自动提交模式运行

参考答案：D。

分析：MySQLi 类对象的 rollback ()方法，只是撤销从上一次提交 commit()后不成功的事务，并不会开启自动提交模式。所以，选项 D 正确。

【真题 208】 无法写入数据库的原因不可能有（　　　　）。

A．字符集不正确

B．SQL 语句不正确，我们可以用输出来调试，并复制进工具当中进行查询

C．字段名写错或数据类型不准确

D．null 类型字段中没有插入数据

参考答案：D。

分析：字符集或 SQL 语句不正确、字段名错误等都会导致无法写入数据库，null 类型字段没有插入数据不会影响写入。

所以，本题的答案为 D。

5.2.4　如何进行 MySQL 操作?

（1）插入表数据

创建了数据库和表之后，下一步就是向表里插入数据。通过 INSERT 或 REPLACE 语句可以向表中插入一行或多行数据。

INSERT 语句的基本格式如下：

```
INSERT [INTO] tbl_name [(col_name,...)]VALUES ({expr | DEFAULT},...),(...),...
```

其中，tbl_name 为被操作的表名，col_name 为需要插入数据的列名。如果要给全部列插入数据，那么列名可以省略。如果只给表的部分列插入数据，那么需要指定这些列。对于没有指出的列，它们的值根据列默认值或有关属性来确定。VALUES 子句包含各列需要插入的数据清单，数据的顺序要与列的顺序相对应。若 tb1_name 后不给出列名，则在 VALUES 子句中要给出每列的值，如果列值为空，则值必须置为 NULL，否则会出错。

VALUES 子句中的值如下：

expr：可以是一个常量、变量或一个表达式，也可以是空值 NULL，其值的数据类型要与列的数据类型一致。例如，列的数据类型为 INT，插入数据"aa"时就会出错。当数据为字符型时要用单引号括起。

DEFAULT：指定为该列的默认值。前提是该列之前已经指定了默认值。

如果列清单和 VALUES 清单都为空，则 INSERT 会创建一行，每列都设置成默认值。

注意：若原有行中存在 PRIMARY KEY 或 UNIQUE KEY，而插入的数据行中含有与原有行中 PRIMARY KEY 或 UNIQUE KEY 相同的列值，则 INSERT 语句无法插入此行。要插入这行数据需要使用 REPLACE 语句，REPLACE 语句的用法和 INSERT 语句基本相同。使用 REPLACE 语句可以在插入数据之前将与新记录冲突的旧记录删除，从而使新记录能够正常插入。

（2）查询表数据

1）选择指定的列。使用 SELECT 语句选择表中的某些列，各列名之间要以逗号分隔。

2）定义列别名。可以在列名之后使用 AS 子句来指定查询结果的列别名。可以用两种方式引用一个表，第一种方式是使用 USE 语句让一个数据库成为当前数据库，在这种情况下，如果在 FROM 子句中指定表名，则该表应该属于当前数据库。第二种方式是指定的时候在表名前带上表所属数据库的名字。

1．MySQL 基本服务操作

MySQL 基本服务操作见下表。

命　　令	作　　用
net start mysql	启动 MySQL 服务
net stop mysql	停止 MySQL 服务
mysql -h 主机地址 -u 用户名 -p 用户密码	进入 MySQL 数据库
quit	退出 MySQL 操作
mysqladmin -u 用户名 -p 旧密码 password 新密码	更改密码
grant select on 数据库.* to 用户名@登录主机 identified by "密码"	增加新用户

【真题 209】 增加一个用户 test2 密码为 abc，使其只可以在 localhost 上登录，并可以对数据库 mydb 进行查询、插入、修改、删除的操作。

参考答案：（localhost 是指本地主机，即 MySQL 数据库所在的那台主机），这样用户即使知道 test2 的密码，他也无法从 Internet 上直接访问数据库，只能通过 MySQL 主机上的 Web 页来访问。

```
grant select,insert,update,delete on mydb.* to test2@localhost identified by "abc";
```

【真题 210】 修改 MySQL 用户 root 的密码的指令是（　　　）。

A．mysql admin -u root password test　　　B．mysql -u root password test

C．mysql -u root -p test　　　D．mysql -u root -password test

参考答案：A。

分析：修改 MySQL 用户 root 密码的指令格式为 mysql admin -u 用户名 password 密码。所以，本题的答案为 A。

2．MySQL 数据库操作

MySQL 数据库操作见下表。

命　　令	作　　用
show databases;	列出数据库
use database_name	使用 database_name 数据库
create database data_name	创建名为 data_name 的数据库
drop database data_name	删除一个名为 data_name 的数据库

3．MySQL 表操作

MySQL 表操作见下表。

命　　令	作　　用
show tables	列出所有表
create talbe tab_name(id int(10) not null auto_increment primary key,name varchar(40), pwd varchar(40)) charset=gb2312;	创建一个名为 tab_name 的新表
drop table tab_name	删除名为 tab_name 的数据表
describe tab_name	显示名为 tab_name 的表的数据结构
delete from tab_name	显示表 tab_name 中的记录
mysqldump −uUSER −pPASSWORD −−no-data DATABASE TABLE > table.sql	复制表结构

4．MySQL 表查询操作

增删改查是数据库操作最常用的，也是各大公司笔试面试的核心与重点。增删改操作相对比较固定，下面着重讲解一下查询在 MySQL 数据库中的用法。

查询表数据使用 SELECT 语句选择表中的某些列，各列名之间要以逗号分隔；也可以在列名之后使用 AS 子句来指定查询结果的列别名。

在查询过程中经常需要几张表的级联操作，连接的方式有全连接和 JOIN 连接两种。

（1）全连接

连接的第一种方式是将各个表用逗号分隔，这样就指定了全连接。FROM 子句产生的中间结果是一个新表，是每个表的每行都与其他表中的每行交叉产生的所有可能的组合，列包含了所有表中出现的列，也就是笛卡儿积。这样连接表潜在地产生数量非常大的行，因为可能得到的行数为每个表中行数之积。在这样的情形下，通常要使用 WHERE 子句设定条件来将结果集减小到易于管理的大小。

（2）JOIN 连接

连接的第二种方式是使用 JOIN 关键字的连接，JOIN 连接主要分为三种：内连接、外连接和交叉连接。使用内连接时需要指定 INNER JOIN 关键字，并使用 ON 关键字指定连接条件。

该语句根据 ON 关键字后面的连接条件，合并两个表，返回满足条件的行。

内连接是系统默认的，可以省略 INNER 关键字。使用内连接后，FROM 子句中 ON 条件主要用来连接表，其他并不属于连接表的条件可以使用 WHERE 子句来指定。

使用外连接需要指定 OUTER JOIN 关键字，外连接包括左外连接（LEFT OUTER JOIN）：结果表中除了匹配行外，还包括左表有的但右表中不匹配的行，对于这样的行，从右表被选择的列设置为 NULL。

右外连接（RIGHT OUTER JOIN）：结果表中除了匹配行外，还包括右表有的但左表中不匹配的行，对于这样的行，从左表被选择的列设置为 NULL。

自然连接（NATURAL JOIN）：除自然连接外还有自然左外连接（NATURAL LEFT OUTER JOIN）和自然右外连接（NATURAL RIGHT OUTER JOIN）。NATURAL JOIN 的语义定义与使用了 ON 条件的 INNER JOIN 相同。其中的 OUTER 关键字均可省略。

指定了 CROSS JOIN 关键字的连接是交叉连接。不包含连接条件，交叉连接实际上是将两个表进行笛卡儿积运算，结果表是由第一个表的每行与第二个表的每行拼接后形成的表，因此结果表的行数等于两个表行数之积。

在 MySQL 中，CROSS JOIN 从语法上来说与 INNER JOIN 等同，两者可以互换。

在查询条件中，可以使用另一个查询的结果作为条件的一部分，例如，判定列值是否与某个查询的结果集中的值相等，作为查询条件一部分的查询称为子查询。SQL 标准允许 SELECT 多层嵌套使用，以表示复杂的查询。子查询除了可以用在 SELECT 语句中，还可以用在 INSERT、UPDATE 及 DELETE 语句中。子查询通常与 IN、EXISTS 谓词及比较运算符结合使用，主要分为以下几种：

1）IN 子查询。IN 子查询用于进行一个给定值是否在子查询结果集中的判断，格式为

```
expression [ NOT ] IN ( subquery )
```

其中 subquery 是子查询。当表达式 expression 与子查询 subquery 的结果表中的某个值相等时，IN 谓词返回 TRUE，否则返回 FALSE；若使用了 NOT，则返回的值刚好相反。

2）比较子查询。这种子查询可以认为是 IN 子查询的扩展，它使表达式的值与子查询的结果进行比较运算，格式为

```
expression { < | <= | = | > | >= | != | <> } { ALL | SOME | ANY } ( subquery )
```

其中 expression 为要进行比较的表达式，subquery 是子查询。ALL、SOME 和 ANY 说明对比较运算的限制。

ALL 指定表达式要与子查询结果集中的每个值进行比较，当表达式与每个值都满足比较的关系时，才返回 TRUE，否则返回 FALSE。

SOME 与 ANY 是同义词，表示表达式只要与子查询结果集中的某个值满足比较的关系时，就返回 TRUE，否则返回 FALSE。

3）EXISTS 子查询。EXISTS 谓词用于测试子查询的结果是否为空表，若子查询的结果集不为空，则 EXISTS 返回 TRUE，否则返回 FALSE。EXISTS 还可与 NOT 结合使用，即 NOT EXISTS，其返回值与 EXISTS 刚好相反。格式为

```
[ NOT ] EXISTS ( subquery )
```

MySQL 有四种类型的子查询：返回一个表的子查询是表子查询；返回带有一个或多个值的一行的子查询是行子查询；返回一行或多行，但每行上只有一个值的是列子查询；只返回一个值的是标量子查询。从定义上讲，每个标量子查询都是一个列子查询和行子查询。上面介绍的子查询都属于列子查询。

另外，子查询还可以用在 SELECT 语句的其他子句中。

表子查询可以用在 FROM 子句中，但必须为子查询产生的中间表定义一个别名。

```
SELECT  姓名,学号,总学分
    FROM  (
                SELECT   姓名,学号,性别,总学分
                FROM XSB
                WHERE  总学分>50
            ) AS STUDENT
```

```
                    WHERE  性别=1;
          SELECT 关键字后面也可以定义子查询
          SELECT  学号, 姓名, YEAR(出生时间)-YEAR(
                         ( SELECT  出生时间
                             FROM XSB
                             WHERE  学号='081101'
                         )
                     )  AS  年龄差距
               FROM XSB
          WHERE  性别=0;
```

5. 常用函数操作

（1）mysql_query()函数

在 PHP 中，通常使用 mysql_query()函数执行 MySQL 的 SQL 语句，语法格式如下：

```
resource mysql_query ( string $query [, resource $link_identifier ] )
```

$query 参数为要执行的 SQL 语句，语句后面不需要加分号。$link_identifier 参数指定一个已经打开的连接标志符，如果没有指定，则默认为上一个打开的连接。本函数执行成功后将返回一个资源变量来存储 SQL 语句的执行结果。在执行 SQL 语句前，需要打开一个连接并选择相关的数据库。

除了 mysql_query()函数，PHP 还有一个 mysql_db_query()函数也能够执行 SQL 语句，不同的是，该函数中可以指定 SQL 语句运行的数据库。在运行 mysql_db_query()函数时不需要使用 mysql_select_db()函数来选择数据库。

（2）mysql_fetch_row()函数

使用 mysql_fetch_row()函数可以从返回的结果集中逐行获取记录，语法格式如下：

```
array mysql_fetch_row(resource $result)
```

参数$result 指定返回结果集的资源变量名，该函数从指定的结果集中取得一行数据并作为数组返回。每个结果的列存储在一个数组的单元中，数组的键名默认以数字顺序分配，偏移量从 0 开始。依次调用 mysql_fetch_row()函数将返回结果集中的下一行，如果没有更多行，则返回 FALSE。

（3）mysql_fetch_assoc()函数

mysql_fetch_assoc()函数的作用也是获取结果集中的一行记录并保存到数组中，数组的键名为相应的字段名。语法格式如下：

```
array mysql_fetch_assoc(resource $result)
```

如果结果中的两个或两个以上的列具有相同字段名，那么最后一列将优先被访问。要访问同名的其他列，必须用该列的数字索引或给该列起个别名。对有别名的列，不能再用原来的列名访问其内容。

（4）mysql_fetch_array()函数

mysql_fetch_array()函数是 mysql_fetch_row()函数的扩展。除了将数据以数字作为键名存储在数组中外，还使用字段名作为键名存储。语法格式如下：

```
array mysql_fetch_array(resource $result [, int $ result_type ])
```

可选的$result_type 参数是一个常量，可以是以下值：MySQL_ASSOC、MySQL_NUM 和 MySQL_BOTH。如果用 MySQL_BOTH，那么将得到一个同时包含数字和字段名作为键名的数组。用 MySQL_ASSOC 将得到字段名作为键名的数组（功能与 mysql_fetch_assoc()函数相同），用 MySQL_NUM 将得到数字作为键名的数组（功能与 mysql_fetch_row()函数相同）。默认值为 MySQL_BOTH。

（5）mysql_fetch_object()函数

使用 mysql_fetch_object()函数将从结果集中取出一行数据并保存为对象，使用字段名即可访问对象的属性。

```
$row=mysql_fetch_object($result);
echo "姓名：$row->姓名<br>";              //输出"王林"
echo "专业：$row->专业<br>";              //输出"计算机"
```

【真题 211】 mysql_fetch_row()和 mysql_fetch_array()有什么区别？

参考答案：mysql_fetch_row()把数据库的一列存储在一个以零为基数的阵列中，第一栏在阵列的索引 0，第二栏在索引 1，如此类推。mysql_fetch_assoc()把数据库的一列存储在一个关联阵列中，阵列的索引就是栏位名称，例如，数据库查询送回"first_name""last_name""email"三个栏位，阵列的索引便是"first_name""last_name"和"email"。mysql_fetch_array()可以同时送回 mysql_fetch_row() 和 mysql_fetch_assoc()的值。

【真题 212】 PHP 的 mysql 系列函数中常用的遍历数据的函数是（   ）。

A．mysql_fetch_row，mysql_fetch_assoc，mysql_affetced_rows

B．mysql_fecth_row，mysql_fecth_assoc，mysql_affetced_rows

C．mysql_fetch_rows，mysql_fetch_array，mysql_fetch_assoc

D．mysql_fecth_row，mysql_fecth_array，mysql_fecth_assoc

参考答案：D。

分析：最常用的 mysql 系列函数常用的遍历数据函数有 mysql_fetch_row、mysql_fetch_array 和 mysql_fetch_assoc 等三个函数，但不存在 mysql_fetch_rows。

所以，本题的答案为 D。

【真题 213】 写出 PHP 操作 SQL 语句的格式：插入，更新，删除。

```
表名 User
Name    Tel          Content      Date
张三   13333663366   大专毕业   2006-10-11
张三   13612312331   本科毕业   2006-10-15
张四   021-55665566  中专毕业   2006-10-15
```

1）有一新记录（小王 13254748547 高中毕业 2007-05-06），请用 SQL 语句新增至表中。

```
mysql_query("INSERT INTO 'user' (name,tel,content,date) VALUES ('小王','13254748547','高中毕业','2007-05-06')")
```

2）请用 SQL 语句把张三的时间更新成为当前系统时间。

```
$nowDate = date("Y-m-d");
mysql_query("UPDATE 'user' SET date="'.$nowDate."' WHERE name='张山'");
```

3）请写出删除名为张四的全部记录。

```
mysql_query("DELETE FROM 'user' WHERE name='张四'");
```

6．MySQL 修改表结构操作

MySQL 修改表结构操作见下表。

命　令	作　用
alter table tab_name add primary key (col_name)	更改表的定义把某个栏位设为主键
alter table tab_name drop primary key (col_name)	把主键的定义删除
alter table tab_name add col_name varchar(20);	在 tab_name 表中增加一个名为 col_name 的字段且类型为 varchar(20)
alter table tab_name drop col_name	在 tab_name 中将 col_name 字段删除
alter table tab_name modify col_name varchar(40) not null	修改字段属性，若加上 not null 则要求原字段下没有数据，SQL Server 下的写法是 Alter Table table_name Alter Column col_name varchar(30) not null;
create table new_tab_name like old_tab_name	用一个已存在的表来建新表，但不包含旧表的数据

【真题 214】　更改表字段名的标准语法为（　　　）。

A．alter table 表名　　add 字段字类型[first|after]

B．alter table 表名　　drop　　字段[first|after]

C．alter table 表名　　change 原名新名新类型[first|after]

D．alter table 表名　　modify　原名字段类型[first|after]

参考答案：C。

分析：修改表字段名的语法：alter table 表名 change 原字段名新字段名类型;。

修改字段类型的语法：alter table 表名 modify 字段名类型;。

增加一个字段：alter table 表名 add column 字段名类型 not null（或 default null）；新增一个字段默认不为空（默认为空）。

删除一个字段：alter table 表名 drop column 新字段名;。

7．MySQL 数据库备份与恢复

MySQL 数据库备份与恢复见下表。

命　令	作　用
当前数据库上执行：mysql < input.sql 指定数据库上执行:mysql [表名] < input.sql	执行外部的 SQL 脚本
load data local infile "[文件名]" into table [表名];	数据传入命令
mysqldump --opt school>school.bbbmysqldump -u [user] -p [password] databasename > filename	备份数据库
mysql -u [user] -p [password] databasename < filename	恢复数据库

【真题 215】 按要求写出 SQL 实现。

1）创建新闻发布系统，表名为 message，有如下字段：

> id 文章 id
> title 文章标题
> content 文章内容
> category_id 文章分类 id
> hits 点击量

参考答案：

```
CREATE TABLE 'message'(
'id' int(10) NOT NULL auto_increment,
'title' varchar(200) default NULL,
'content' text,
'category_id' int(10) NOT NULL,
'hits' int(20),
PRIMARY KEY('id');
)ENGINE=InnoDB DEFAULT CHARSET=utf8;
```

2）同样上述新闻发布系统：表 comment 记录用户回复内容，字段如下：

> comment_id 回复 id
> id 文章 id，关联 message 表中的 id
> comment_content 回复内容

现通过查询数据库需要得到以下格式的文章标题列表，并按照回复数量排序，回复最高的排在最前面。

> 文章 id 文章标题 点击量 回复数量

用一个 SQL 语句完成上述查询，如果文章没有回复，则回复数量显示为 0。
参考答案：

```
SELECT message.id id,message.title title,IF(message.'hits' IS NULL,0,message. 'hits') hits,
IF(comment. 'id' is NULL,0,count(*)) number FROM message LEFT JOIN
comment ON message.id=comment.id GROUP BY message. 'id';
```

上述内容管理系统，表 category 保存分类信息，字段如下：

> category_id int(4) not null auto_increment;
> category_name varchar(40) not null;

3）用户输入文章时，通过选择下拉菜单选定文章分类，写出如何实现这个下拉菜单。
参考答案：

```
function categoryList()
{
        $result=mysql_query("select category_id,categroy_name from category")
            or die("Invalid query: " . mysql_error());
```

```
print("<select name='category' value=''>/n");
while($rowArray=mysql_fetch_array($result))
{
  print("<optionvalue='".$rowArray['category_id']."'>".$rowArray['categroy_name']."</
option>/n");
}
print("</select>");
}
```

【真题 216】 使用 PHP 写一段简单查询，查出所有姓名为"张三"的内容并打印出来。

```
表名 User
Name    Tel          Content      Date
张三 13333663366 大专毕业 2006-10-11
张三 13612312331 本科毕业 2006-10-15
张四 021-55665566 中专毕业 2006-10-15
```

参考答案：根据上面的题目完成代码：

```
$mysql_db=mysql_connect("local","root","pass");
@mysql_select_db("DB",$mysql_db);
 $result = mysql_query("SELECT * FROM 'user' WHERE name='张三'");
 while($rs = mysql_fetch_array($result)){
     echo $rs["tel"].$rs["content"].$rs["date"];
 }
```

【真题 217】 考虑如下 SQL 语句，哪个选项能对返回记录的条数进行限制?（　　）（双选）

```
SELECT * FROM MY_TABLE
```

A. 如果可能，那么把查询转换成存储例程
B. 如果程序允许，那么给查询指定返回记录的范围
C. 如果可能，那么添加 where 条件
D. 如果 DBMS 允许，那么把查询转换成视图

参考答案：B、C。

分析：有两个方法能限制返回记录的条数——使用 where 条件或 limit 关键字指定查询返回的记录的范围。

通常情况下，如果没有特殊需要，那么尽量不要用 select *，这会浪费大量的数据缓存。

【真题 218】 执行以下 SQL 语句后将发生（　　）。

```
BEGIN TRANSACTION
DELETE FROM MYTABLE WHERE ID=1
DELETE FROM OTHERTABLE
ROLLBACK TRANSACTION
```

A. OTHERTABLE 中的内容将被删除
B. OTHERTABLE 和 MYTABLE 中的内容都会被删除
C. OTHERTABLE 中的内容将被删除，MYTABLE 中 ID 是 1 的内容将被删除

D．数据库没有变化

参考答案：D。

分析：这个查询是一个事务，并且这个事务的最后有回滚，数据库不会有变化。

【真题 219】 以下查询的输出结果是（　　）。

> SELECT COUNT(*) FROM TABLE1 INNER JOIN TABLE2　ON TABLE1.ID <> TABLE2.ID

A．TABLE1 和 TABLE2 不相同的记录

B．两个表中相同的记录

C．TABLE1 中的记录条数乘以 TABLE2 中的记录条数再减去两表中相同的记录条数

D．两表中不同记录的条数

参考答案：C。

分析：本题描述了一种在使用 JOIN 时常犯的概念性错误。很多人可能觉得这个查询将返回两个表中非共有记录。但实际上数据库却认为是"读出所有 ID 非共有的记录"。DBMS 将读取左边表中所有的记录加上右边表中 ID 非共有的记录。因此，该查询将读取 TABLE1 中的每条记录乘以 TABLE2 中的每条记录再减去两表中相同的记录条数。

5.2.5　MySQL 支持哪些字段类型？

MySQL 支持多种类型，大致可以分为三类：数值、日期/时间和字符串（字符）类型。

（1）数值类型

数值类型见下表。

类　型		大　小	范围（有符号）	范围（无符号）	用　途
整数类型	tinyint	1 字节	（-128，127）	（0，255）	小整数值、微小
	smallint	2 字节	（-32 768，32 767）	（0，65 535）	大整数值、小
	mediumint	3 字节	（-8 388 608，8 388 607）	（0，16 777 215）	大整数值、中等大小
	int 或 integer	4 字节	（-2 147 483 648，2 147 483 647）	（0，4 294 967 295）	大整数值、普通大小
	bigint	8 字节	（-9 233 372 036 854 775 808，9 223 372 036 854 775 807）	（0，18 446 744 073 709 551 615）	极大整数值、大
带小数的类型	float	4 字节	（-3.402 823 466 E+38，1.175 494 351 E-38），0，（1.175 494 351 E-38，3.402 823 466 351 E+38）	0，（1.175 494 351 E-38，3.402 823 466 E+38）	单精度浮点数值
	double	8 字节	（1.797 693 134 862 315 7 E+308，2.225 073 858 507 201 4 E-308），0，（2.225 073 858 507 201 4 E-308，1.797 693 134 862 315 7 E+308）	0，（2.225 073 858 507 201 4 E-308，1.797 693 134 862 315 7 E+308）	双精度浮点数值
	decimal	对 decimal(M,D)，如果 M>D，那么为 M+2，否则为 D+2	依赖于 M 和 D 的值	依赖于 M 和 D 的值	小数值、定点数

（2）日期和时间类型

表示时间值的日期和时间类型为 datetime、date、timestamp、time 和 year。每个时间类型

有一个有效值范围和一个"零"值，当指定的不合法值时，MySQL 不能表示该值会使用"零"值，见下表。

类型	大小 (字节)	范 围	格 式	用 途
date	3	1000-01-01/9999-12-31	YYYY-MM-DD	日期值
time	3	'-838:59:59'/'838:59:59'	HH:MM:SS	时间值或持续时间
year	1	1901/2155	YYYY	年份值
datetime	8	1000-01-01 00:00:00/9999-12-31 23:59:59	YYYY-MM-DD HH:MM:SS	混合日期和时间值
timestamp	8	1970-01-01 00:00:00/2037 年某时	YYYYMMDD HHMMSS	混合日期和时间值，时间戳

举例如下：

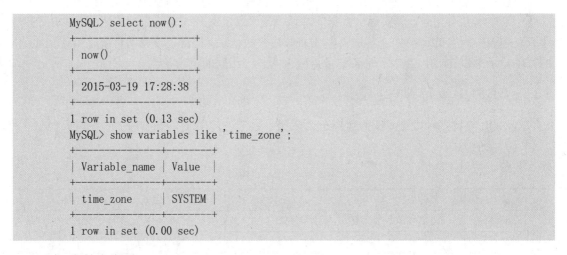

```
MySQL> select now();
+---------------------+
| now()               |
+---------------------+
| 2015-03-19 17:28:38 |
+---------------------+
1 row in set (0.13 sec)
MySQL> show variables like 'time_zone';
+---------------+--------+
| Variable_name | Value  |
+---------------+--------+
| time_zone     | SYSTEM |
+---------------+--------+
1 row in set (0.00 sec)
```

（3）字符串类型

字符串类型是指 char、varchar、binary、varbinary、blob、text、enum 和 set。下表描述了这些类型如何工作以及如何在查询中使用这些类型。

类 型	大 小	用 途	注 意
char	0~255 字节	定长字符串	频繁改变的列建议用 char 类型
varchar	0~65535 字节	变长字符串	
tinyblob	0~255 字节	不超过 255 个字符的二进制字符串	
tinytext	0~255 字节	短文本字符串	
blob	0~65 535 字节	二进制形式的长文本数据	
text	0~65 535 字节	长文本数据、varchar 的加长增强版	
mediumblob	0~16 777 215 字节	二进制形式的中等长度文本数据	
mediumtext	0~16 777 215 字节	中等长度文本数据	
logngblob	0~4 294 967 295 字节	二进制形式的极大文本数据	
longtext	0~4 294 967 295 字节	极大文本数据	

（续）

类　型	大　小	用　途	注　意
enum	1～2 字节	枚举类型	
set	1～8 字节	一个设置	

字符串类型需要注意如下的几点：

1）char 和 varchar 类型类似，但它们保存和检索的方式不同。它们的最大长度和是否尾部空格被保留等方面也不同。在存储或检索过程中不进行大小写转换。

2）binary 和 varbinary 类似于 char 和 varchar，不同的是它们包含二进制字符串。也就是说，它们包含字节字符串而不是字符字符串。这说明它们没有字符集，并且排序和比较基于列值字节的数值。

3）blob 是一个二进制大对象，可以容纳可变数量的数据。有四种 blob 类型：tinyblob、blob、mediumblob 和 longblob。它们只是可容纳值的最大长度不同。

4）有四种 text 类型：tinytext、text、mediumtext 和 longtext。这些对应四种 blob 类型，有相同的最大长度和存储需求。

举例操作如下：

```
MySQL> create table t6( sexenum('F','M','UN') );
Query OK, 0 rows affected (0.04 sec

MySQL>desc t6;
+-------+--------------------+------+-----+---------+-------+
| Field | Type               | Null | Key | Default | Extra |
+-------+--------------------+------+-----+---------+-------+
| sex   | enum('F','M','UN') | YES  |     | NULL    |       |
+-------+--------------------+------+-----+---------+-------+
1 row in set (0.00 sec)

MySQL> create table t5(col1 set('a','b','c'), sex enum('F','M','UN') );
Query OK, 0 rows affected (0.05 sec)

MySQL>desc t5;
+-------+--------------------+------+-----+---------+-------+
| Field | Type               | Null | Key | Default | Extra |
+-------+--------------------+------+-----+---------+-------+
| col1  | set('a','b','c')   | YES  |     | NULL    |       |
| sex   | enum('F','M','UN') | YES  |     | NULL    |       |
+-------+--------------------+------+-----+---------+-------+
2 rows in set (0.00 sec)

MySQL> insert into t5 values('a');
ERROR 1136 (21S01): Column count doesn't match value count at row 1
MySQL> insert into t5 values('a','f');
Query OK, 1 row affected (0.38 sec)

MySQL> insert into t5 values('a,b','f');
```

```
Query OK, 1 row affected (0.04 sec)

MySQL> insert into t5 values('ab','f');
ERROR 1265 (01000): Data truncated for column 'col1' at row 1
MySQL> insert into t5 values('b,c','f');
Query OK, 1 row affected (0.00 sec)

MySQL> select * from t5;
+------+------+
| col1 | sex  |
+------+------+
| a    | F    |
| a,b  | F    |
| b,c  | F    |
+------+------+
3 rows in set (0.00 sec)
```

【真题 220】 MySQL 数据库中的字段类型 varchar 和 char 的主要区别是什么？哪种字段的查找效率要高，为什么？

参考答案：varchar 是变长，节省存储空间，char 是固定长度。查找效率 char 型比 varchar 快，因为 varchar 是非定长，必须先查找长度，然后进行数据的提取，比 char 定长类型多了一个步骤，所以效率低一些。

5.2.6 什么是索引？

索引是一种单独的、物理的对数据库表中一列或多列的值进行排序的存储结构，它是某个表中一列或若干列值的集合和相应的指向表中物理标识这些值的数据页的逻辑指针清单。索引的作用相当于图书的目录，可以根据目录中的页码快速找到所需的内容。它主要提供指向存储在表的指定列中的数据值的指针，然后根据指定的排序顺序对这些指针排序。数据库使用索引以找到特定值，然后顺指针找到包含该值的行。这样可以使对应于表的SQL语句执行得更快，可快速访问数据库表中的特定信息。

索引的特点如下：①可以提高数据库的检索速度；②降低了数据库插入、修改、删除等维护任务的速度；③可以直接或间接创建；④只能创建在表上，不能创建在视图上；⑤使用查询处理器执行 SQL 语句时，一个表上，一次只能使用一个索引；⑥可以在优化隐藏中使用索引。

索引的分类和使用如下：

1. 直接创建索引和间接创建索引

直接创建索引：CREATE INDEX mycolumn_index ON mytable (myclumn)。

间接创建索引：定义主键约束或者唯一性键约束，可以间接创建索引。

2. 普通索引和唯一性索引

普通索引：CREATE INDEX mycolumn_index ON mytable (myclumn)。

唯一性索引：保证在索引列中的全部数据是唯一的，对聚簇索引和非聚簇索引都可以使用。

```
CREATE UNIQUE COUSTERED INDEX myclumn_cindex ON mytable(mycolumn)
```

3．单个索引和复合索引

单个索引：即非复合索引。

复合索引：又称为组合索引，在索引建立语句中同时包含多个字段名，最多 16 个字段。

```
CREATE INDEX name_index ON username(firstname,lastname)
```

4．聚簇索引和非聚簇索引（聚集索引，群集索引）

聚簇索引：物理索引，与基表的物理顺序相同，数据值的顺序总是按照顺序排列。

```
CREATE CLUSTERED INDEX mycolumn_cindex ON mytable(mycolumn) WITH
ALLOW_DUP_ROW(允许有重复记录的聚簇索引)
```

非聚簇索引：CREATE UNCLUSTERED INDEX mycolumn_cindex ON mytable(mycolumn)。

【真题 221】 以下关于 MySQL 索引的说法中，不正确的是（　　）。

A．500 万数据的用户表 user 在性别字段 sex 上建立了索引，语句"select * from user where sex=1"并不会提速多少

B．一般情况下不鼓励使用 like 操作，类似的"like "abc%""可以使用到索引

C．唯一索引允许空值，而主键索引不允许为空值，除此之外它们是相同的

D．对于需要写入数据的操作，例如 DELETE、UPDATE 以及 INSERT 操作，索引会降低它们的速度

参考答案：C。

分析：唯一性索引列允许空值，而主键列不允许为空值，但除了这个不同外其他也并不是都相同的，主键创建后一定包含一个唯一性索引，唯一性索引并不一定就是主键。所以，选项 C 的说法是错误的。

【真题 222】 以下说法正确的是（　　）。

A．使用索引能加快插入数据的速度

B．良好的索引策略有助于防止跨站攻击

C．应当根据数据库的实际应用合理设计索引

D．删除一条记录将导致整个表的索引被破坏

参考答案：C。

分析：索引的作用主要是帮助数据库快速查找到对应的数据，并不能加快插入数据的速度，所以，选项 A 错误。

索引不能够帮助防止跨站攻击，所以，选项 B 错误。

创建合理的索引需要分析数据库的实际用途并找出它的弱点。优化脚本中的冗余查询同样也能提高数据库效率。索引是占用物理空间的，所以在实际的应用中是要合理设计使用索引的。所以，选项 C 正确。

索引是一种表结构，删除一条数据也不会影响到整个表的索引，并且索引不一定是数字，也可以是字符串。所以，选项 D 错误。

【真题 223】 下列关于全文检索技术的说法中，不正确的是（　　）。

A．Sphinx 是一个基于 SQL 的全文检索引擎，可以结合 MySQL 做全文搜索，它可以提

供比数据库本身更专业的搜索功能

B. Solr 是新一代的全文检索组件，它比 Lucene 的搜索效率高很多，还能支持 HTTP 的访问方式，PHP 调用 Solr 也很方便

C. MySQL 中把一个字段建立 FULLTEXT 索引，就可以实现全文检索，目前 MyISAM 和 InnoDB 的 table 都支持 FULLTEXT 索引

D. Lucene 附带的二元分词分析器 CJKAnalyzer 切词速度很快，能满足一般的全文检索需要

参考答案：B。

分析：Sphinx 是一个基于 SQL 的全文检索引擎，可以结合 MySQL、PostgreSQL 做全文搜索，它可以提供比数据库本身更专业的搜索功能，使得应用程序更容易实现专业化的全文检索。

Solr 是一个独立的企业级搜索应用服务器，用户可以通过 HTTP 请求访问，它是采用 JAVA5 开发，基于 Lucene 的全文搜索服务器，同时对其进行了扩展，提供了比 Lucene 更为丰富的查询语言，同时实现了可配置、可扩展并对查询性能进行了优化，并且提供了一个完善的功能管理界面，是一款非常优秀的全文搜索引擎。并且 Solr 比 Lucene 的搜索效率高很多，但是 PHP 调用 Solr 并不方便，选项 B 的说法错误。

MySQL 中的 MyISAM 和 InnoDB 都是支持 FULLTEXT 全文索引的。全文搜索引擎可以在不使用模板匹配操作的情况下查找单词或短语。

5.2.7 什么是数据库引擎?

在 MySQL 中存在 MyISAM、InnoDB、BDB（Berkeley DB）、MergE、Memory（Heap）、ExamplE、FederateD、ArchivE、CSV、BlackholE、MaxDB 等十几种引擎，其中用得最多的引擎是 MyISAM、InnoDB。下面简单地对常用的四个引擎做个介绍。

1）MyISAM：默认的 MySQL 插件式存储引擎。如果应用是以读写操作和插入操作为主，只有很少的更新和删除操作，并且对事务的完整性、并发性要求不是很高，那么可选用此种存储引擎。

2）InnoDB：用于事务处理应用程序，支持外键。如果应用对事务的完整性有比较高的要求，在并发条件下要求数据一致性，数据操作除了插入和查询以外，还包括很多的更新删除操作，那么 InnoDB 比较合适。InnoDB 存储引擎除了有效地降低由于删除和更新操作导致的锁定，还可以确保事务的完整提交和回滚。

3）MEMORY：将所有的数据保存在 RAM 中，在需要快速定位记录和其他类似数据的环境下，可提供极快的访问。MEMORY 的缺陷是对表的大小有限制，太大的表无法缓存在内存中，其次要确保表数据可以恢复，数据库异常终止后表中的数据是可以恢复的。MEMORY 表通常用于更新不太频繁的小表，用以快速得到访问结果。

4）MERGE：用于将一系列等同的 MyISAM 表以逻辑方式组合在一起，并作为一个对象引用它们。MERGE 表的优点在于可以突破对单个 MyISAM 表大小的限制，并且将不同的表分布在多个磁盘上，可以有效地改善 MERGE 表的访问效率。

【真题 224】 在 MySQL 中，简述 InnoDB 和 MyISAM 的优劣。

参考答案：MySQL 中默认的引擎是 MyISAM，如果数据库的基本操作主要是 CRUD 操

作，那么使用 MyISAM 是最好的。MyISAM 基于传统的 ISAM 类型，是 Indexed Sequential Access Method（有索引的顺序访问方法）的缩写，它是存储记录和文件的标准方法。MyISAM 的优点是拥有检查和修复表格的大多数工具，它的表格可以被压缩并支持全文搜索，如果只是执行大量的 SELECT，那么 MyISAM 是最好的选择，效率比 InnoDB 高。它的缺点是不支持外键和事务回滚，不具有原子性。

InnoDB 的引擎类型是事务安全的。它和 BDB 类型引擎具有相同的特性，并且支持外键和事务回滚。它的优点是具有比 BDB 还丰富的特性，对于要求事务安全的存储使用它是最好的。当执行大量的 INSERT 或 UPDATE 时，在性能上应该使用 InnoDB 表。它的缺点是因为 AUTOCOMMIT 默认设置是打开的，程序没有显式调用 BEGIN 开始事务，导致每插入一条数据都自动 commit，严重影响了速度，所以可以在执行 SQL 前调用 begin，多条 SQL 形成一个事务。

【真题 225】 MySQL 表的常见类型有哪些？MyISAM 的表由哪些文件组成？

参考答案：MySQL 中合理定义数据字段的类型对数据库的优化是非常重要的。MySQL 常见的类型有 int、varchar、char、date、decimal 等类型。

MyISAM 的表由.frm 文件、.MYD 文件、.MYI 文件组成。每一个 MyISAM 表都对应于硬盘上的三个文件，这三个文件名都一样但扩展名不同，三个文件的用途分别为：.frm 文件保存表的定义，但是这个文件并不是 MyISAM 引擎的一部分，而是服务器的一部分；.MYD 保存表的数据；.MYI 是表的索引文件。

5.2.8 如何进行数据库分页？

数据库分页技术是指在页面展示时，对用户的数据进行按页面请求来展示，从而减少数据库的数据查询量，减轻数据库的压力。数据库分页机制的基本思想如下：

1）确定记录跨度，即确定每页显示的记录条数，可根据实际情况而定。一般通过下拉菜单让用户来选择每页显示几条。

2）获取记录总数，即获取要显示在页面中的总记录数，其目的是根据该数来确定总的页数。

3）确定分页后的总页数。可根据公式："总页数=(总记录数-1)/每页显示的记录数+1"。

4）根据当前页数显示数据。如果该页数小于 1，则使其等于 1；如果大于最大页数，则使其等于最大页数。

5）通过 for、while 循环语句分布显示查询结果。

代码示例如下：

```php
<?php
$num_rec_per_page=10;                    // 每页显示数量
mysql_connect('localhost','root','');
mysql_select_db('students');
if (isset($_GET["page"])) {
    $page    = $_GET["page"];
} else {
    $page=1;
}
```

```
        $start_from = ($page-1) * $num_rec_per_page;
        $sql = "SELECT * FROM student LIMIT $start_from, $num_rec_per_page";
        $result = mysql_query ($sql);                    // 查询数据
    ?>
    <table>
    <tr><td>学生名</td><td>性别</td></tr>
    <?php
    while ($row = mysql_fetch_assoc($result)) {
    ?>
    <tr>
    <td><?php echo $row['student_name']; ?></td>
    <td><?php echo $row[sex]; ?></td>
    </tr>
    <?php
    };
    ?>
    </table>
    <?php
        $sql = "SELECT * FROM student";
        $result = mysql_query($sql);
        $total_records = mysql_num_rows($rs_result);              // 统计总共的记录条数
        $total_pages = ceil($total_records / $num_rec_per_page);   // 计算总页数
        echo "<a href='pagination.php?page=1'>".'|<'."</a> ";       // 第一页
        for ($i=1; $i<=$total_pages; $i++) {
            echo "<a href='pagination.php?page=".$i."'>".$i."</a> ";
        };
        echo "<a href='pagination.php?page=$total_pages'>".'>|'."</a> ";  // 最后一页
    ?>
```

【真题 226】 现有一个数据库名称为 58demo，数据库内有一个用户表 users；
表字段有 id（主键自增），username，age，sex。

字　　段	字 段 类 型	是 否 自 增	是否为主键
id	int	是	是
pwd	Char(32)		
username	Varchar(20)		
age	int		
sex	int		

1）请写出：向 users 表中插入一条数据 username='girl'，age="22"，sex='女'的 SQL 语句。
参考答案：

```
insert into users ('username', 'age', 'sex')values('girl';22, '女');
```

2）写出将刚插入的数据（加入 id 为 18）的 username 值改为"美女"的 SQL 语句。
参考答案：

```
update users set username="美女" where id=18;
```

3）写出删除 uesername 为"美女"的数据。

参考答案：

```
delete from user where username="美女";
```

4）写出一个登录 form 表单，提交用户名和密码信息的 check.php 页面，与 users 表内数据对比进行登录验证的完整代码。

参考答案：

```
<form action="check.php" method="post">
    用户名：<input type="text" name="username" value=""/>
    密码：<input type="password" name="pwd" value=""/>
</from>
checku.php
$name=$_POST['username'];
$password=$_POST['pwd'];
$link=mysql_connect('localhost','root','root');
    if(mysql_errno()){
        exit('程序连接失败');
    }
    mysql_set_charset('utf8');
    mysql_select_db('58demo');
 $sql="select id,username,pwd from users where username='{$name}' and pwd = '{$password}'";
    $result=mysql_query($sql);
    if($result && mysql_affected_rows()){
        echo '登录成功';
        $_SESSION['login']=1;
        $_SESSION['uname']=$user;
    }else{
        echo '登录失败';
    }
    mysql_close();
```

5）如果验证成功，那么将用户名写入 session，查询 users 表内的所有数据条目，以表格方式显示，并且按照每页 5 条记录，实现分页功能，如果验证失败，那么输出"登录失败"。

参考答案：

```
<?php
    $name=$_SESSION['uname'];
    $pwd=$_POST['pwd'];
    if(intval($_GET['page'])){
        $page="$_GET['page']";
    }else{
    }
    //设置分页数
    $num=5;
    $link=mysql_connect('localhost', 'root', 'root');
    if(mysql_erron()){
        Exit('程序连接失败');
```

```php
}
mysql_set_charset("utf8");
mysql_select_db('user');
$sql="select id from user"
$result=mysql_affected_row($sql);
mysql_query($sql);
if($result && mysql_fetch_rows()){
    $row=mysql_fetch_row($result);
    $total=$row[0];
}else{
    echo   '没有数据';
}
$tpage=ceil($total/$num);
MySQL_close();
//计算总页数
$tpage=ceil($total/$num);
$start=($page-1)*$num;
$sql="select id,name,price,info from goods limit {$start},{$num} ";
$result=mysql_query($sql);
if($result && mysql_affected_rows()){
    echo '<table border="1" width="300">';
    while($row=mysql_fetch_assoc($result)){
        echo '<tr>';
            echo '<td>'.$row['id'].'</td>';
            echo '<td>'.$row['name'].'</td>';
            echo '<td>'.$row['price'].'</td>';
            echo '<td>'.$row['info'].'</td>';
        echo '</tr>';
    }
    echo '</table>';
}else{
    echo '没有数据或者查询失败';
}
mysql_close();
//计算上一页和下一页的页数
//如果当前页大于总页数，那么强制变成最后一页
if($page>=$tpage){
    $next=$tpage;
}else{
    $next=$page+1;
}
//如果当前页小于 1，那么强制变成第一页
if($page<=1){
    $prev=1;
}else{
    $prev=$page-1;
}
echo '<a href="page.php?page=1">首页</a> |';
echo '<a href="page.php?page='.$prev.'">上一页</a>|';
echo '<a href="page.php?page='.$next.'">下一页</a>|';
```

```
          echo '<a href="page.php?page='.$tpage.'">尾页</a>';
    ?>
```

5.2.9　什么是数据库权限？

关于 MySQL 的权限简单的理解就是 MySQL 允许用户做权利以内的事情，不可以越界。例如只允许一个用户执行 SELECT 操作，那么它就不能执行 UPDATE 操作；只允许一个用户从某台机器上连接 MySQL，那么它就不能从除那台机器以外的其他机器连接 MySQL。

那么 MySQL 的权限是如何实现的呢？这就要说到 MySQL 的两阶段的验证，下面详细来介绍。第一阶段：服务器首先会检查是否允许连接。因为创建用户的时候会加上主机限制，可以限制成本地、某个 IP、某个 IP 段以及任何地方等，只允许你从配置的指定地方登录。后面在实战的时候会详细介绍关于主机的限制。第二阶段：如果能连接，那么 MySQL 会检查发出的每个请求，看是否有足够的权限实施它。例如，要更新某个表或者查询某个表，MySQL 会检查对某个表或者某个列是否有权限。再例如，要运行某个存储过程，MySQL 会检查对存储过程是否有执行权限等。

MySQL 权限控制原则：

1）只授予能满足需要的最小权限，防止用户干坏事。例如，用户只是需要查询，那就只给 SELECT 权限就可以了，不要给用户赋予 UPDATE、INSERT 或者 DELETE 权限。

2）创建用户的时候限制用户的登录主机，一般是限制成指定 IP 或者内网 IP 段。

3）初始化数据库的时候删除没有密码的用户。安装完数据库的时候会自动创建一些用户，这些用户默认没有密码。

4）为每个用户设置满足密码复杂度要求的密码。

5）定期清理不需要的用户。回收权限或者删除用户。

示例 1：创建一个只允许从本地登录的超级用户 feihong，并允许将权限赋予别的用户，密码为 123。

```
    GRANT ALL PRIVILEGES ON *.* TO feihong@'localhost' IDENTIFIED BY '123' WITH GRANT
OPTION;
```

GRANT 命令说明：

ALL PRIVILEGES 是表示所有权限，也可以使用 SELECT、UPDATE 等权限。

ON 用来指定权限针对哪些库和表。

. 中前面的*号用来指定数据库名，后面的*号用来指定表名。

TO 表示将权限赋予某个用户。

feihong@'localhost' 表示 feihong 用户，@后面接限制的主机，可以是 IP、IP 段、域名以及%，%表示任何地方。注意：这里%有的版本不包括本地，以前碰到过给某个用户设置了%允许任何地方登录，但是在本地登录不了，这个和版本有关系，遇到这个问题再加一个 localhost 的用户就可以了。

IDENTIFIED BY 指定用户的登录密码。

WITH GRANT OPTION 这个选项表示该用户可以将自己拥有的权限授权给别人。注意：经常有人在创建操作用户的时候不指定 WITH GRANT OPTION 选项，导致后来该用户不能使用 GRANT 命令创建用户或者给其他用户授权。

备注：可以使用 GRANT 重复给用户添加权限，权限叠加，例如，先给用户添加了一个 SELECT 权限，然后又给用户添加了一个 INSERT 权限，那么该用户就同时拥有了 SELECT 和 INSERT 权限。

示例 2：创建一个网站用户（程序用户）。

创建一个一般的程序用户，这个用户可能只需要 SELECT、INSERT、UPDATE、DELETE、CREATE TEMPORARY TABLES 等权限，如果有存储过程还需要加上 EXECUTE 权限，那么一般是指定内网网段 192.168.100 网段。

```
GRANT USAGE,SELECT, INSERT, UPDATE, DELETE, SHOW VIEW ,CREATE TEMPORARY TABLES,EXECUTE ON 'test'.* TO webuser@'192.168.100.%' IDENTIFIED BY 123';
```

示例 3：创建一个普通用户（仅有查询权限）。

```
GRANT USAGE,SELECT ON 'test'.* TO public@'192.168.100.%' IDENTIFIED BY   'test';
```

示例 4：查看权限。
使用如下命令可以方便地查看到某个用户的权限：

```
SHOW GRANTS FOR 'webuser'@'192.168.100.%';
```

示例 5：删除用户。
注意删除用户不要使用 DELETE 直接删除，因为使用 DELETE 删除后用户的权限并未删除，新建同名用户后又会继承以前的权限。正确的做法是使用 DROP USER 命令删除用户，例如，要删除'webuser'@'192.168.100.%'用户采用如下命令：

```
DROP USER 'webuser'@'192.168.100.%';
```

示例 6：回收权限。
将前面创建的 webuser 用户的 DELETE 权限回收，使用如下命令：

```
REVOKE DELETE ON test.* FROM 'webuser'@'192.168.100.%';
```

5.2.10 PHP Web 访问 MySQL 方法是什么?

PHP Web 与 MySQL 是天然的架构关系，掌握 PHP Web 开发中与 MySQL 的使用方法非常重要，故也是笔试面试的重中之重。

从 Web 访问数据库的基本步骤，应该遵循以下基本步骤：
1）检查并过滤来自用户的数据。
2）建立到一个适当数据库的连接。
3）查询数据库。
4）获取查询结果。
5）将结果显示给用户。

1．建立连接 MySQL 服务器

在 PHP 中，首先要与 MySQL 服务器建立连接后才能连接数据库，用于连接 MySQL 服务器的函数是 mysql_connect()函数，语法格式如下：

```
    resource mysql_connect([string $server [, string $username [, string $password [, bool $new_link [, int $client_flags ]]]]])
```

如果使用同样的参数第二次调用 mysql_connect()函数，那么将不会建立新连接，而将返回已经打开的连接标志。参数$new_link 指定在这种情况下是否建立新的连接，值为 TRUE 表示建立新的连接，值为 FALSE 时返回已经建立连接的句柄，默认值为 FALSE。

PHP 还提供了另外一个用于连接 MySQL 服务器的函数：mysql_pconnect()。该函数用于建立一个与 MySQL 服务器的持久连接。

2．选择数据库

连接到服务器后，可以选择需要使用的数据库，使用 mysql_select_db()函数，语法格式如下：

```
    bool mysql_select_db(string $database_name [, resource $ link_identifier ])
```

说明：$database_name 参数为要选择的数据库名，可选参数$lin_identifier 为一个连接标志符，如果没有指定，则使用上一个打开的连接。如果之前没有已经打开的连接，则本函数尝试调用一个无参数的 mysql_connect()函数来打开一个连接并使用。本函数运行成功返回 TRUE，否则返回 FALSE。

3．关闭连接

当一个已经打开的连接不再需要时，可以使用 mysql_close()函数将其关闭，语法格式如下：

```
    bool mysql_close([ resource $link_identifier ])
```

可选参数$link_identifier 为指定的连接标志符，如果省略，则关闭上一个打开的连接。

【真题 227】 以下代码的运行结果为（   ）。

```php
<?php
    mysql_connect('localhost','root',"");
    $result = mysql_query("SELECT id,name FROM tb1");
    while($row = mysql_fetch_array($result,MYSQL_ASSOC)){
        echo' ID:' .$row[0].' Name:' .$row[];
    }
?>
```

A．报错   B．循环换行打印全部记录
C．无任何结果   D．只打印第一条记录
参考答案：A。
分析：因为代码中没有指明要操作的数据库名，所以会报错。
所以，本题的答案为 A。

5.2.11　如何高效操作 MySQL？

MySQL 对于 PHP 甚至是所有开发者都是非常基础和重要的模块，对于熟悉的 LAMP 体系架构，我们需要构建稳定可靠的系统，数据库环境是必不可少和关键的地方。在使用 MySQL 过程中，有以下建议：

1）使用 InnoDB 数据库引擎。MySQL 常用的有 MyISAM 和 InnoDB 两种，MyISAM 不支持外键约束或者事务处理。当插入或更新一条记录时，整个数据表都被锁定了，随着使用量的增加，性能会非常差。

2）使用 MySQLi 面向对象的数据库操作方法。PHP5 支持了面向对象的访问数据库方法。具体的优点前面已经讲过，此处不再赘述。

3）对于用户输入进行验证。用户输入的内容是一个很大的变量之一，要防止 SQL 注入或黑客登录等安全隐患。

4）MySQL 未使用 utf-8 字符集。utf-8 字符集解决了很多国际化的问题，需要尽量使用此字符集，防止字符的问题出现。

5）通过 SQL 来替代 PHP 逻辑处理。通常来说，执行一个查询比在结果中使用 PHP 语言来迭代处理更有效率。所以，需要尽量通过 SQL 来替代 PHP 逻辑处理，提高效率。

6）优化数据库查询。几乎绝大部分 PHP 性能问题都是数据库引起的，经常出现的慢查询等 SQL 查询问题可能会让系统崩溃。需要对数据库进行优化查询。

7）要正确使用数据类型。

MySQL 提供了诸如 numeric、string 和 date 等的数据类型。如果想存储一个时间，那么使用 date 或者 datetime 类型。如果这个时候用 integer 或者 string 类型，那么将会使得 SQL 查询非常复杂。

很多人倾向于擅自自定义一些数据的格式，例如，使用 string 来存储序列化的 PHP 对象。这样的话数据库管理起来可能会变得简单些，但会使得 MySQL 成为一个糟糕的数据存储而且之后很可能会引起故障。

8）不要在查询中使用 "*"。这会返回表中所有数据，这是懒惰的表现，会在降低效率和出错概率上都大大提高。

9）合理使用索引技术。不使用或过度使用索引都会造成性能降低。如果在每个字段都加了索引，那么当执行修改操作时，索引都需要重新生成，会对性能影响较大。不使用索引，同样会造成全表查询，降低效率。使用索引一般性原则是这样的：select 语句中的任何一个 where 子句表示的字段都应该使用索引。

10）记得备份。数据库必须进行备份，常见的有主从、主主数据库等系统架构形式。

5.3　MySQL 高级管理

5.3.1　如何对 MySQL 进行优化？

一个成熟的数据库架构并不是一开始设计就具备高可用、高伸缩等特性的，它是随着用户量的增加，基础架构才逐渐完善。

1．数据库的设计

1）尽量让数据库占用更小的磁盘空间。

2）尽可能使用更小的整数类型。

3）尽可能地定义字段为 NOT NULL，除非这个字段需要 NULL。

4）如果没有用到变长字段（例如 varchar），那么就采用固定大小的记录格式，例如 char。

5）只创建确实需要的索引。索引有利于检索记录，但是不利于快速保存记录。如果总是要在表的组合字段上做搜索，那么就在这些字段上创建索引。索引的第一部分必须是最常使用的字段。

6）所有数据都得在保存到数据库前进行处理。

7）所有字段都得有默认值。

2．系统的用途

1）尽量使用长连接。

2）通过 EXPLAIN 查看复杂 SQL 的执行方式，并进行优化。

3）如果两个关联表要做比较，那么做比较的字段必须类型和长度都一致。

4）LIMIT 语句尽量要跟 ORDER BY 或 DISTINCT 搭配使用，这样可以避免做一次 FULL TABLE SCAN。

5）如果想要清空表的所有纪录，那么建议使用 TRUNCATE TABLE TABLENAME 而不是 DELETE FROM TABLENAME。

6）在一条 INSERT 语句中采用多重记录插入格式，而且使用 load data infile 来导入大量数据，这比单纯的 INSERT 快很多。

7）如果 date 类型的数据需要频繁地做比较，那么尽量保存为 unsigned int 类型，这样可以加快比较的速度。

3．系统的瓶颈

1）磁盘搜索。并行搜索，把数据分开存放到多个磁盘中，这样能加快搜索时间。

2）磁盘读写（I/O）。可以从多个媒介中并行地读取数据。

3）CPU 周期。数据存放在主内存中，这样就得增加 CPU 的个数来处理这些数据。

4）内存带宽。当 CPU 要将更多的数据存放到 CPU 的缓存中时，内存的带宽就成了瓶颈。

4．数据库参数优化

MySQL 常用的有两种存储引擎，分别是 MyISAM 和 InnoDB。每种存储引擎的参数比较多，以下列出主要影响数据库性能的参数。

公共参数默认值：

- max_connections = 151 #同时处理最大连接数，推荐设置最大连接数是上限连接数的 80%左右
- sort_buffer_size = 2M #查询排序时缓冲区大小，只对 ORDER BY 和 GROUP BY 起作用，可增大此值为 16M
- open_files_limit = 1024 #打开文件数限制，如果 show global status like 'open_files'查看的值等于或者大于 open_files_limit 值时，程序会无法连接数据库或卡死

MyISAM 参数默认值：

- key_buffer_size = 16M　　　　#索引缓存区大小，一般设置为物理内存的 30%～40%

- read_buffer_size = 128K   #读操作缓冲区大小，推荐设置为 16M 或 32M
- query_cache_type = ON   #打开查询缓存功能
- query_cache_limit = 1M   #查询缓存限制，只有 1M 以下查询结果才会被缓存，以免结果数据较大把缓存池覆盖
- query_cache_size = 16M   #查看缓冲区大小，用于缓存 SELECT 查询结果，下一次有同样 SELECT 查询将直接从缓存池返回结果，可适当成倍增加此值

InnoDB 参数默认值：

- innodb_buffer_pool_size = 128M   #索引和数据缓冲区大小，一般设置为物理内存的 60%～70%
- innodb_buffer_pool_instances = 1   #缓冲池实例个数，推荐设置 4 个或 8 个
- innodb_flush_log_at_trx_commit = 1   #关键参数，0 代表大约每秒写入日志并同步到磁盘，数据库故障会丢失 1s 左右事务数据。1 为每执行一条 SQL 后写入日志并同步到磁盘，I/O 开销大，执行完 SQL 要等待日志读写，效率低。2 代表只把日志写入系统缓存区，再每秒同步到磁盘，效率很高，如果服务器故障，才会丢失事务数据。对数据安全性要求不是很高的推荐设置 2，性能高，修改后效果明显
- innodb_file_per_table = OFF   #默认是共享表空间，共享表空间 idbdata 文件不断增大，影响一定的 I/O 性能。推荐开启独立表空间模式，每个表的索引和数据都存在自己独立的表空间中，可以实现单表在不同数据库中移动
- innodb_log_buffer_size = 8M   #日志缓冲区大小，由于日志最长每秒钟刷新一次，所以一般不用超过 16M

5．系统内核优化

大多数 MySQL 都部署在 Linux 系统上，所以，操作系统的一些参数也会影响到 MySQL 性能，以下参数的设置可以对 Linux 内核进行适当优化。

- net.ipv4.tcp_fin_timeout = 30   #TIME_WAIT 超时时间，默认是 60s
- net.ipv4.tcp_tw_reuse = 1   #1 表示开启复用，允许 TIME_WAIT socket 重新用于新的 TCP 连接，0 表示关闭
- net.ipv4.tcp_tw_recycle = 1   #1 表示开启 TIME_WAIT socket 快速回收，0 表示关闭
- net.ipv4.tcp_max_tw_buckets = 4096   #系统保持 TIME_WAIT socket 最大数量,如果超出这个数,系统将随机清除一些 TIME_WAIT 并打印警告信息
- net.ipv4.tcp_max_syn_backlog = 4096   #进入 SYN 队列最大长度,加大队列长度可容纳更多的等待连接

在 Linux 系统中，如果进程打开的文件句柄数量超过系统默认值 1024，就会提示"too many files open"信息，所以，要调整打开文件句柄限制。

```
# vi /etc/security/limits.conf   #加入以下配置，*代表所有用户，也可以指定用户，重启系统生效
* soft nofile 65535
* hard nofile 65535
# ulimit –SHn 65535    #立刻生效
```

6．硬件配置

加大物理内存，提高文件系统性能。Linux 内核会从内存中分配出缓存区（系统缓存和数据缓存）来存放热数据，通过文件系统延迟写入机制，等满足条件时（如缓存区大小到达一定百分比或者执行 sync 命令）才会同步到磁盘。也就是说，物理内存越大，分配缓存区越大，缓存数据越多。当然，服务器故障会丢失一定的缓存数据。可以采用 SSD（Solid State Drives，固态硬盘）硬盘代替 SAS（Serial Attached SCSI，串行连接 SCSI）硬盘，将 RAID（Redundant

Arrays of Independent Disks，磁盘阵列）级别调整为 RAID1+0，相对于 RAID1 和 RAID5 有更好的读写性能（IOPS，Input/Output Operations Per Second，即每秒进行读写（I/O）操作的次数），毕竟数据库的压力主要来自磁盘 I/O 方面。

7．SQL 优化

执行缓慢的 SQL 语句能消耗数据库的 70%～90%的 CPU 资源，而 SQL 语句独立于程序设计逻辑，相对于对程序源代码的优化，对 SQL 语句的优化在时间成本和风险上的代价都很低。SQL 语句可以有不同的写法，下面分别介绍。

（1）在 MySQL 5.5 及其以下版本中避免使用子查询

例如，在 MySQL 5.5 版本里，若执行下面的 SQL 语句，则内部执行计划器是这样执行的：先查外表再匹配内表，而不是先查内表 T2。所以，当外表的数据很大时，查询速度就会非常慢。

```
SELECT * FROM T1 WHERE ID IN (SELECT ID FROM T2 WHERE NAME='xiaomaimiao');
```

在 MySQL 5.6 版本里，采用 JOIN 关联方式对其进行了优化，这条 SQL 会自动转换为

```
SELECT T1.* FROM T1 JOIN T2 ON T1.ID = T2.ID;
```

需要注意的是，该优化只针对 SELECT 有效，对 UPDATE 或 DELETE 子查询无效，故生产环境应避免使用子查询。

（2）避免函数索引

例如，下面的 SQL 语句会走全表扫描：

```
SELECT * FROM T WHERE YEAR(D) >= 2016;
```

由于 MySQL 不像 Oracle 那样支持函数索引，即使 D 字段有索引，也会直接全表扫描。应改为如下的 SQL 语句：

```
SELECT * FROM T WHERE D >= '2016-01-01';
```

（3）用 IN 来替换 OR

低效查询：

```
SELECT * FROM T WHERE LOC_ID = 10 OR LOC_ID = 20 OR LOC_ID = 30;
```

高效查询：

```
SELECT * FROM T WHERE LOC_IN IN (10,20,30);
```

（4）在 LIKE 中双百分号无法使用到索引

```
SELECT * FROM t WHERE name LIKE '%de%';
SELECT * FROM t WHERE name LIKE 'de%';
```

在以上 SQL 语句中，第一句 SQL 无法使用索引，而第二句可以使用索引。目前只有 MySQL 5.7 及以上版本支持全文索引。

（5）读取适当的记录 LIMIT M,N

```
SELECT * FROM t WHERE 1;
SELECT * FROM t WHERE 1 LIMIT 10;
```

（6）避免数据类型不一致

```
SELECT * FROM T WHERE ID = '19';
```

由于以上 SQL 中 ID 为数值型，所以应该去掉过滤条件中数值 19 的双引号：

```
SELECT * FROM T WHERE ID = 19;
```

（7）分组统计可以禁止排序

```
SELECT GOODS_ID,COUNT(*) FROM T GROUP BY GOODS_ID;
```

默认情况下，MySQL 会对所有 GROUP BY col1，col2...的字段进行排序。如果查询包括 GROUP BY，那么想要避免排序结果的消耗，则可以指定 ORDER BY NULL 禁止排序，如下：

```
SELECT GOODS_ID,COUNT(*) FROM T GROUP BY GOODS_ID ORDER BY NULL;
```

（8）避免随机取记录

```
SELECT * FROM T1 WHERE 1=1 ORDER BY RAND() LIMIT 4;
```

由于 MySQL 不支持函数索引，所以以上 SQL 会导致全表扫描，可以修改为如下的 SQL 语句：

```
SELECT * FROM T1 WHERE ID >= CEIL(RAND()*1000) LIMIT 4;
```

（9）禁止不必要的 ORDER BY 排序

```
SELECT COUNT(1) FROM T1 JOIN T2 ON T1.ID = T2.ID WHERE 1 = 1 ORDER BY T1.ID DESC;
```

由于计算的是总量，所以没有必要去排序，可以去掉排序语句，如下：

```
SELECT COUNT(1) FROM T1 JOIN T2 ON T1.ID = T2.ID;
```

（10）尽量使用批量 INSERT 插入
下面的 SQL 语句可以使用批量插入：

```
INSERT INTO t (id, name) VALUES(1,'xiaolu');
INSERT INTO t (id, name) VALUES(2,'xiaobai');
INSERT INTO t (id, name) VALUES(3,'xiaomaimiao');
```

修改后的 SQL 语句：

```
INSERT INTO t (id, name) VALUES(1,'xiaolu'), (2,'xiaobai'),(3,'xiaomaimiao');
```

5.3.2　如何进行数据库优化？

数据库优化的过程可以使用以下的方法进行：

1）选取最适用的字段属性，尽可能减少定义字段长度，尽量把字段设置 NOT NULL，例如'省份、性别'，最好设置为 ENUM。

2）使用连接（JOIN）来代替子查询。

① 删除没有任何订单客户：DELETE FROM customerinfo WHERE customerid NOT in(SELECT customerid FROM orderinfo)。

② 提取所有没有订单客户：SELECT FROM customerinfo WHERE customerid NOT in(SELECT customerid FROM orderinfo)。

③ 提高 b 的速度优化：SELECT FROM customerinfo LEFT JOIN orderid customerinfo. customerid=orderinfo.customerid WHERE orderinfo.customerid IS NULL。

3）使用联合（UNION）来代替手动创建的临时表。创建临时表：SELECT name FROM 'nametest' UNION SELECT username FROM 'nametest2'。

4）事务处理。保证数据完整性，例如添加和修改。同时，如果两者成立，则都执行，一者失败都失败：

```
mysql_query("BEGIN");
mysql_query("INSERT INTO customerinfo (name) VALUES ('$name1')";
mysql_query("SELECT * FROM 'orderinfo' where customerid=".$id");
mysql_query("COMMIT");
```

5）锁定表，优化事务处理。用一个 SELECT 语句取出初始数据，通过一些计算，用 UPDATE 语句将新值更新到表中。包含有 WRITE 关键字的 LOCK TABLE 语句可以保证在 UNLOCK TABLES 命令被执行之前，不会有其他的访问来对 customerinfo 表进行插入、更新或者删除的操作。

```
mysql_query("LOCK TABLE customerinfo READ, orderinfo WRITE");
mysql_query("SELECT customerid FROM 'customerinfo' where id=".$id);
mysql_query("UPDATE 'orderinfo' SET ordertitle='$title' where customerid=".$id);
mysql_query("UNLOCK TABLES");
```

6）使用外键，优化锁定表。把 customerinfo 里的 customerid 映射到 orderinfo 里的 customerid，任何一条没有合法的 customerid 的记录不会写到 orderinfo 里。

```
CREATE TABLE customerinfo
(
    customerid INT NOT NULL,
    PRIMARY KEY(customerid)
)TYPE = INNODB;
CREATE TABLE orderinfo
(
    orderid INT NOT NULL,
    customerid INT NOT NULL,
    PRIMARY KEY(customerid,orderid),
    FOREIGN KEY (customerid) REFERENCES customerinfo
    (customerid) ON DELETE CASCADE
)TYPE = INNODB;
```

注意：'ON DELETE CASCADE'，该参数保证当 customerinfo 表中的一条记录删除的话同时也会删除 order。

表中的该用户的所有记录，注意使用外键时要定义数据库引擎为 INNODB。

1．建立索引

格式如下：

普通索引

创建：CREATE INDEX <索引名> ON tablename (索引字段)。

修改：ALTER TABLE tablename ADD INDEX [索引名] (索引字段)。

创表指定索引：CREATE TABLE tablename([...],INDEX[索引名](索引字段))。

唯一索引

创建：CREATE UNIQUE <索引名> ON tablename (索引字段)。

修改：ALTER TABLE tablename ADD UNIQUE [索引名] (索引字段)。

创表指定索引：CREATE TABLE tablename([...],UNIQUE[索引名](索引字段))。

（主键）

唯一索引一般在创建表时建立，格式如下：

```
CREATA TABLE tablename ([...],PRIMARY KEY[索引字段])
```

2．优化查询语句

最好在相同字段进行比较操作，在建立好的索引字段上尽量减少函数操作。

例子 1：

```
SELECT * FROM order WHERE YEAR(orderDate)<2008;(慢)
SELECT * FROM order WHERE orderDate<"2008-01-01";(快)
```

例子 2：

```
SELECT * FROM order WHERE addtime/7<24;(慢)
SELECT * FROM order WHERE addtime<24*7;(快)
```

例子 3：

```
SELECT * FROM order WHERE title like "%good%";
SELECT * FROM order WHERE title>="good" and name<"good";
```

【真题 228】 MySQL 数据库基本的三个优化法则是什么？除了增加硬件和带宽。

参考答案：

1）系统服务优化，把 MySQL 的 key_buffer、cache_buffer、query_cache 等增加容量。

2）给所有经常查询的字段增加适当的索引。

3）优化 SQL 语句，减少 Ditinct、Group、Join 等语句的操作。

【真题 229】 如何优化 MySQL 数据库？

参考答案：优化数据库主要有以下几个方面的内容：

1）库表设计方面。设计结构良好的数据库表，考虑良好的范式规则，避免 JOIN 操作，提高查询效率。

2）系统架构设计方面。散列方法，把海量数据散列到不同的表中，进行快慢表设计，进行服务器主从设计。

3）索引的使用。给所有经常查询的字段增加适当的索引。

4）优化 SQL 语句，减少 Ditinct、Group、Join 等语句的操作。

【真题 230】 Apache+MySQL+PHP 实现最大负载的方法是什么？

参考答案：采用缓存机制：静态缓存，Memcache 等。根据是否用到事务处理机制，合理选择 InnoDB 表或 MyISAM 表。优化 SQL 语句，优化表字段结构。

5.3.3 如何进行数据库操作优化?

1. 查询缓存

大多数的 MySQL 服务器都开启了查询缓存。这是提高性能最有效的方法之一，而且这是对 MySQL 的数据库引擎处理的。当有很多相同的查询被执行了多次的时候，这些查询结果会被放到一个缓存中，这样，后续的相同的查询就不用操作表而直接访问缓存结果了。

```
// 不开启查询缓存
$r = mysql_query("SELECT username FROM user WHERE signup_date >= CURDATE()");
// 开启查询缓存
$today = date("Y-m-d");
$r = mysql_query("SELECT username FROM user WHERE signup_date >= '$today'");
```

上面两条 SQL 语句的差别就是 CURDATE()，MySQL 的查询缓存对这个函数不起作用。所以，像 NOW()和 RAND()或者其他诸如此类的 SQL 函数都不会开启查询缓存，因为这些函数的返回是不定的。所以，需要的就是用一个变量来代替 MySQL 的函数，从而开启缓存。

2. EXPLAIN 分析 SELECT 查询

使用 EXPLAIN 关键字可以知道 MySQL 是如何处理 SQL 语句的。这可以帮助分析查询语句或者表结构的性能瓶颈。

EXPLAIN 的查询结果还会给出索引主键是如何被利用的、数据表是如何被搜索和排序的。

3. 当只要一行数据时，使用 LIMIT 1

有些时候查询表，已经知道结果只会有一条结果，但因为可能需要去 fetch 游标，或者也许会去检查返回的记录数。在这种情况下，加上 LIMIT 1 可以增加性能。这样 MySQL 数据库引擎会在找到一条数据后停止搜索，而不是继续往后查找下一条符合记录的数据。

下面的示例，只是为了找到一条是否有"中国"的用户，很明显，后面的会比前面的更有效率。

```
// 效率较低的方法：
$r = mysql_query("SELECT * FROM user WHERE country = 'China'");
if (mysql_num_rows($r) > 0) {
// ...
}

// 效率较高的方法：
$r = mysql_query("SELECT 1 FROM user WHERE country = 'China' LIMIT 1");
```

```
if (mysql_num_rows($r) > 0) {
    // ...
}
```

4．为搜索字段建立索引

索引并不一定就是给主键或者唯一的字段设置。如果表中有某个字段总会经常被用来做搜索，那么就为其建立索引。

5．避免 SELECT *的使用

如果从数据库里读出越多的数据，那么查询就会变得越慢。并且，如果数据库服务器和 WEB 服务器是两台独立的服务器，那么这还会增加网络传输的负载。

6．为数据库表设置一个 ID

应该为数据库里的每张表都设置一个 ID 作为其主键，而且最好是一个 INT 型的（推荐使用 unsigned），并设置上自动增加的 AUTO_INCREMENT 标志。

7．Prepared Statements 使用

Prepared Statements 很像存储过程，是一种运行在后台的 SQL 语句集合，我们可以从使用 Prepared Statements 获得很多好处，无论是性能问题还是安全问题。

Prepared Statements 可以检查一些绑定好的变量，这样可以保护程序不会受到"SQL 注入式"攻击。当然，也可以手动地检查这些变量，然而，手动的检查容易出问题，而且经常会被程序员忘了。当使用一些 framework 或者 ORM 的时候，这样的问题会好一些。

在性能方面，当一个相同的查询被使用多次的时候，这会带来可观的性能优势。可以给这些 Prepared Statements 定义一些参数，而 MySQL 只会解析一次。

8．拆分大的 DELETE 或 INSERT 语句

如果需要在一个在线的网站上去执行一个大的 DELETE 或 INSERT 查询，那么需要非常小心，要避免操作让整个网站停止响应。因为这两个操作是会锁表的，一旦表被锁住了，别的操作都进不来了。Apache 会有很多的子进程或线程。所以，其工作起来相当有效率，而服务器也不希望有太多的子进程、线程和数据库连接，这是极大的占服务器资源的事情，尤其是内存。

如果把表锁上一段时间，例如 30s，那么对于一个有很高访问量的站点来说，这 30s 所积累的访问进程、线程、数据库连接、打开的文件数，可能会让整台服务器瘫痪。

所以，如果有一个大的处理，那么一定要把其拆分，使用 LIMIT 条件是一个好的方法。下面是一个示例：

```
while (1) {
    //每次操作 1000 条
    mysql_query("DELETE FROM logs WHERE log_date <= '2017-11-01' LIMIT 1000");
    if (mysql_affected_rows() == 0) {
        // 无需删除了，退出！
        break;
    }
    // 休眠
    usleep(50000);
}
```

9．选择正确的存储引擎

在 MySQL 中有两个存储引擎：MyISAM 和 InnoDB，每个引擎都有利有弊。

MyISAM 适合于一些需要大量查询的应用，但其对于有大量写操作的支持并不是很好。甚至只是需要 update 一个字段，整个表都会被锁起来，而其他进程，就算是读进程都无法操作直到读操作完成。另外，MyISAM 对于 SELECT COUNT(*) 这类的计算是超快无比的。

InnoDB 的趋势会是一个非常复杂的存储引擎，对于一些小的应用，它会比 MyISAM 还慢。但是它支持"行锁"，于是在写操作比较多的时候，会更优秀。并且，它还支持更多的高级应用，例如事务。

【真题 231】用什么方法检查 PHP 脚本的执行效率（通常是脚本执行时间）和数据库 SQL 的效率（通常是数据库 query 时间），并定位和分析脚本执行和数据库查询的瓶颈所在？

参考答案：检查 PHP 脚本的执行效率的方法如下：可以在检查的代码开头记录一个时间，然后在代码的结尾也记录一个时间，结尾时间减去开头时间取这个时间的差值，从而检查 PHP 的脚本执行效率，记录时间可以使用 microtime()函数。

检查数据库 SQL 的效率的方法如下：可以通过 explain 显示 MySQL 如何使用索引来处理 select 语句及连接表，帮助选择更好的索引和写出更优化的查询语句。然后启用 slow query log 记录慢查询，通过查看 SQL 的执行时间和效率来定位分析脚本执行的问题和瓶颈所在。

【真题 232】 考虑如下数据表和查询，如何添加索引能提高查询速度？（　　　）

```
CREATE TABLE MYTABLE (
    ID INT,
    NAME VARCHAR (100),
    ADDRESS1 VARCHAR (100),
    ADDRESS2 VARCHAR (100),
    ZIPCODE VARCHAR (10),
    CITY VARCHAR (50),
    PROVINCE VARCHAR (2)
)
    SELECT ID, VARCHAR FROM MYTABLE WHERE ID BETWEEN 0 AND 100 ORDER BY NAME,
ZIPCODE
```

A．给 ID 添加索引

B．给 NAME 和 ADDRESS1 添加索引

C．给 ID 添加索引，然后给 NAME 和 ZIPCODE 分别添加索引

D．给 ZIPCODE 和 NAME 添加索引

参考答案：C。

分析：给 ID 字段设置索引能提高 where 条件执行的效率，给 NAME 和 ZIPCODE 设索引则能使排序更快。

5.3.4　如何进行数据库表优化?

PHP 与 MySQL 的交互，更多的都是对于表级别的各种操作，所以数据库表的优化能直接影响系统的性能，因此掌握数据库表的常用优化技巧及经验，对于笔试面试会有非常大的帮助，下面总结和提炼了相关常见的优化点，熟练地掌握和了解是笔试面试准备的重

要内容。

1. 表级字段属性的优化

MySQL 可以很好地支持大数据量的存取，但是一般说来，数据库中的表越小，在它上面执行的查询也就会越快。因此，在创建表的时候，为了获得更好的性能，可以将表中字段的宽度设得尽可能小。例如，在定义邮政编码这个字段时，如果将其设置为 char(255)，那么会给数据库增加了不必要的空间，甚至使用 varchar 这种类型也是多余的，因为 char(6)就可以很好地完成任务了。同样的，如果可以的话，应该使用 mediumint 而不是 bigint 来定义整型字段。另外一种提高效率的方法是在可能的情况下，应该尽量把字段设置为 NOT NULL，这样在将来执行查询的时候，数据库不用去比较 NULL 值。

对于某些文本字段，例如"省份"或者"性别"，可以将它们定义为 ENUM 类型。因为在 MySQL 中，ENUM 类型被当作数值型数据来处理，而数值型数据被处理起来的速度要比文本类型快得多，这样，又可以提高数据库的性能。

2. 数据类型的优化

MySQL 支持很多种不同的数据类型，并且选择正确的数据类型对于获得高性能至关重要。不管选择何种类型，下面的简单原则都会有助于做出更好的选择。

（1）更小原则

一般来说，要试着使用正确的存储和表示数据的最小类型。更小的数据类型通常更快，因为它们使用了更少的磁盘空间、内存和 CPU 缓存，而且需要的 CPU 周期也更少。但是要确保不低估需要保存的值，在架构中的多个地方增加数据类型的范围是一件极其费力的工作。如果不确定需要什么数据类型，那么就选择不会超出范围的最小类型。

（2）简单原则

越简单的数据类型，需要的 CPU 周期就越少。例如，比较整数的代价小于比较字符，因为字符集和排序规则使字符比较更复杂。

（3）尽量避免空（NULL）原则

要尽可能把字段定义为 NOT NULL。即使应用程序无须保存 NULL，也有许多表包含了可为空的列，这仅仅是因为它为默认选项，除非真的要保存 NULL，否则就把列定义为 NOT NULL。

MySQL 难以优化可空列的查询，它会使索引、索引统计和值更加复杂。可空列需要更多的存储空间，还需要在 MySQL 内部进行特殊处理。当可空列被索引的时候，每条记录都需要一个额外的字节，还能导致 MyISAM 中固定大小的索引（例如，一个整数列上的索引）变成可变大小的索引。即使要在表中存储可为空的字段，也是有办法不使用 NULL 的，可以考虑使用 0、特殊值或字符串来代替它。把 NULL 列改为 NOT NULL 带来的性能提升很小，所以除非确定它引入了问题，否则就不要把它当成优先的优化措施。如果计划对列进行索引，那么就要尽量避免把它设置为可为空（NULL）。

3. 整数的优化原则

数字有两种类型：整数和实数，如果存储整数，那么就可以使用这几种整数类型：tinyint、smallint、mediumint、int、bigint，它们分别需要 8、16、24、32、64 位存储空间。整数类型有可选的 unsigned（无符号）属性，它表示不允许为负数，并大致把正上限提高了一倍，例如，tinyint unsigned 保存的范围为 0~255，而不是-127~128。signed（有符号）和 unsigned

（无符号）类型占用的存储空间是一样的，性能也一样，因此可以根据实际情况采用合适的类型。

上述选择将会决定 MySQL 把数据保存在内存中还是磁盘上，然而，整数运算通常使用 64 位的 bingint 整数。MySQL 还允许对整数类型定义宽度，例如 int(11)。

4．实数的优化原则

实数有分数部分，然而，它们并不仅仅是分数。可以使用 decimal 保存比除 bigint 还大的整数。MySQL 同时支持精确与非精确类型。float 和 double 类型支持使用标准的浮点运算进行近似计算。如果想知道浮点运算到底如何进行，则要研究浮点数的具体实现。比较起 decimal 类型，浮点类型保存同样大小的值使用的空间通常更小，float 类型占用 4 个字节，double 占用 8 个字节，而且精度更大，范围更广。和整数一样，这里选择的仅仅是存储类型。MySQL 在内部对浮点类型使用 double 进行计算。

由于需要额外的空间和计算开销，只有在需要对小数进行精确的时候才使用 decimal，例如保存金融数据。

5．字符串类型处理原则

varchar 和 char 类型是常见的字符串类型处理。

varchar：保存了可变长度的字符串，是使用得最多的字符串类型，它能比固定类型占用更少的存储空间，因为它只占用了自己需要的空间（也就是说，较短的值占用的空间更小）。它使用额外的 1～2 个字节来存储值的长度。varchar 能节约空间，所以对性能有帮助。然而，由于行的长度是可变的，它们在更新的时候可能会发生变化，这会引起额外的工作。当最大长度远大于平均长度，并且很少发生更新的时候，通常适合用 varchar。这时候碎片就不会成为问题，还有使用复杂的字符集，如 utf-8 时，它的每个字符都可能会占用不同的存储空间。varchar 存取值时候，MySQL 不会去掉字符串末尾的空格。

char：固定长度，char 存取值时候，MySQL 会去掉末尾的空格。char 在存储很短的字符串或长度近似相同的字符的时候很有用。例如，char 适用于存储密码的 MD5 哈希值，它的长度总是一样的。对于经常改变的值，char 也好于 varchar，因为固定长度的行不容易产生碎片，对于很短的列，char 的效率也高于 varchar。char(1)字符串对于单字节字符集只占用 1 个字节，而 varchar(1)则会占用 2 个字节，因为有 1 个字节用来存储其长度。

char 和 varchar 的兄弟类型为 binary 和 varbinary，它们用于保存二进制的字符串，二进制字符串与传统的字符串很类似，但是它们保存的是字节而不是字符。填充也有所不同，MySQL 使用\0（0 字节）填充 binary 值，而不是空格，并且不会在获取数据的时候把填充的值截掉。使用 varchar(5)和 varchar(200)保存"hello"占用的空间是一样的，但是使用较短的列有很大的优势，较大的列会使用更多的内存，因为 MySQL 通常会分配固定大小的内存块来保存值。这对排序或使用基于内存的临时表尤其不好。同样的事情也会发生在使用文件排序或基于磁盘的临时表的时候。

6．blob 和 text 类型优化

blob 和 text 分别用二进制和字符形式保存大量数据。事实上，它们有自己的数据类型家族：字符类型有 tinytext、smalltext、text、mediumtext 和 longtext，二进制类型有 tinyblob、smallblob、blob、medicmblob、longblob、blob 等同于 smallblob，text 等同于 smalltext。和其他类型不同，MySQL 把 blob、text 当成有实体的对象来处理，存储引擎通常会特别地保存它们。InnoDB 在它们较大的时候会使用单独的"外部"存储来进行保存，每个值在行里面都需要 1～4 字节，并且还需要足够的外部存储空间来保存实际的值。

blob 和 text 唯一的区别就是 blob 保存的是二进制数据，没有字符集和排序规则，text 保存的是字符数据，有字符集和排序规则。

MySQL 对 blob、text 列的排序方式和其他类型不同，它不会按照字符串的长度进行排序，而只是按照 max_sort_length 规定的前若干个字节进行排序，如果只按照开始的几个字符排序，那么就可以减少 max_sort_length 的值或使用 ORDER BY SUBSTRING(column, length)。MySQL 不能索引这些数据类型的完整长度，也不能为排序而使用索引。

7. 使用 enum 代替固定字符串类型原则

enum 列可以存储 65535 个不同的字符串，MySQL 以非常紧凑的方式保存它们，根据列表中值的数量，MySQL 会把它们压缩到 1～2 个字节中，MySQL 在内部会把每个值都保存为整数，以表示值在列表中的位置，并且还保留了一份"查找表"来表示整数和字符串在表的.frm 文件中的映射关系。

enum 最不好的一面是字符串是固定的，如果需要添加或者删除字符串，那么必须使用 ALTER TABLE，因此，对于一系列未知可能会改变的字符串，使用 enum 就不是一个好主意，MySQL 在内部的权限表中使用 enum 来保存 Y 值和 N 值。

由于 MySQL 把每个值保存为整数，并且必须进行查找才能把它转换成字符串形式，所以，enum 有一些开销消耗。

8. 日期和时间类型

MySQL 可以使用多种类型来保存各种日期和时间值，例如 year 和 date，MySQL 能存储的最细的时间粒度是 s，然而，它可以用 ms 的粒度进行暂时的运算。

MySQL 提供两种相似的数据类型：datetime 和 timestamp，对于很多应用程序，它们都能正常工作，但是在某些情况下，一种会好于另外一种。

datetime：能够保存大范围的值，为 1001～9999 年，精度为 s，它把日期和时间封装到一个格式为 yyyyMMddHHmmss 的整数中，与时区无关。它使用了 8 个字节存储空间。

timestamp：保持了自 1970 年 1 月 1 日午夜（格林尼治标准时间）以来的秒数，它和 Unix 的时间戳相同。它只使用了 4 个字节存储空间，因此比 datetime 的范围小得多。MySQL 提供了 FROM_UNIXTIME()函数把 Unix 时间戳转换为日期，并提供 UNIX_TIMESTAMP()函数把日期转换为 Unix 时间戳。

timestamp 显示的值依赖于时区，MySQL 服务器、操作系统及客户端连接都有时区设置。因此，保存 0 值的 timestamp 实际显示的时间是美国东部的时间 1969-12-31 19:00:00，与格林尼治标准时间（GMT）相差 5h。

timestamp 也有 datetime 没有的特殊性质，在默认情况下，如果插入的行没有定义 timestamp 列的值，那么 MySQL 就会把它设置为当前时间。在更新的时候，如果没有显式地定义 timestamp 列的值，那么 MySQL 也会自动更新它。可以配置 timestamp 列的插入和更新行为。

9. 选择标识符优化原则

为了标识列，选择好的数据类型非常重要，用户可能会更多地用它们和其他列做比较，还可能把它们用作其他表的外键，因为选择标识符列和选择数据类型的时候，也可能是在为相关的表选择数据类型。当为标识符列选择数据类型的时候，不仅要考虑存储类型，还要考虑 MySQL 如何对它们进行计算和比较。例如，MySQL 会在内部把 enum 和 set 类型保存为整数，但是在比较的时候把它们转换为字符串。

一旦选择了数据类型，要确保在相关表中使用同样的类型。类型之前要精确匹配，包括诸如 unsigned 这样的属性。混合不同的数据类型会导致性能问题，即使没有性能问题，隐式的类型转换也能导致难以察觉的错误，在对不同类型做比较的时候，这些错误就会突然出现。

选择最小的数据类型能表明所需值的范围，并且为将来留出增长的空间。例如，如果用 porvince_id 来表示中国的省份，那么它不会产生成千上万个值，因此就没有必要使用 int，用 tinyint 就足够了，它比 int 小 3 个节字，如果设置一个表的主键是 tinyint，而另一个表以 int 作为外键，那么就会造成较大的性能差距。

整数通常是标识符的最佳选择，因为它速度快，并且能使用 auto_increment。enum 和 set 列适合用来性别、国家、省份这些固定不变的信息。

要尽可能地避免使用字符串来做标识符，因为它们占用了很多空间并且通常比整数类型要慢，特别注意不要在 MyISAM 上使用字符串标识符。MyISAM 默认情况下为字符串使用了压缩索引，这使查找更为缓慢。

10．命名的技巧与规范优化原则

无论什么设计，命名都应该作为非常重要的事情来看待，表、序列、字段、索引的命名技巧可以归结如下：

1）序列名字跟表字段名字相同。

例如，insert into users(us_id)value(us_id.nextval)。

2）关联表的名称应该是被关联的表用"_"连接起来组成的。

例如，已经设计关联是多对多的表 authors 和表 books，那么关联表便可以命名为 authors_books。

3）关联字段名称必须相同，名称以基础表的字段名称为准。

例如，authors 表中有 as_id、as_name 字段。

4）字段定义的前两位是表名的缩写，第三位是下画线。

例如，us_id、us_name、bk_name、bk_time。

目标：保证规范，序列名称必须是唯一的，而且一般的序列就是这个表的 id 字段。如果不加前缀，那么字段名称 id 就会违背唯一性原则。同时为了将来关联查询语句的书写方便。

5）常用字段采用固定定义。

例如，序列：id 是否删除：delornot。

6）索引的名字和表的名字相同。

为了提高大数据量的表格的查询速度，可以采用建立适当的索引方式。如果一个表只有一个索引，那么建议索引的名字跟表相同，如果有多个索引，那么为表名称加下画线加索引列名称。

11．设计技巧的优化原则

1）关联字段类型尽可能定义为数字类型。

例如，us_id、bk_id 等类型都应该设计成数字类型。

2）表的序列字段必须是数字类型。

3）如果一个字段需要经常更改，则采用以空间换时间的设计方法。

最常见的例子是用户积分登录次数的累加，按照范式设计，在 users 表中建立一个字段 us_scores，以后需要在用户积分改变时采用 update 的语句进行修改。但是 update 语句的执行速度是很慢的，为了避免大量重复使用它，优化的设计方案是建立 us_scores 表，存储每次增加的积分，再查询是采用 SQL 语句的 sum 方法来计算之。

4）若数据库有移植的可能性，不使用存储过程及触发器。

5）建立恰当的索引。

索引的建立是加快数据库查询的基本技巧之一，通常的建议是，只有百万级记录的表格才建立索引。

第6章 操 作 系 统

对于计算机系统而言，操作系统充当着基石的作用，它是连接计算机底层硬件与上层应用软件的桥梁，控制其他程序的运行，并且管理系统相关资源，同时提供配套的系统软件支持。对于专业的程序员而言，掌握一定的操作系统知识必不可少，因为不管面对的是底层嵌入式开发，还是上层的云计算开发，都需要使用到一定的操作系统相关知识。所以，对操作系统相关知识的考查是程序员面试笔试必考项之一。

6.1 进程管理

6.1.1 进程与线程有什么区别?

进程是具有一定独立功能的程序关于某个数据集合上的一次运行活动，它是系统进行资源分配和调度的一个独立单位。例如，用户运行自己的程序，系统就创建一个进程，并为它分配资源，包括各种表格、内存空间、磁盘空间、I/O 设备等，然后该进程被放入进程的就绪队列，进程调度程序选中它，为它分配 CPU 及其他相关资源，该进程就被运行起来。

线程是进程的一个实体，是 CPU 调度和分配的基本单位，线程自己基本上不拥有系统资源，只拥有一点在运行中必不可少的资源（如程序计数器、一组寄存器和栈），但是它可以与同属一个进程的其他线程共享进程所拥有的全部资源。在没有实现线程的操作系统中，进程既是资源分配的基本单位，又是调度的基本单位，它是系统中并发执行的单元。而在实现了线程的操作系统中，进程是资源分配的基本单位，而线程是调度的基本单位，是系统中并发执行的单元。

引入线程主要有以下四个方面的优点：

1）易于调度。

2）提高并发性。通过线程可以方便有效地实现并发。

3）开销小。创建线程比创建进程要快，所需要的开销也更少。

4）有利于发挥多处理器的功能。通过创建多线程，每个线程都在一个处理器上运行，从而实现应用程序的并行，使每个处理器都得到充分运行。

需要注意的是，尽管线程与进程很相似，但两者也存在着很大的不同，区别如下：

1）一个线程必定属于也只能属于一个进程；而一个进程可以拥有多个线程并且至少拥有一个线程。

2）属于一个进程的所有线程共享该线程的所有资源，包括打开的文件、创建的 Socket 等。不同的进程互相独立。

3）线程又被称为轻量级进程。进程有进程控制块，线程也有线程控制块。但线程控制块比进程控制块小得多。线程间切换代价小，进程间切换代价大。

4）进程是程序的一次执行，线程可以理解为程序中一个程序片段的执行。

5）每个进程都有独立的内存空间，而线程共享其所属进程的内存空间。

引申：程序、进程与线程的区别是什么？

程序、进程与线程的区别见下表。

名　称	描　述
程序	一组指令的有序结合，是静态的指令，是永久存在的
进程	具有一定独立功能的程序关于某个数据集合上的一次运行活动，是系统进行资源分配和调度的一个独立单元。进程的存在是暂时的，是一个动态概念
线程	线程的一个实体，是 CPU 调度的基本单元，是比进程更小的能独立运行的基本单元。本身基本上不拥有系统资源，只拥有一点在运行中必不可少的资源（如程序计数器、一组寄存器和栈）。一个线程可以创建和撤销另一个线程，同一个进程中的多个线程之间可以并发执行

简而言之，一个程序至少有一个进程，一个进程至少有一个线程。

6.1.2　线程同步有哪些机制?

现在流行的进程线程同步互斥的控制机制，其实是由最原始、最基本的四种方法（临界区、互斥量、信号量和事件）实现的。

1）临界区：通过对多线程的串行化来访问公共资源或一段代码，速度快，适合控制数据访问。在任意时刻只允许一个线程访问共享资源，如果有多个线程试图访问共享资源，那么当有一个线程进入后，其他试图访问共享资源的线程将会被挂起，并一直等到进入临界区的线程离开，临界在被释放后，其他线程才可以抢占。

2）互斥量：为协调对一个共享资源的单独访问而设计，只有拥有互斥量的线程才有权限去访问系统的公共资源，因为互斥量只有一个，所以能够保证资源不会同时被多个线程访问。互斥不仅能实现同一应用程序的公共资源安全共享，还能实现不同应用程序的公共资源安全共享。

3）信号量：为控制一个具有有限数量的用户资源而设计。它允许多个线程在同一个时刻去访问同一个资源，但一般需要限制同一时刻访问此资源的最大线程数目。

4）事件：用来通知线程有一些事件已发生，从而启动后继任务的开始。

6.1.3　内核线程和用户线程的区别

根据操作系统内核是否对线程可感知，可以把线程分为内核线程和用户线程。

内核线程的建立和销毁都是由操作系统负责、通过系统调用完成的，操作系统在调度时，参考各进程内的线程运行情况做出调度决定。如果一个进程中没有就绪态的线程，那么这个进程也不会被调度占用 CPU。和内核线程相对应的是用户线程，用户线程是指不需要内核支持而在用户程序中实现的线程，其不依赖于操作系统核心，用户进程利用线程库提供创建、同步、调度和管理线程的函数来控制用户线程。用户线程多见于一些历史悠久的操作系统，如 UNIX 操作系统，不需要用户态/核心态切换，速度快，操作系统内核不知道多线程的存在，因此一个线程阻塞将使得整个进程（包括它的所有线程）阻塞。由于这里的处理器时间片分配是以进程为基本单位的，所以每个线程执行的时间相对减少。为了在操作系统中加入线程支持，采用了在用户空间增加运行库来实现线程，这些运行库被称为"线程包"，用户线程是不能被操作系统所感知的。

引入用户线程有以下四个方面的优势：

1）可以在不支持线程的操作系统中实现。

2）创建和销毁线程、线程切换等线程管理的代价比内核线程少得多。

3）允许每个进程定制自己的调度算法，线程管理比较灵活。

4）线程能够利用的表空间和堆栈空间比内核级线程多。

用户线程的缺点主要有以下两点：

1）同一进程中只能同时有一个线程在运行，如果有一个线程使用了系统调用而阻塞，那么整个进程都会被挂起。

2）页面失效也会导致整个进程都会被挂起。

内核线程的优缺点刚好与用户线程相反。实际上，操作系统可以使用混合的方式来实现线程。

6.2　内存管理

6.2.1　内存管理有哪几种方式?

常见的内存管理方式有块式管理、页式管理、段式管理和段页式管理。最常用的是段页式管理。

1）块式管理：把主存分为一大块一大块的，当所需的程序片断不在主存时就分配一块主存空间，把程序片断载入主存，就算所需的程序片段只有几个字节也只能把这一块分配给它。这样会造成很大的浪费，平均浪费了50%的内存空间，但是易于管理。

2）页式管理：用户程序的地址空间被划分成若干个固定大小的区域，这个区域被称为"页"，相应地，内存空间也被划分为若干个物理块，页和块的大小相等。可将用户程序的任一页放在内存的任一块中，从而实现了离散分配。这种方式的优点是页的大小是固定的，因此便于管理；缺点是页长与程序的逻辑大小没有任何关系。这就导致在某个时刻一个程序可能只有一部分在主存中，而另一部分则在辅存中。这不利于编程时的独立性，并给换入换出处理、存储保护和存储共享等操作造成麻烦。

3）段式管理：段是按照程序的自然分界划分的并且长度可以动态改变的区域。使用这种方式，程序员可以把子程序、操作数和不同类型的数据和函数划分到不同的段中。这种方式将用户程序地址空间分成若干个大小不等的段，每段可以定义一组相对完整的逻辑信息。存储分配时，以段为单位，段与段在内存中可以不相邻接，也实现了离散分配。

分页对程序员而言是不可见的，而分段通常对程序员而言是可见的，因而分段为组织程序和数据提供了方便，但是对程序员的要求也比较高。

分段存储主要有如下优点：

① 段的逻辑独立性不仅使其易于编译、管理、修改和保护，也便于多道程序共享。

② 段长可以根据需要动态改变，允许自由调度，以便有效利用主存空间。

③ 方便分段共享，分段保护，动态链接，动态增长。

分段存储的缺点如下：

① 由于段的大小不固定，因此存储管理比较麻烦。

② 会生成段内碎片，这会造成存储空间利用率降低。而且段式存储管理比页式存储管理方式需要更多的硬件支持。

正是由于页式管理和段式管理都有各种各样的缺点，因此，为了把这两种存储方式的优点结合起来，新引入了段页式管理。

4）段页式管理：段页式存储组织是分段式和分页式结合的存储组织方法，这样可充分利用分段管理和分页管理的优点。

① 用分段方法来分配和管理虚拟存储器。程序的地址空间按逻辑单位分成基本独立的段，而每一段有自己的段名，再把每段分成固定大小的若干页。

② 用分页方法来分配和管理内存。即把整个主存分成与上述页大小相等的存储块，可装入作业的任何一页。程序对内存的调入或调出是按页进行的，但它又可按段实现共享和保护。

6.2.2 什么是虚拟内存？

虚拟内存简称虚存，是计算机系统内存管理的一种技术。它是相对于物理内存而言的，可以理解为"假的"内存。它使得应用程序认为它拥有连续可用的内存（一个连续完整的地址空间），允许程序员编写并运行比实际系统拥有的内存大得多的程序，这使得许多大型软件项目能够在具有有限内存资源的系统上实现。而实际上，它通常被分割成多个物理内存碎片，还有部分暂时存储在外部磁盘存储器上，在需要时进行数据交换。相比实存，虚存有以下好处：

1）扩大了地址空间。无论段式虚存，还是页式虚存，或是段页式虚存，寻址空间都比实存大。

2）内存保护。每个进程运行在各自的虚拟内存地址空间，互相不能干扰对方。另外，虚存还对特定的内存地址提供写保护，可以防止代码或数据被恶意篡改。

3）公平分配内存。采用了虚存之后，每个进程都相当于有同样大小的虚存空间。

4）当进程需要通信时，可采用虚存共享的方式实现。

不过，使用虚存也是有代价的，主要表现在以下几个方面的内容：

1）虚存的管理需要建立很多数据结构，这些数据结构要占用额外的内存。

2）虚拟地址到物理地址的转换，增加了指令的执行时间。

3）页面的换入换出需要磁盘 I/O，这是很耗时间的。

4）如果一页中只有一部分数据，会浪费内存。

6.2.3 什么是内存碎片？什么是内碎片？什么是外碎片？

内存碎片是由于多次进行内存分配造成的，当进行内存分配时，内存格式一般为：（用户使用段）（空白段）（用户使用段），当空白段很小的时候可能不能提供给用户足够多的空间，比如夹在中间的空白段的大小为 5，而用户需要的内存大小为 6，这样会产生很多的间隙造成使用效率的下降，这些很小的空隙称为碎片。

内碎片：分配给程序的存储空间没有用完，有一部分是程序不使用，但其他程序也没法用的空间。内碎片是处于区域内部或页面内部的存储块，占有这些区域或页面的进程并不使用这个存储块，而在进程占有这块存储块时，系统无法利用它，直到进程释放它，或进程结束时，系统才有可能利用这个存储块。

外碎片：由于空间太小，小到无法给任何程序分配（不属于任何进程）的存储空间。外部碎片是出于任何已分配区域或页面外部的空闲存储块，这些存储块的总和可以满足当前申请的长度要求，但是由于它们的地址不连续或其他原因，使得系统无法满足当前申请。

内碎片和外碎片是一对矛盾体，一种特定的内存分配算法，很难同时解决好内碎片和外碎片的问题，只能根据应用特点进行取舍。

6.2.4 虚拟地址、逻辑地址、线性地址、物理地址有什么区别?

虚拟地址是指由程序产生的由段选择符和段内偏移地址组成的地址。这两部分组成的地址并没有直接访问物理内存，而是要通过分段地址的变换处理后才会对应到相应的物理内存地址。

逻辑地址是指由程序产生的段内偏移地址。有时直接把逻辑地址当成虚拟地址，两者并没有明确的界限。

线性地址是指虚拟地址到物理地址变换之间的中间层，是处理器可寻址的内存空间（称为线性地址空间）中的地址。程序代码会产生逻辑地址，或者说是段中的偏移地址，加上相应段基址就生成了一个线性地址。如果启用了分页机制，那么线性地址可以再经过变换产生物理地址。若是没有采用分页机制，那么线性地址就是物理地址。物理地址是指现在CPU外部地址总线上的寻址物理内存的地址信号，是地址变换的最终结果。

虚拟地址到物理地址的转化方法是与体系结构相关的，一般有分段与分页两种方式。以x86 CPU为例，分段、分页都是支持的。内存管理单元负责从虚拟地址到物理地址的转化。逻辑地址是段标识+段内偏移量的形式，MMU通过查询段表，可以把逻辑地址转化为线性地址。如果CPU没有开启分页功能，那么线性地址就是物理地址；如果CPU开启了分页功能，MMU还需要查询页表来将线性地址转化为物理地址：逻辑地址（段表）→线性地址（页表）→物理地址。

映射是一种多对一的关系，即不同的逻辑地址可以映射到同一个线性地址上；不同的线性地址也可以映射到同一个物理地址上。而且，同一个线性地址在发生换页以后，也可能被重新装载到另外一个物理地址上，所以这种多对一的映射关系也会随时间发生变化。

6.2.5 Cache 替换算法有哪些?

数据可以存放在CPU或者内存中。CPU处理快，但是容量少；内存容量大，但是转交给CPU处理的速度慢。为此，需要Cache（缓存）来做一个折中。最有可能的数据先从内存调入Cache，CPU再从Cache读取数据，这样会快许多。然而，Cache中所存放的数据不是50%有用的。CPU从Cache中读取到有用数据称为"命中"。

由于主存中的块比Cache中的块多，所以当要从主存中调一个块到Cache中时，会出现该块所映射到的一组（或一个）Cache块已全部被占用的情况。此时，需要被迫腾出其中的某一块，以接纳新调入的块，这就是替换。

Cache替换算法有RAND算法、FIFO算法、LRU算法、OPT算法和LFU算法。

1）随机（RAND）算法。随机算法就是用随机数发生器产生一个要替换的块号，将该块替换出去，此算法简单、易于实现，而且它不考虑Cache块过去、现在及将来的使用情况。但是由于没有利用上层存储器使用的"历史信息"、没有根据访存的局部性原理，故不能提高Cache的命中率，命中率较低。

2）先进先出（FIFO）算法。先进先出（First In First Out，FIFO）算法是将最先进入Cache

的信息块替换出去。FIFO 算法按调入 Cache 的先后决定淘汰的顺序，选择最早调入 Cache 的字块进行替换，它不需要记录各字块的使用情况，比较容易实现，系统开销小，其缺点是可能会把一些需要经常使用的程序块（如循环程序）也作为最早进入 Cache 的块替换掉，而且没有根据访存的局部性原理，故不能提高 Cache 的命中率。因为最早调入的信息可能以后还要用到，或者经常要用到，如循环程序。此法简单、方便，利用了主存的"历史信息"，但并不能说最先进入的就不经常使用，其缺点是不能正确反映程序局部性原理，命中率不高，可能出现一种异常现象。例如，Solar－16/65 机 Cache 采用组相连方式，每组 4 块，每块都设定一个两位的计数器，当某块被装入或被替换时该块的计数器清为 0，而同组的其他各块的计数器均加 1，当需要替换时就选择计数值最大的块被替换掉。

3）近期最少使用（LRU）算法。近期最少使用（Least Recently Used，LRU）算法是将近期最少使用的 Cache 中的信息块替换出去。

LRU 算法是依据各块使用的情况，总是选择那个最近最少使用的块被替换。这种方法虽然比较好地反映了程序局部性规律，但是这种替换方法需要随时记录 Cache 中各块的使用情况，以便确定哪个块是近期最少使用的块。LRU 算法相对合理，但实现起来比较复杂，系统开销较大。通常需要对每一块设置一个称为计数器的硬件或软件模块，用以记录其被使用的情况。

实现 LRU 策略的方法有多种，例如计数器法、寄存器栈法及硬件逻辑比较法等，下面简单介绍计数器法的设计思路。

计数器方法：缓存的每一块都设置一个计数器。计数器的操作规则如下：

① 被调入或者被替换的块，其计数器清"0"，而其他的计数器则加"1"。

② 当访问命中时，所有块的计数值与命中块的计数值要进行比较，如果计数值小于命中块的计数值，则该块的计数值加"1"；如果块的计数值大于命中块的计数值，则数值不变。最后将命中块的计数器清为"0"。

③ 需要替换时，则选择计数值最大的块被替换。

4）最优替换（OPT）算法。使用最优替换（OPTimal replacement，OPT）算法时必须先执行一次程序，统计 Cache 的替换情况。有了这样的先验信息，在第二次执行该程序时便可以用最有效的方式来替换，以达到最优的目的。

前面介绍的几种页面替换算法主要是以主存储器中页面调度情况的历史信息为依据的，它假设将来主存储器中的页面调度情况与过去一段时间内主存储器中的页面调度情况是相同的，显然，这种假设不总是正确的。最好的算法应该是选择将来最久不被访问的页面作为被替换的页面，这种替换算法的命中率一定是最高的，它就是最优替换算法。

要实现 OPT 算法，唯一的办法是让程序先执行一遍，记录下实际的页地址的使用情况。根据这个页地址的使用情况才能找出当前要被替换的页面。显然，这样做是不现实的。因此，OPT 算法只是一种理想化的算法，然而它也是一种很有用的算法。实际上，经常把这种算法用来作为评价其他页面替换算法好坏的标准。在其他条件相同的情况下，哪一种页面替换算法的命中率与 OPT 算法最接近，那么它就是一种比较好的页面替换算法。

5）最不经常使用淘汰（LFU）算法。最不经常使用淘汰（Least Frequently Used，LFU）算法淘汰一段时间内，使用次数最少的页面。显然，这是一种非常合理的算法，因为到目前为止最少使用的页面，很可能也是将来最少访问的页面。该算法既充分利用了主存中页面调度情况的历史信息，又正确反映了程序的局部性。但是，这种算法实现起来非常困难，它要为每个页面设置一个很长的计数器，并且要选择一个固定的时钟为每个计数器定时计数。在选择被替换页面时，要从所有计数器中找出一个计数值最大的计数器。

6.3　用户编程接口

6.3.1　库函数调用与系统调用有什么不同？

库函数是语言或应用程序的一部分，它是高层的、完全运行在用户空间、为程序员提供调用真正的在幕后完成实际事务的系统调用接口。而系统函数是内核提供给应用程序的接口，属于系统的一部分。简单地说，函数库调用是语言或应用程序的一部分，而系统调用是操作系统的一部分。

库函数调用与系统调用的区别见下表。

库函数调用	系统调用
在所有的 ANSI C 编译器版本中，C 语言库函数是相同的	各个操作系统的系统调用是不同的
它调用函数库中的一段程序（或函数）	它调用系统内核的服务
与用户程序相联系	是操作系统的一个入口点
在用户地址空间执行	在内核地址空间执行
它的运行时间属于"用户时间"	它的运行属于"系统时间"
属于过程调用，调用开销较小	需要在用户空间和内核上下文环境间切换，开销较大
在 C 函数库 libc 中有大约 300 个函数	在 UNIX 中有大约 90 个系统调用
典型的 C 函数库调用：system、fprintf 和 malloc 等	典型的系统调用：chdir、fork、write 和 brk 等

库函数调用通常比行内展开的代码慢，因为它需要付出函数调用的开销。但系统调用比库函数调用还要慢很多，因为它需要把上下文环境切换到内核模式。

6.3.2　静态链接与动态链接有什么区别？

静态链接是指把要调用的函数或者过程直接链接到可执行文件中，成为可执行文件的一部分。换句话说，函数和过程的代码就在程序的.exe 文件中，该文件包含了运行时所需的全部代码。静态链接的缺点是当多个程序都调用相同函数时，内存中就会存在这个函数的多个拷贝，这样就浪费了内存资源。

动态链接是相对于静态链接而言的，动态链接所调用的函数代码并没有被复制到应用程序的可执行文件中去，而是仅仅在其中加入了所调用函数的描述信息（往往是一些重定位信息）。仅当应用程序被装入内存开始运行时，在操作系统的管理下，才在应用程序与相应的动态链接库（Dynamic Link Library，DLL）之间建立链接关系。当要执行所调用.dll 文件中的函数时，根据链接产生的重定位信息，操作系统才转去执行.dll 文件中相应的函数代码。

静态链接的执行程序能够在其他同类操作系统的机器上直接运行。例如，一个.exe 文件是在 Windows 2000 系统上静态链接的，那么将该文件直接复制到另一台 Windows 2000 的机器上，是可以运行的。而动态链接的执行程序则不可以，除非把该.exe 文件所需的 dll 文件都一并复制过去，或者对方机器上也有所需的相同版本的.dll 文件，否则是不能保证正常运行的。

6.3.3　静态链接库与动态链接库有什么区别?

静态链接库就是使用的.lib 文件，库中的代码最后需要链接到可执行文件中去，所以静态链接的可执行文件一般比较大一些。

动态链接库是一个包含可由多个程序同时使用的代码和数据的库，它包含函数和数据的模块的集合。程序文件（如.exe 文件或.dll 文件）在运行时加载这些模块（也即所需的模块映射到调用进程的地址空间）。

静态链接库和动态链接库的相同点是它们都实现了代码的共享。不同点是静态链接库.lib 文件中的代码被包含在调用的.exe 文件中，该.lib 文件中不能再包含其他动态链接库或者静态链接库了。而动态链接库.dll 文件可以被调用的.exe 动态地"引用"和"卸载"，该.dll 文件中可以包含其他动态链接库或者静态链接库。

6.3.4　用户态和核心态有什么区别?

核心态与用户态是操作系统的两种运行级别，它用于区分不同程序的不同权利。核心态就是拥有资源多的状态，或者说访问资源多的状态，也称之为特权态。相对来说，用户态就是非特权态，在此种状态下访问的资源将受到限制。如果一个程序运行在特权态，则该程序就可以访问计算机的任何资源，即它的资源访问权限不受限制。如果一个程序运行在用户态，则其资源需求将受到各种限制。例如，如果要访问操作系统的内核数据结构，如进程表，则需要在特权态下才能办到。如果要访问用户程序里的数据，则在用户态下就可以了。

Intel CPU 提供 Ring0～Ring3 四种级别的运行模式。Ring0 级别最高，Ring3 最低。

用户态：Ring3 运行于用户态的代码则要受到处理器的诸多检查，它们只能访问映射其地址空间的页表项中规定的在用户态下可访问页面的虚拟地址，且只能对任务状态段（TTS）中 I/O 许可位图（I/O Permission Bitmap）中规定的可访问端口进行直接访问。

核心态：Ring0 在处理器的存储保护中，核心态或者特权态（与之相对应的是用户态）是操作系统内核所运行的模式。运行在该模式的代码，可以无限制地对系统存储、外部设备进行访问。

当一个任务（进程）执行系统调用而陷入内核代码中执行时，就称进程处于内核运行态（或简称为内核态）。此时处理器处于特权级最高的（0 级）内核代码中执行。当进程处于内核态时，执行的内核代码会使用当前进程的内核栈。每个进程都有自己的内核栈。当进程在执行用户自己的代码时，则称其处于用户运行态（或简称为用户态）。即此时处理器在特权级最低的（3 级）用户代码中运行。

在核心态下 CPU 可执行任何指令，在用户态下 CPU 只能执行非特权指令。当 CPU 处于核心态时，可以随意进入用户态；而当 CPU 处于用户态时，用户从用户态切换到核心态只有在系统调用和中断两种情况下发生。一般程序一开始都是运行于用户态，当程序需要使用系统资源时，就必须通过调用软中断进入核心态。

核心态和用户态各有优势：运行在核心态的程序可以访问的资源多，但可靠性、安全性要求高，维护管理都较复杂；用户态程序访问的资源受限，但可靠性、安全性要求低，自然编写维护起来都较简单。一个程序到底应该运行在核心态还是用户态取决于其对资源和效率的需求。

那么什么样的功能应该在核心态下实现呢？

首先，CPU 管理和内存管理都应该在核心态实现。这些功能可不可以在用户态下实现呢？当然能，但是不太安全。就像一个国家的军队（CPU 和内存在计算机里的地位就相当于一个国家的军队的地位）交给老百姓来管一样，是非常危险的。所以从保障计算机安全的角度来说，CPU 和内存的管理必须在核心态实现。

诊断与测试程序也需要在核心态下实现，因为诊断和测试需要访问计算机的所有资源。输入输出管理也一样，因为要访问各种设备和底层数据结构，也必须在核心态实现。

对于文件系统来说，则可以一部分放在用户态，一部分放在核心态。文件系统本身的管理，即文件系统的宏数据部分的管理，必须放在核心态，不然任何人都可能破坏文件系统的结构；而用户数据的管理，则可以放在用户态。编译器、网络管理的部分功能、编辑器用户程序，自然都可以放在用户态下执行。

6.3.5　用户栈与内核栈有什么区别?

内核在创建进程的时候，在创建 task_struct 的同时，会为进程创建相应的堆栈。每个进程会有两个栈，一个用户栈，存在于用户空间；一个内核栈，存在于内核空间。当进程在用户空间运行时，CPU 堆栈指针寄存器里面的内容是用户堆栈地址，使用用户栈；当进程在内核空间时，CPU 堆栈指针寄存器里面的内容是内核栈空间地址，使用内核栈。

当进程因为中断或者系统调用而从用户态转为内核态时，进程所使用的堆栈也要从用户栈转到内核栈。进程陷入内核态后，先把用户态堆栈的地址保存在内核栈之中，然后设置堆栈指针寄存器的内容为内核栈的地址，这样就完成了用户栈向内核栈的转换；当进程从内核态恢复到用户态时，把内核栈中保存的用户态的堆栈的地址恢复到堆栈指针寄存器即可。这样就实现了内核栈和用户栈的互转。

那么，当从内核态转到用户态时，由于用户栈的地址是在陷入内核的时候保存在内核栈里面的，可以很容易地找到这个地址；但是在陷入内核的时候，如何知道内核栈的地址？关键在进程从用户态转到内核态的时候，进程的内核栈总是空的。这是因为当进程在用户态运行时，使用的是用户栈，当进程陷入内核态时，内核栈保存进程在内核态运行的相关信息，但是一旦进程返回到用户态后，内核栈中保存的信息无效，会全部恢复，因此每次进程从用户态陷入内核的时候得到的内核栈都是空的，所以在进程陷入内核的时候，直接把内核栈的栈顶地址给堆栈指针寄存器就可以了。

第 7 章 网 络

7.1 TCP/IP

在 20 世纪 80 年代，计算机网络诞生，它能够将一台台独立的计算机互相连接，使得位于不同地理位置的计算机之间可以进行通信，实现信息传递和资源共享，形成一组规模大、功能强的计算机系统。不过，计算机要想在网络中正常通信，必须遵守相关网络协议的规则，常用的网络协议有 TCP、UDP、IP 和 HTTP 等。

7.1.1 协议

协议可简单理解为计算机之间的一种约定，好比人与人之间对话所使用的语言。在国内，不同地区的人讲的方言都不同，如果要沟通，就要约定一种大家都会的语言，例如全国通用的普通话，普通话就相当于协议，沟通相当于通信，说话内容相当于数据信息。协议需要具备通用的特征，但在早期，每家计算机厂商都根据自己的标准来生产网络产品，这使得不同厂商制造的计算机之间难以通信，严重影响了用户的日常使用。为了应对这些问题，ISO（国际标准化组织）制定了一套国际标准 OSI（开放式系统互联通信参考模型），将通信系统标准化。所谓标准化是指建立技术标准，企业按照这个标准来制造产品，这大大提升了产品的兼容性、互操作性以及易用性。

OSI 参考模型将复杂的协议分成了 7 层（见下表），每一层各司其职，并且能独立使用，这相当于软件中的模块化开发，有较强的扩展性和灵活性。分层是一种管理哲学，将同一类功能的网络协议分到一层中，使协议变得灵活可控。

在 7 层 OSI 模型中，发送方从第 7 层的应用层到第 1 层的物理层，由上至下按顺序传输数据，而接收方则从第 1 层到第 7 层，由下至上接收数据，如右图所示。

层	功　　能
应用层	为应用程序提供服务并管理应用程序之间的通信，常用的协议有 SMTP、FTP、HTTP 等
表示层	负责数据的格式转换、加密与解密、压缩与解压
会话层	负责建立、管理和断开通信连接，实现数据同步
传输层	为数据提供可靠的或不可靠的端到端传输，同时处理传输错误、控制流量，TCP 和 UDP 协议就属于该层
网络层	负责地址管理、路由选择和拥塞控制，该层最知名的是 IP 协议
数据链路层	将数据分割成帧，并负责 MAC 寻址、差错检验和信息纠正，以太网属于这一层
物理层	管理最基础的传送通道，建立物理连接，并提供物理链路所需的机械、电气、功能和过程等特性

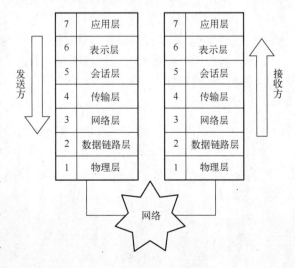

7.1.2 TCP/IP

TCP/IP 是为互联网服务的协议族，它是网络通信协议的统称，由 IP、TCP、HTTP 和 FTP 等协议组成。TCP/IP 将通信过程抽象为 4 层，被视为简化的 OSI 参考模型（如右图所示，左边是 OSI 参考模型，右边是 TCP/IP 的模型），但负责维护这套协议族的不是 ISO 而是 IETF（互联网工程任务组）。TCP/IP 在标准化过程中注重开放性和实用性，需

应用层	应用层
表示层	
会话层	
传输层	传输层
网络层	互联网层
数据链路层	网络接口层
物理层	

要标准化的协议会被放进 RFC（Request For Comment）文档中，RFC 文档详细记录了协议的实现、运用和实验等各方面的内容，并且这些文档可在线浏览。

发送的数据会在分层模型内传递，并且每到一层，就会附加该层的包首部，包首部包含了该层协议的相关信息，例如 MAC 地址、IP 地址和端口号。下图描绘了从传输层到互联网层，分别附加了 TCP 包首部和 IP 包首部。

互联网一词现在已经家喻户晓，它是由许多网络互联构成的一个巨型网络。早期的网络仅仅是连接计算机，而现代的互联网连接的却是全世界的人。互联网已经不再是单纯的以数据为核心，而是以人为中心，渗透到生活中的方方面面，颠覆了许多传统模式，例如足不出户就能购物、社交或娱乐。

7.1.3 常见笔试题

【真题 233】 什么是 MAC 地址？

参考答案：MAC 地址，也称为物理地址，用来定义网络设备的位置，它总共有 48 位，以十六进制表示，由两大块组成：IEEE（电气电子工程师学会）分配给厂商的识别码和厂商内部定义的唯一识别码，如下：

```
00-36-76-47-D6-7A
```

MAC 地址会被烧入进网卡中，每块网卡的 MAC 地址在全世界都是唯一的。MAC 地址应用在 OSI 参考模型中的数据链路层，通过 MAC 地址能够转发数据帧。

【真题 234】 什么是 IP 地址？

参考答案：IP 地址是指互联网协议地址，为网络中的每台主机（例如计算机、路由器等）分配的一个数字标签。IP 地址应用在 OSI 参考模型中的网络层，保证通信的正常。常用的 IP 地址分为两大类：IPv4 与 IPv6。

IPv4 由 32 位二进制数组成，但为了便于记忆，常以 4 段十进制数字表示，每组用点号（.）隔开，如下：

```
192.169.253.1
```

在 IP 地址后面常会带着一组以 255 开头的数字，这被称为子网掩码（如下所示），用来标识 IP 地址所在的子网。在网络中传数据可简单理解成现实生活中的送快递，送快递的时候需要知道具体地址，而具体地址由省市区街道门牌号等部分组成，换到网络中，IP 地址就相当于门牌号，而子网掩码则相当于省市区街道。

```
255.255.255.250
```

IPv4 的地址数量是有限的，而今互联网发展迅猛，资源迟早会枯竭，为了根本解决这个问题，IETF 规划并制定了 IPv6 标准。IPv6 有 128 位，分为 8 组，每组 4 个十六进制数，用冒号（:）隔开，如下：

```
CFDE:086E:0291:08d3:760A:04DD:CCAB:2145
```

7.2 RESTful 架构风格

RESTful 是一种遵守 REST 设计的架构风格。REST 既不是标准，也不是协议，而是一组架构约束条件和设计指导原则，一种基于 HTTP、URI、XML 等现有协议与标准的开发方式。

7.2.1 REST

REST 这个词，源于 HTTP 协议（1.0 版和 1.1 版）的主要设计者 Roy Thomas Fielding 在他 2000 年的一篇博士论文《架构风格与基于网络的软件架构设计》。REST 并不是一个简单的单词，它是 Representational State Transfer 的缩写，表示表述性状态转移，这个说明比较晦涩抽象，难以理解。接下来拆开解释，首先这句话省略了主语，"表述性"其实指的是"资源"的"表述性"；其次，要先理解一个重要的概念，即资源的表述；最后再体会状态转移。

（1）资源

REST 是面向资源的，资源是网络上的一个实体，可以是一个文件、一张图像、一首歌曲，甚至是一种服务。资源可以设计得很抽象，但只要是具体信息，就可以是资源，因为资源的本质是一串二进制数据。并且每个资源必须有 URL，通过 URL 来找到资源。

（2）表述

资源在某个特定时刻的状态说明被称为表述（Representation），表述由数据和描述数据的元数据（例如 HTTP 报文）组成。资源的表述有多种格式，这些格式也被称为 MIME 类型，例如文本的 txt 格式、图像的 png 格式、视频的 mkv 格式等。一个资源可以有多种表述，例如服务器响应一个请求，返回的资源可以是 JSON 格式的数据，也可以是 XML 格式的数据。

（3）表述性状态转移

表述性状态转移的目的是操作资源，通过转移和控制资源的表述就能实现此目的。例如客户端可以向服务器发送 GET 请求，服务器将资源的表述转移到客户端；客户端也可以向服务器发送 POST 请求，传递表述改变服务器中的资源状态。

7.2.2　约束条件

REST 给出了六种约束条件，通信两端在遵循这些约束后，就能提高工作效率，改善系统的可伸缩性、可靠性和交互的可见性，还能促进服务解耦。

（1）客户端-服务器

客户端与服务器分离关注点，客户端关注用户接口，服务器关注数据存储。客户端向服务器发起接口请求（获取数据或提交数据），服务器返回处理好的结果给客户端，客户端再根据这些数据渲染界面，同一个接口可以应用于多个终端（例如 WeB、IOS 或 Android），大大改善了接口的可移植性，并且只要接口定义不变，客户端和服务器可以独立开发、互不影响。

（2）无状态

两端通信必须是无状态的，服务器不会保存上一次请求的会话状态，会话状态要全部保存在客户端，从客户端到服务器的每个请求都要附带一些用于理解该请求的信息，例如在后台管理系统中，大部分都是需要身份认证的请求，所以都会附带用户登录状态。

（3）缓存

响应的资源可以被标记为可缓存或禁止缓存，如果可以缓存，那么客户端可以减少与服务器通信的次数，降低延迟、提高效率。

（4）统一接口

统一接口是 REST 区别于其他架构风格的核心特征，接口定义包括四个部分：

1）资源的识别（Identification of Resources），也就是用一个 URL 指向资源，要获取这个资源，只要访问它的 URL 即可，URL 就是资源的地址或标识符。REST 对 URL 的命名也有要求，在 URL 中不能有动词，得都由名词组成。

2）通过表述对资源执行操作（Manipulation of Resources through Representations），在表述中包含了操作该资源的指令，例如用 HTTP 请求首部 Accept 指定需要的表述格式，用 HTTP 方法（如 GET、POST 等）完成对数据的增删改查工作，用 HTTP 响应状态码表示请求结果。

3）自描述的消息（Self-descriptive Messages），包含如何处理该消息的信息，例如消息所使用的表述格式、能否被缓存等。

4）作为应用状态引擎的超媒体（Hypermedia As the Engine of Application State），超媒体并不是一种技术，而是一种策略，建立了一种客户端与服务器之间的对话方式。超媒体可以将资源互相连接，并能描述它们的能力，告诉客户端如何构建 HTTP 请求。

（5）分层系统

将架构分解为若干层，降低层之间的耦合性。每个层只能和与它相邻的层进行通信。

（6）按需代码

这是一条可选的约束，支持客户端下载并执行一些代码（例如 Java Applet、JavaScript 或 Flash）进行功能扩展。

7.2.3　常见笔试题

【真题 235】　什么是 RESTful API？

参考答案：RESTful API 是指符合 REST 设计风格的 Web API。为了使得接口安全、易用、可维护以及可扩展，一般设计 RESTful API 需要考虑以下几个方面：

1）通信用 HTTPS 安全协议。

2）在 URL 中加入版本号，例如"v1/animals"。

3）URL 中的路径（Endpoint）不能有动词，得都用名词。

4）用 HTTP 方法对资源进行增删改查的操作。

5）用 HTTP 状态码传达执行结果和失败原因。

6）为集合提供过滤、排序、分页等功能。

7）用查询字符串或 HTTP 首部 Accpet 进行内容协商，指定返回结果的数据格式。

8）及时更新文档，每个接口都有对应的说明。

7.3　HTTP

HTTP（HyperText Transfer Protocol）即超文本传输协议，是一种获取网络资源（例如图像、HTML 文档）的应用层协议，它是互联网数据通信的基础，由请求和响应构成（如右图所示）。通常，客户端发起 HTTP 请求（在请求报文中会指定资源的 URL），然后用传输层的 TCP 协议建立连接，最后服务器响应请求，做出应答，回传数据报文。HTTP 自问世到现在，经历了几次版本迭代，目前主流的版本是 HTTP/1.1，新一代 HTTP/2.0 是 HTTP/1.1 的升级版，各方面都超越了前者，但新技术要做到软硬件兼容还需要假以时日。

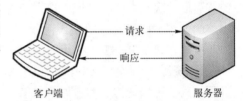

7.3.1　URI 和 URL

（1）URI

1）URI（Uniform Resource Identifier）即统一资源标识符，用于标识某个互联网资源，由熟悉的 URL 和陌生的 URN 构成。

2）URL（Uniform Resource Locator）即统一资源定位符，俗称网址，是网络资源的标准化名称，应用程序通过 URL 才能定位到资源所处的位置，URL 相当于一个人的住址。

3）URN（Uniform Resource Name）即统一资源名称，是 URI 过去的名字，用于在特定的命名空间中标识资源，URN 相当于一个人的身份。

（2）URL 语法

URL 有两种表现方式：绝对和相对。绝对 URL 由八部分组成，包含了访问资源所需的全部信息，下面代码表示的是 URL 的格式，下表中对各个部分做了简要说明。

`<scheme>://<user>:<password>@<host>:<port>/<path>?<query>#<frag>`	
组　件	描　述
协议方案（scheme）	访问资源所需的协议，例如 HTTP、FTP
登录信息（user 和 password）	某些敏感信息需要认证后才能访问，例如进入 FTP 服务器
主机（host）	资源所在的服务器，用域名或 IP 地址表示

（续）

组　件	描　述
端口（port）	服务器正在监听的网络端口，HTTP 的默认端口为 80
路径（path）	资源在服务器中的位置
查询字符串（query）	访问资源所需的附加信息
片段（frag）	引用部分资源，例如大型文章中的某段

下面是一段比较完整的绝对 URL，除了认证部分，其余部分都体现了出来。

> http://www.pwstrick.com:8080/libs/article.html?id=1#s2

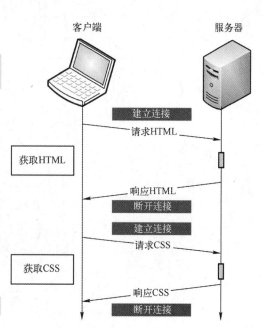

相对 URL 是 URL 的一种缩略写法，省略了 URL 中的协议方案、主机和端口等组件，只留 URL 中的一小部分。绝对 URL 总是指向相同的位置，而相对 URL 指向的位置会随着所在文件位置的不同而改变，例如有两个 HTML 文档，文档中的 a 元素都引用了下面这个相对地址，最终指向的是各自父级目录中的 article.html 文件。相对 URL 还有一个限制，那就是请求的资源必须在同一台服务器中。

> ../article.html?id=1#s2

7.3.2　HTTP 协议

HTTP 协议有三个特征，分别是持久连接、管道化以及无状态。

（1）持久连接

在 HTTP 的早期版本中，一次 HTTP 通信完成后就会断开连接，下一次再重新连接，如右图所示。在当时请求资源并不多的情况下，并不会造成大问题。但随着 HTTP 的普及，请求的资源越来越庞大，例如一个 HTML 文档中可能会包含多个 CSS 文件、JavaScript 文件、图像甚至视频，如果还这么操作，会造成巨大的通信开销。

为了解决上述问题，提出了持久连接，只要通信两端的任意一端没有明确提出断开，就保持连接状态，以便下一次通信复用该连接，这避免了重复建立和断开连接所造成的开销，加速了页面呈现，如下图所示。

（2）管道化

管道化是建立在持久连接上的进一步性能优化。过去，请求必须按照先进先出的队列顺序，也就是发送请求后，要等待并接收到响应，才能再继续下一个请求。启用管道化后，就会将队列顺序迁移到服务器，这样就能同时发送多个请求，然后服务器再按顺序一个接一个地响应，如下图所示。

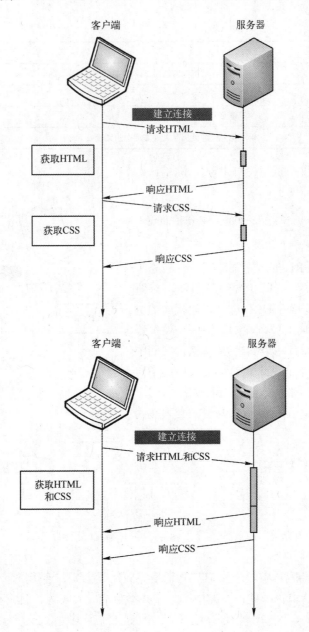

（3）状态管理

HTTP 是一种无状态协议，请求和响应一一对应，不会出现两个请求复用一个响应的情况（如下图所示）。也就是说，每个请求都是独立的，即使在同一条连接中，请求之间也没有联系。

在有些业务场景中，需要请求有状态，例如后台登录。成功登录后就得保存登录状态，否则每次跳转进入其他页面都会要求重新登录。为了能管理状态，引入了 Cookie 技术，Cookie 技术能让请求和响应的报文都附加 Cookie 信息，客户端将 Cookie 值发送出去，服务器接收并处理这个值，最终就能得到客户端的状态信息。

7.3.3 HTTP 报文

HTTP 报文就是 HTTP 协议通信的内容，HTTP 报文是一种简单的格式化数据块，由带语义的纯文本组成，所以能很方便地进行读或写。

（1）报文语法

报文分为两类：请求报文和响应报文。

请求报文由五部分组成：请求方法、请求 URL、HTTP 协议版本、可选的请求首部和内容。下面是请求报文的格式：

```
<Method><Request URL><Version>
<Headers>
<Body>
```

响应报文也由五部分组成：HTTP 协议版本、状态码、原因短语、可选的响应首部和内容。下面是响应报文的格式：

```
<Version><Status Code><Reason Phrase>
<Headers>
<Body>
```

（2）请求方法

HTTP 协议通过请求方法说明请求目的，期望服务器执行某个操作。在可用的请求方法中，GET 和 POST 是最常见的，而 PUT 和 DELETE 需要额外的安全机制保航才能使用，提升了使用门槛，降低了使用率。下表列出了常用的请求方法。

方 法	功 能
GET	获取数据
POST	提交数据
PUT	上传文件
DELETE	删除文件
HEAD	获取除了内容以外的资源信息

（3）状态码

状态码让客户端知道请求结果，服务器是成功处理了请求，还是出现了错误，又或者是不处理。状态码会和原因短语成对出现，状态码由 3 位数字组成，第一个数字代表了类别；原因短语会提供便于理解的说明性文字。下表列出了五类状态码。

状态码	类 别	原 因 短 语
1XX	信息	请求已被接受，正在处理中

(续)

状 态 码	类 别	原 因 短 语
2XX	成功	请求已处理成功
3XX	重定向	客户端需要附加操作才能完成请求
4XX	客户端错误	客户端发起的请求服务器无法处理
5XX	服务器错误	服务器在处理请求时发生错误或异常

在日常的业务开发中，一次请求正常处理完成后能收到状态码"200 OK"，请求某个在缓存中的文件会返回"304 Not Modified"，请求某张不存在的图像会返回"404 Not Found"，挂在服务器上的代码抛出错误时会返回"500 Internal Server Error"。

7.3.4　HTTP 首部

HTTP 首部提供的信息能让客户端和服务器执行指定的操作，例如，客户端发出的请求中会带可接受的内容类型，服务器就知道该返回什么类型的内容；服务器的响应中会带有内容的压缩格式，客户端就知道该如何解压复原内容。首部有五种类型：通用首部、请求首部、响应首部、实体首部和扩展首部（自定义首部）。下面会以表格的形式列出各个类型的首部，并会在表格后给出相应的示例。

（1）通用首部

通用首部既可以存在于请求中，也可以存在于响应中，具体见下表。

首 部	描 述
Connection	管理持久连接
Date	报文的创建日期，HTTP 协议使用了特殊的日期格式
Transfer-Encoding	传输报文主体时的编码方式，例如分块传输编码

Connection:	keep-alive
Date:	Fri, 24 Sep 2027 07:00:32 GMT
Transfer-Encoding:	chunked

（2）请求首部

请求首部只存在于请求报文中，提供客户端的信息以及对服务器的要求（见下表），例如几个以 Accept 开头的首部，能让服务器知道客户端想得到什么。

首 部	描 述
Accept	可接受的 MIME 类型
Accept-Charset	可接受的字符集
Accept-Encoding	可接受的编码格式，服务器按指定的编码格式压缩数据
Accept-Language	可接受的语言种类
Host	服务器域名和端口
Referer	上一个页面地址
User-Agent	用户代理信息，例如操作系统、浏览器名称和版本等

Accept-Charset:	utf-8
Accept-Encoding:	gzip, deflate
Accept-Language:	zh-CN, zh;q=0.8
Host:	www.pwstrick.com
Referer:	http://www.pwstrick.com/index.html
User-Agent:	Mozilla/5.0 (iPhone; CPU iPhone OS 9_1 like Mac OS X)
AppleWebKit/601.1.46 (KHTML, like Gecko) Version/9.0	Mobile/13B143 Safari/601.1

MIME 类型就是媒体类型，Accept 首部能同时指定多种媒体类型，用逗号（,）分隔。每种媒体类型能分别增加权重，用 q 表示权重值，类型和权重之间用分号（;）分隔，q 的范围在 0～1，值越大优先级越高，如下：

| Accept: | image/png, image/gif;q=0.8 |

（3）响应首部

响应首部只存在于响应报文中，提供服务器的信息以及对客户端的要求，具体见下表。

首　　部	描　　述
Accpet-Ranges	服务器接受的范围类型
Server	服务器软件的名称和版本
Age	响应存在时间，单位为秒，这个首部可能由代理发出

Accept-Ranges:	bytes
Server:	Apache/2.4.10 (Win64) PHP/5.5.17
Age:	600

（4）实体首部

请求和响应都可能包含实体首部，实体首部提供了大量的实体信息，例如以 Content 开头的首部，传达了内容的尺寸、MIME 类型和语言等信息，见下表。

首　　部	描　　述
Content-Encoding	内容编码格式，告知客户端用这个编码格式解压
Content-Language	内容语言
Content-Length	内容尺寸，单位是字节
Content-Type	内容的 MIME 类型

Content-Encoding:	gzip
Content-Language:	zh-CN
Content-Length:	9191
Content-Type:	text/html

7.3.5　缓存

前面 HTTP 首部一节中，与缓存相关的首部都忽略没讲，在这一节中将对其做重点分析。Web 缓存可以自动将资源副本保存到本地，减少了客户端与服务器之间的通信次数，加速页面加载，降低网络延迟，如下图所示。

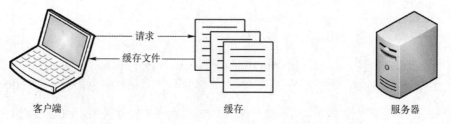

缓存的处理过程可以简单地分为几步，首先在缓存中搜索指定资源的副本，如果命中就执行第二步；第二步就是对资源副本进行新鲜度检测（也就是文档是否过期），如果不新鲜就执行第三步；第三步是与服务器进行再验证，验证通过（即没有过期）就更新资源副本的新鲜度，再返回这个资源副本（此时的响应状态码为"304 Not Modified"），不通过就从服务器返回资源，再将最新资源的副本放入缓存中。

（1）新鲜度检测

通用首部 Cache-Control 和实体首部 Expires 会为每个资源附加一个过期日期，相当于食品的保质期，在这个保质期内的资源，都会被认为是新鲜的，也就不会和服务器进行通信，如下图所示。

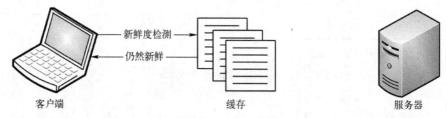

Expires 首部会指定一个具体的过期日期（如下所示），由于很多服务器的时钟并不同步，所以会有误差，不推荐使用。

Expires:　　　　Fri, 24 Sep 2027 07:00:32 GMT

Cache-Control 首部能指定资源处于新鲜状态的秒数（如下所示），秒数从服务器将资源传来之时算起，用秒数比用具体日期要灵活很多。当缓存的资源副本被同时指定了过期秒数和过期日期（Expires）的时候，会优先处理过期秒数。

Cache-Control:　max-age=315360

在 Cache-Control 首部中，有两个比较混淆的值：no-cache 和 no-store。no-cache 字面上比较像禁止资源被缓存，但其实不是，no-store 才是这个功能。no-cache 可以将资源缓存，只是要先与服务器进行新鲜度再验证，验证通过后才会将其提供给客户端，如下图所示。

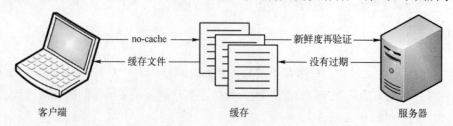

在通用首部中，还有个历史遗留首部：Pragma。Pragma 首部用于实现特定的指令，它也有一个值为 no-cache，功能和 Cache-Control 中的相同，如下：

Cache-Control:	no-cache
Pragma:	no-cache

（2）日期比对法进行再验证

服务器在响应请求的时候，会在响应报文中附加实体首部 Last-Modified，指明资源的最后修改日期，客户端在缓存资源的同时，也会一并把这个日期缓存。当对缓存中的资源副本进行再验证时，在请求报文中会附加 If-Modified-Since 首部，携带最后修改日期，与服务器上的修改日期进行比对，如下图所示。

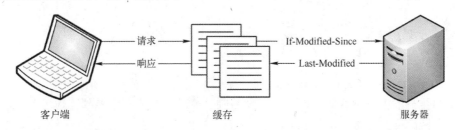

（3）实体标记法进行再验证

日期比对法非常依赖日期，如果服务器上的日期不准确，再验证就会出现偏差，这个时候就比较适合用实体标记法。服务器会为每个资源生成唯一的字符串形式的标记（例如 52fdbf98-2663），该标记会保存在实体首部 ETag 中。在响应报文中附加 ETag，把标记返回给客户端，客户端接收并将其缓存。当对缓存中的资源副本进行再验证时，在请求报文中会附加 If-None-Match 首部。只有当携带的标记与服务器上的资源标记一致时，才能说明缓存没有过期，这样就能返回缓存中的资源，如下图所示。

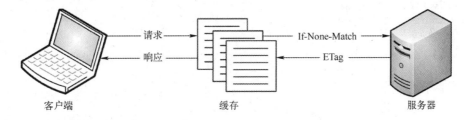

7.3.6 常见笔试题

【真题 236】 在浏览器中，一个页面从输入 URL 到加载完成，都有哪些步骤？

参考答案：为了便于理解，将这个过程简单地分为五个步骤，如下：

1）域名解析，根据域名找到服务器的 IP 地址。

2）建立 TCP 连接，浏览器与服务器经过 3 次握手后建立连接。

3）浏览器发起 HTTP 请求，获取想要的资源。

4）服务器响应 HTTP 请求，返回指定的资源。

5）浏览器渲染页面，解析接收到的 HTML、CSS 和 JavaScript 文件。

【真题 237】 GET 和 POST 的区别有哪些？

参考答案：主要区别有四个方面，如下：

1）语义不同，GET 是获取数据，POST 是提交数据。

2）HTTP 协议规定 GET 比 POST 安全，因为 GET 只做读取，不会改变服务器中的数据。但这只是规范，并不能保证请求方法的实现也是安全的。

3）GET 请求会把附加参数带在 URL 上，而 POST 请求会把提交数据放在报文内。在浏览器中，URL 长度会被限制，所以 GET 请求能传递的数据有限，但 HTTP 协议其实并没有对其做限制，都是浏览器在控制。

4）HTTP 协议规定 GET 是幂等的，而 POST 不是，所谓幂等是指多次请求返回的相同结果。实际应用中，并不会这么严格，当 GET 获取动态数据时，每次的结果可能会有所不同。

7.4　TCP

TCP（Transmission Control Protocol）是一种面向连接、可靠的字节流通信协议，位于 OSI 参考模型的传输层中，具备顺序控制、重发控制、流量控制和拥塞控制等众多功能，保证数据能够安全抵达目的地。

接下来简单了解一下用 TCP 进行数据传输的通信过程。首先通过三次握手建立连接；然后把发送窗口调整到合适大小，既能避免网络拥塞，也能提高传输效率；在传输过程中，发出去的每个包都会得到对面的确认，当运送的数据包丢失时，可以执行超时重发，当数据包乱序时（有些数据包先送达目的地，有些后到），通过数据包中的序号可以按顺序排列，同时也能丢弃重复的包；再根据端口号将数据准确传送至通信中的应用程序，端口号相当于程序地址；待到所有数据安全到达后，执行四次挥手断开连接，本次传输完成。

7.4.1　连接管理

（1）三次握手

通信两端（即客户端和服务器）会先经历三次握手，然后才能建立连接，具体过程如下，下图描绘了这个过程。

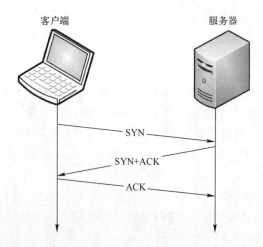

1）客户端发送一个携带 SYN 标志位的包，请求建立连接。

2）服务器响应一个携带 SYN 和 ACK 标志位的包，同意建立连接。

3）客户端再发送一个携带 ACK 标志位的包，表示连接成功，开始进行数据传输。

将三次握手翻译成日常对话就相当于下面这样：

客户端："喂，听得到我说话吗？"

服务器："听到了，你能听到我说话吗？"

客户端："很清楚，我们开始聊天吧。"

之所以采用三次握手，而不是两次握手是有深层次原因的。因为两次握手不可靠，举个简单的例子，客户端发了一个请求建立连接的包，由于网络原因迟迟没有抵达服务器，客户端只得再发一次请求，这次成功抵达并完成了数据传输。过了一段时间，第一次延迟的请求也到了服务器，服务器并不知道这是无效请求，依旧正常响应，如果是两次握手，那么这个时候就会建立一条无效的连接，而如果是三次握手，那么客户端就能够丢弃这条连接，避免了无谓的网络开销。

（2）四次挥手

当要断开连接时，通信两端就会进行四次挥手的操作。由于连接是双向的，所以客户端和服务器都要发送 FIN 标志位的包，才算彻底断开了连接，具体过程如下，下图描绘了这个过程。

1）客户端发送一个携带 FIN 标志位的包，请求断开连接。

2）服务器响应一个携带 ACK 标志位的包，同意客户端断开连接。

3）服务器再发送一个携带 FIN 标志位的包，请求断开连接。

4）客户端最后发送一个携带 ACK 标志位的包，同意服务器断开连接。

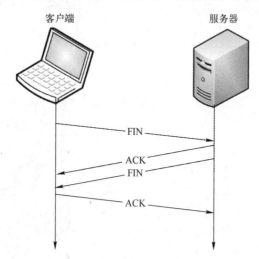

将四次挥手翻译成日常对话就相当于下面这样：

客户端："我要断开连接了。"

服务器："好的。"

服务器："我也要断开连接了。"

客户端："好的。"

7.4.2　确认应答

在 TCP 传输的过程中，发出去的每个包都会得到对面的确认，借助数据包中的几个字段就能又快又准地通知对方发送的包已到达，再结合延迟确认、Nagle 算法等技术就能实现一套高效的应答机制。

（1）字段

TCP 中的每个数据包都包含三个字段：Seq、Len 和 Ack。Seq 表示每个包的序号，用于排列乱序的包；Len 表示数据的长度，不包括 TCP 头信息；Ack 表示确认号，用于确认已经收到的字节。

Seq 等于上一个包中的 Seq 和 Len 两者之和。假设上一个包中的 Seq 为 30，Len 为 40，那么当前包中的 Seq 为 70（如下图所示），下面是 Seq 的计算公式。

$$Seq = Seq + Len$$

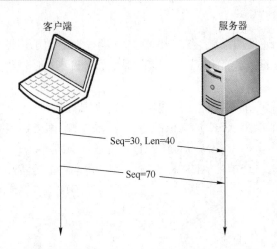

Ack 等于对面发送过来的包中的 Seq 和 Len 两者之和，下面是 Ack 的计算公式。服务器的对面是客户端，假设客户端发送的包中的 Seq 为 10，Len 为 20，那么服务器的 Ack 就为 30，如下图所示。

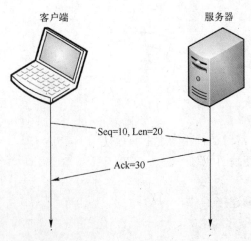

Ack = Seq + Len

通信两端都会维护各自的 Seq，下图是用著名的网络分析软件 Wireshark 抓到的 3 个关于建立连接的包，为了便于观察，工具使用了相对序号，使得两端 Seq 的初始值都为 0，而 Ack 的计算比较特殊，虽然 Len 都为 0，但最终的值却都为 1，因为传递的 SYN 标志位占了 1 个字节。

1 0.000000	192.168.31.94	122.246.3.22	TCP	78 65112→80 [SYN] Seq=0 Win=65535 Len=0 MSS=1460 WS=32 TSval=413771616..
11 0.015434	122.246.3.22	192.168.31.94	TCP	66 80→65112 [SYN, ACK] Seq=0 Ack=1 Win=14600 Len=0 MSS=1452 SACK_PERM=..
12 0.015509	192.168.31.94	122.246.3.22	TCP	54 65112→80 [ACK] Seq=1 Ack=1 Win=262144 Len=0

（2）延迟确认

延迟确认就是在一段时间内（例如 200ms）如果没有数据发送，那么就将几个确认信息合并成一个包，再一起确认（如下图所示）。TCP 采用延迟确认的目的是降低网络负担，提升传输效率。

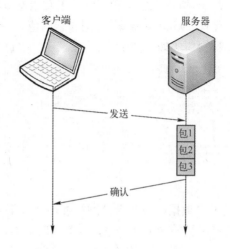

（3）Nagle 算法

Nagle 算法是指在发出的数据没有得到确认之前，又有几块小数据要发送，就把它们合并成一个包，再一起发送，如下图所示。

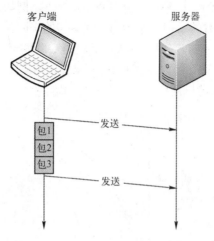

延迟确认和 Nagle 算法都能降低网络负担，提升传输效率，但如果将两者结合使用，却

会降低性能。当启用 Nagle 算法的客户端发出一个小的数据包后，启用延迟确认的服务器会接收并等待下一个包的到达。而客户端在未接收到第一个数据包的确认之前，不会再次发送，两端都在等待对方，这反而增加了延迟，降低了传输效率。

7.4.3 窗口控制

数据包所能携带的最大数据量称为 MSS（Maximum Segment Size）。当 TCP 传送大数据的时候，会先将其分割为多个 MSS 再进行传送。MSS 是发送数据包的单位，重发时也是以 MSS 为单位。在建立连接时，两端会告诉对方自己所能接受的 MSS 的大小，然后再选择一个较小的值投入使用。

（1）发送窗口

发送窗口控制了一次能发的字节量，也就是一次能发多少个 MSS。发送窗口的尺寸会受接收方的接收窗口和网络的影响，所以在包中看不到关于发送窗口的信息。当用工具 Wireshark 抓包时，每个包的传输层都含有"window size"信息（它的值和 Win 的值相同），这个字段并不表示发送窗口，而是指接收窗口，如下图所示。

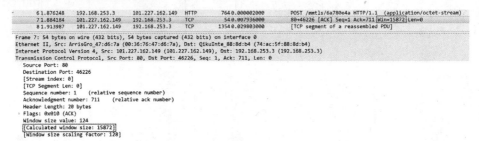

发送窗口一次不能发送太多数据，不然会使网络拥堵，甚至瘫痪。理想情况下，发送窗口能发送的量正好是网络所能承受的最大数据量，这个阈值可称为拥塞点。为了找到拥塞点，定义了一个虚拟的拥塞窗口，通过调节拥塞窗口的大小来限制发送窗口。

（2）拥塞窗口

在通信开始时，通过慢启动对拥塞窗口进行控制，先把拥塞窗口的初始值定义为 1 个 MSS，然后发送数据，每收到一次确认，拥塞窗口就加 1，例如，发出 2 个 MSS，得到 2 次确认，拥塞窗口就加 2，此时的窗口大小为 4。随着包的来回往返，拥塞窗口会以 4、8、16 等指数增长（如下图所示）。当拥塞窗口的大小超过慢启动阈值时，就得改用拥塞避免算法，每个往返时间只增加 1 个 MSS，例如，发出 16 个 MSS，得到 16 次确认，但拥塞窗口只加 1，最终大小为 17，这种增长方式一直持续到出现网络拥堵。

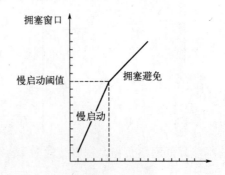

7.4.4　重传控制

TCP 是一种可靠的通信协议，因此如果发送方通过一些技术手段（如超时重传、快速重传等）确认到某些数据包已经丢失了，那么就会再次发送这些丢失的包。

（1）超时重传

TCP 会设定一个超时重传计数器（RTO），定义数据包从发出到失效的时间间隔。当发送方发出数据包后，在这段时间内没有收到确认，就会重传这个包（如下图所示）。重传之后的拥塞窗口需要重新调整一下，并且超时重传会严重降低传输性能，因为在发送方等待阶段，不能传数据。

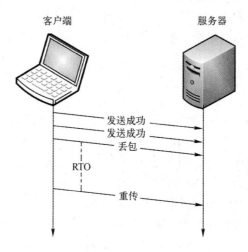

（2）快速重传

快速重传不会一味地等待，当发送方连续收到 3 个或 3 个以上对相同数据包的重复确认时，就会认为这个包丢失了，需要立即重发，如下图所示。

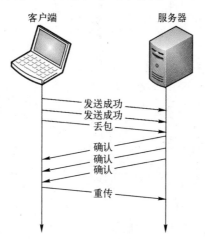

7.4.5　常见笔试题

【真题 238】　TCP 与 UDP 有哪些区别？

参考答案：UDP（User Datagram Protocol）是一种简单、不可靠的通信协议，只负责将数据发出，但不保证它们能到达目的地，之所以不可靠是由于以下几个原因：

1）UDP 没有顺序控制，所以当出现数据包乱序到达时，没有纠正功能。

2）UDP 没有重传控制，所以当数据包丢失时，也不会重发。

3）UDP 在通信开始时，不需要建立连接，结束时也不用断开连接。

4）UDP 无法进行流量控制、拥塞控制等避免网络拥堵的机制。

UDP 的包头长度不到 TCP 包头的一半，并且没有重发、连接等机制，故而在传输速度上比起 TCP 有更大的优势，比较适合即时通信、信息量较小的通信和广播通信。TCP 相当于打电话，UDP 相当于写信，打电话需要先拨号建立连接，再挂电话断开连接；而写信只要把信丢入邮筒，就能送到指定地址。日常生活中的语音聊天和在线视频使用 UDP 作为传输协议的比较多，因为即使丢几个包，对结果也不会产生太大影响。

7.5 HTTPS

HTTPS（HTTP Secure）是一种构建在 SSL 或 TLS 上的 HTTP 协议（如右图所示），简单地说，HTTPS 就是 HTTP 的安全版本。SSL（Secure Sockets Layer）以及其继任者 TLS（Transport Layer Security）是一种安全协议，为网络通信提供来源认证、数据加密和报文完整性检测，以保证通信的保密性和可靠性。HTTPS 协议的 URL 都以 "https://" 开头，在访问某个 Web 页面时，客户端会打开一条到服务器 443 端口的连接。

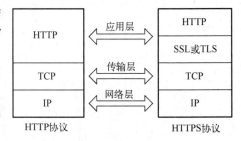

之所以说 HTTP 不安全，是由于以下三个原因导致的，下图用图像的方式描绘了这三个风险。

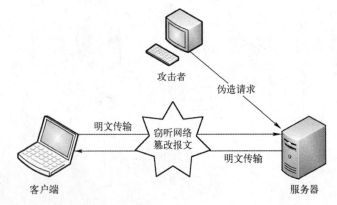

1）数据以明文传递，有被窃听的风险。

2）接收到的报文无法证明是发送时的报文，不能保障完整性，因此报文有被篡改的风险。

3）不验证通信两端的身份，请求或响应有被伪造的风险。

7.5.1 加密

在密码学中，加密是指将明文转换为难以理解的密文；解密与之相反，把密文换回明文。加密和解密都由两部分组成：算法和密钥。加密算法可以分为两类：对称加密和非对称加密。

（1）对称加密

对称加密在加密和解密的过程中只使用一个密钥，这个密钥称为对称密钥（Symmetric Key），也称为共享密钥，如下图所示。对称加密的优点是计算速度快，但缺点也很明显，就是通信两端需要分享密钥。客户端和服务器在进行对话前，要先将对称密钥发送给对方，在传输的过程中密钥有被窃取的风险，一旦被窃取，那么密文就能被轻松翻译成明文，加密保护形同虚设。

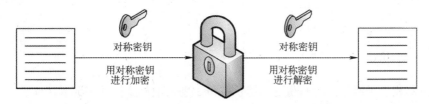

（2）非对称加密

非对称加密在加密的过程中使用公开密钥（Public Key），在解密的过程中使用私有密钥（Private Key），如下图所示。加密和解密的过程也可以反过来，使用私有密钥加密，再用公开密钥解密。非对称加密的缺点是计算速度慢，但它很好地解决了对称加密的问题，避免了信息泄露。通信两端如果都使用非对称加密，那么各自都会生成一对密钥，私钥留在身边，公钥发送给对方，公钥在传输途中即使被人窃取，也不用担心，因为没有私钥就无法轻易解密。在交换好公钥后，就可以用对方的公钥把数据加密，开始密文对话。

HTTPS 采用混合加密机制，将两种加密算法组合使用，充分利用各自的优点，博采众长。在交换公钥阶段使用非对称加密，在传输报文阶段使用对称加密。

7.5.2 数字签名

数字签名是一段由发送者生成的特殊加密校验码，用于确定报文的完整性。数字签名的生成涉及两种技术：非对称加密和数字摘要。数字摘要可以将变长的报文提取为定长的摘要，报文内容不同，提取出的摘要也将不同，常用的摘要算法有 MD5 和 SHA。签名和校验的过程总共分为下列五步，下图用图像的形式描绘了签名和校验的过程。

1）发送方用摘要算法对报文进行提取，生成一段摘要。

2）然后用私钥对摘要进行加密，加密后的摘要作为数字签名附加在报文上，一起发送给接收方。

3）接收方收到报文后，用同样的摘要算法提取出摘要。

4）再用接收到的公钥对报文中的数字签名进行解密。

5）如果两个摘要相同，那么就能证明报文没有被篡改。

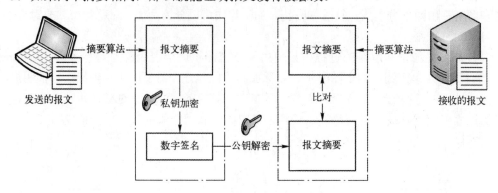

7.5.3　数字证书

数字证书相当于网络上的身份证，用于身份识别，由权威的数字证书认证机构（CA）负责颁发和管理。数字证书的格式普遍遵循 X.509 国际标准，证书的内容包括有效期、颁发机构、颁发机构的签名、证书所有者的名称、证书所有者的公开密钥、版本号和唯一序列号等信息。客户端（如浏览器）会预先植入一个受信任的颁发机构列表，如果收到的证书来自于陌生的机构，那么会弹出一个安全警报对话框，如下图所示。

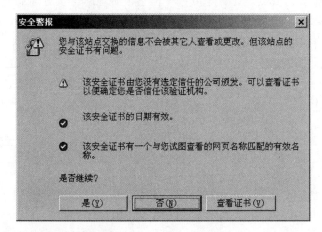

一般数字证书都会被安装在服务器处，当客户端发起安全请求时，服务器就会返回数字证书。客户端从受信机构列表中找到相应的公开密钥，解开数字证书。然后验证数字证书中的信息，如果验证通过，就说明请求来自意料之中的服务器；如果不通过，就说明证书被冒用，来源可疑，客户端立刻发出警告。下图描绘了上述认证过程。

7.5.4　安全通信机制

客户端和服务器通过好几个步骤建立起安全连接，然后开始通信，下面是精简过的步骤，下图用图像的形式描绘了下述的七个步骤。

1）客户端发送 Client Hello 报文开始 SSL 通信，报文中还包括协议版本号、加密算法等信息。

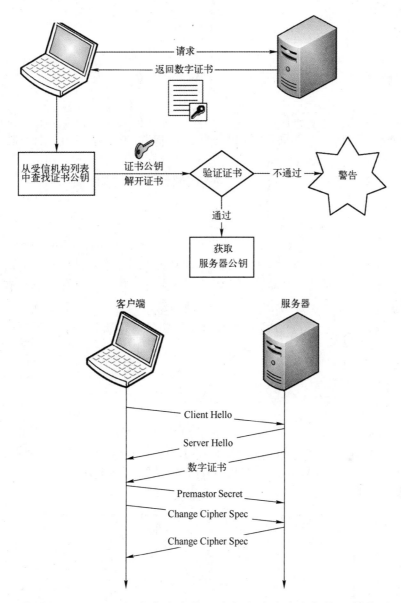

2）服务器发送 Server Hello 报文作为应答，在报文中也会包括协议版本号、加密算法等信息。

3）服务器发送数字证书，数字证书中包括服务器的公开密钥。

4）客户端解开并验证数字证书，验证通过后，生成一个随机密码串（Premaster Secret），再用收到的服务器公钥加密，发送给服务器。

5）客户端再发送 Change Cipher Spec 报文，提示服务器在此条报文之后，采用刚刚生成的随机密码串进行数据加密。

6）服务器也发送 Change Cipher Spec 报文。

7）SSL 连接建立完成，接下来就可以开始传输数据了。

7.5.5　常见笔试题

【真题 239】　HTTPS 有哪些缺点？

参考答案：HTTPS 有如下四个缺点：

1）通信两端都需要进行加密和解密，会消耗大量的 CPU、内存等资源，增加了服务器的负载。

2）加密运算和多次握手降低了访问速度。

3）在开发阶段，加大了页面调试难度。由于信息都被加密了，所以用代理工具的话，需要先解密然后才能看到真实信息。

4）用 HTTPS 访问的页面，页面内的外部资源都得用 HTTPS 请求，包括脚本中的 ajax 请求。

【真题 240】　什么是运营商劫持？有什么办法预防？

参考答案：运营商是指提供网络服务的 ISP（Internet Service Provider），例如三大基础运营商：中国电信、中国移动和中国联通。运营商为了牟取经济利益，有时候会劫持用户的 HTTP 访问，最明显的特征就是在页面上植入广告，有些是购物广告，有些却是淫秽广告，非常影响界面体验和公司形象。为了避免被劫持，可以让服务器支持 HTTPS 协议，HTTPS 传输的数据都被加密过了，运营商就无法再注入广告代码，这样页面就不会再被劫持。

7.6　HTTP/2.0

HTTP/2.0 是 HTTP/1.1 的扩展版本，主要基于 SPDY 协议，引入了全新的二进制分帧层（如下图所示），保留了 1.1 版本的大部分语义，例如请求方法、状态码和首部等，由互联网工程任务组（IETF）为 2.0 版本实现标准化。2.0 版本从协议层面进行改动，目标是优化应用、突破性能限制，改善用户在浏览 Web 页面时的速度体验。

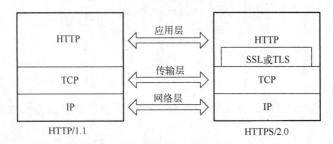

HTTP/1.1 有很多不足，接下来列举五个比较有代表性的，如下：

1）在传输中会出现队首阻塞问题。

2）响应不分轻重缓急，只会按先来后到的顺序执行。

3）并行通信需要建立多个 TCP 连接。

4）服务器不能主动推送客户端想要的资源，只能被动地等待客户端发起请求。

5）由于 HTTP 是无状态的，所以每次请求和响应都会携带大量冗余信息。

7.6.1 二进制分帧层

二进制分帧层是 HTTP/2.0 性能增强的关键，它改变了通信两端交互数据的方式，原先都是以文本传输，现在要先对数据进行二进制编码，再把数据分成一个一个的帧，接着把帧送到数据流中，最后对方接收帧并拼成一条消息，再处理请求。在 2.0 版本中，通信的最小单位是帧（Frame），若干个帧组成一条消息（Message），若干条消息在数据流（Stream）中传输，一个 TCP 连接可以分出若干条数据流（如下图所示），因此 HTTP/2.0 只要建立一次 TCP 连接就能完成所有传输。流、消息和帧这三个是二进制分帧层的基本概念，见下表。

概　　念	描　　述
流	一个可以承载双向消息的虚拟信道，每个流都有一个唯一的整数标识符
消息	HTTP 消息，也就是 HTTP 报文
帧	通信的最小单位，保存着不同类型的数据，例如 HTTP 首部、资源优先级、配置信息等

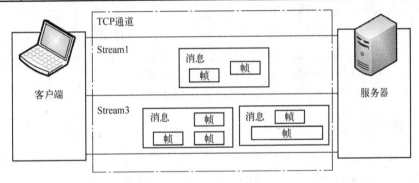

每个帧都有一个首部，包含帧的长度、类型、标志、流标识符和保留位，如下：

1）一帧最多带 24 位长度的数据，也就是 16MB，这个长度不包括首部内容。

2）8 位的类型用于确定帧的格式和语义，帧的类型有 DATA、HEADERS 和 PRIORITY 等。

3）8 位的标志允许不同类型的帧定义自己独有的消息标志。

4）1 位的保留字段（R），语义未定义，始终设置为 0。

5）31 位的流标识符用于标识当前帧属于哪条数据流。

7.6.2 多路通信

通信两端对请求或响应的处理都是串行的，也就是按顺序一个个处理，虽然在 HTTP/1.1

中新增了管道化的概念，让客户端能一下发送多个请求，减少了不必要的网络延迟，不过那只是将请求的队列顺序迁移到服务器中，服务器还是得按顺序来处理，所以本质上响应还是串行的。如果一定要实现并行通信，那么必须建立多条 TCP 连接，多个请求分别在不同的 TCP 通道中传输（如下图所示），间接实现并行通信。

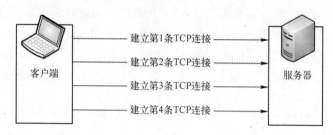

    TCP 是一种可靠的通信协议，中途如果出现丢包，发送方就会根据重发机制再发一次丢失的包，由于通信两端都是串行处理请求的，所以接收端在等待这个包到达之前，不会再处理后面的请求，这种现象称为队首阻塞。

    HTTP/2.0 不但解决了队首阻塞问题，还将 TCP 建立次数降低到只要 1 次。通信两端只需将消息分解为独立的帧，然后在多条数据流中乱序发送，最后在接收端把帧重新组合成消息，并且各条消息的组合互不干扰，这就实现了真正意义上的并行通信，达到了多路复用的效果。在 CSS 中，为了减少请求次数，会把很多小图拼在一起，做成一张大的雪碧图（如下图所示），现在借助多路通信后，不用再大费周章地制图了，直接发请求即可。

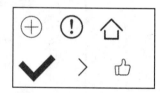

7.6.3   请求优先级

    客户端对请求资源的迫切度都是不同的，例如在浏览器的网页（即 HTML 文档）中，像 CSS、JavaScript 这些文件传得越快越好，而图像则可以稍后再传。在 HTTP/1.1 中，只能是谁先请求，谁就先处理，不能显式地标记请求优先级；而在 HTTP/2.0 中，每条数据流都有一个 31 位的优先值，值越小优先级越大（0 的优先级最高）。有了这个优先值，相当于能随时建立一条绿色通道（如下图所示），通信两端可以对不同数据流中的帧采取不同策略，这样能更好地分配有限的带宽资源。

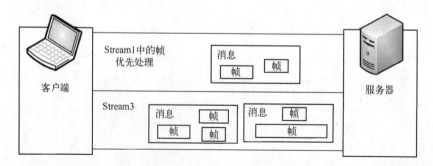

7.6.4   服务器推送

    HTML 文档中的资源（例如图像）可以从服务器中拉取，也可以经过编码后直接嵌入。

嵌入虽然可以减少一次请求，但同时会让 HTML 文档体积膨胀，降低压缩效率，破坏资源缓存。虽然这有种种不足，但减少了对服务器的请求，这种思路还是值得借鉴的。

HTTP/2.0 支持服务器主动推送，简单地说就是一次请求返回多个响应（如下图所示），这也是一种减少请求的方法。服务器除了处理最初的请求外，还会额外推送客户端想要的资源，无须客户端发出明确的请求。主动推送的资源不但可以被缓存，而且还能被压缩，客户端也可以主动拒绝推送过来的资源。

7.6.5　首部压缩

HTTP 是无状态的，为了准确地描述每次通信，通常都会携带大量的首部，例如 Connection、Accept 或 Cookie，而这些首部每次会消耗上百甚至上千字节的带宽。为了降低这些开销，HTTP/2.0 会先用 HPACK 算法压缩首部，然后再进行传输。

HPACK 算法会让通信两端各自维护一张首部字典表，表中包含了首部名和首部值（如下图所示），其中首部名要全部小写，并用伪首部（Pseudo-header）表示，例如：:method、:host 或:path。每次请求都会记住已发哪些首部，下一次只要传输差异的数据，相同的数据只要传索引就行。

7.6.6　常见笔试题

【真题 241】 HTTP/2.0 比 HTTP/1.1 优秀许多，为什么没有马上取代它？

参考答案：将 HTTP 协议从 1.1 升级到 2.0 不可能一蹴而就，需要有个缓冲过程。先让服务器与客户端同时支持两个版本，再慢慢淘汰不支持新协议的设备，等到大部分设备都支持 HTTP/2.0 时，就能大范围地使用新协议了。

第 8 章 大 数 据

计算机硬件的扩容确实可以极大地提高程序的处理速度，但考虑到其技术、成本等方面的因素，它并非一条放之四海而皆准的途径。而随着互联网技术的发展，云计算、物联网、移动通信技术的兴起，每时每刻，数以亿计的用户产生着数量巨大的信息，海量数据时代已经来临。由于通过对海量数据的挖掘能有效地揭示用户的行为模式，加深对用户需求的理解，提取用户的集体智慧，从而为研发人员决策提供依据，提升产品用户体验，进而占领市场，所以当前各大互联网公司都将研究重点放在了海量数据分析上，但是，只寄希望于硬件扩容是很难满足海量数据分析需要的，如何利用现有条件进行海量信息处理已经成为各大互联网公司亟待解决的问题。所以，海量信息处理正日益成为当前程序员笔试面试中一个新的亮点。

8.1 从大量的 URL 中找出相同的 URL

题目描述：给定 A、b 两个文件，各存放 50 亿个 URL，每个 URL 各占 64 字节，内存限制是 4GB，要求找出 A、b 文件共同的 URL？

分析解答：

由于每个 URL 需要占 64 个字节，所以 50 亿个 URL 的大小为 50 亿*64=50GB×64=320GB。由于内存大小只有 4GB，因此不可能一次性把所有的 URL 都加载到内存中处理。对于这种类型的题目，一般都需要使用分治法，把一个文件中的 URL 按照某一特征分成多个文件，使得每个文件都小于 4GB，这样就可以把这个文件一次性读到内存中处理了。对于本题而言，主要的实现思路如下：

1）遍历文件 a，对遍历到的 URL 求 hash(url)%500，根据计算结果把遍历到的 URL 分别存储到 a0，a1，a2，…，a499（计算结果为 i 的 URL 存储到文件 ai 中）。这样每个文件大约为 600MB。当某一个文件中 URL 的大小超过 2GB 的时候可以按照类似的思路把这个文件继续分为更小的文件（例如，如果 a1 大小超过 2GB，则可以把文件继续分成 a11，a12，…）。

2）使用同样的方法遍历文件 b，把文件 b 中的 URL 分到文件 b0，b1，...，b599 中。

3）通过上面的划分，与 ai 中 URL 相同的 URL 一定在 bi 中。由于 ai 与 bi 中所有的 URL 的大小不会超过 4GB，因此可以把它们同时读入内存中进行处理。具体思路：遍历 ai，把遍历到的 URL 存入 hash_set 中，接着遍历 bi 中的 URL，如果这个 URL 在 hash_set 中存在，说明这个 URL 是这两个文件共同的 URL，可以把这个 URL 保存到另外一个单独的文件中。当把文件 a0~a499 都遍历完成后，就找到了两个文件共同的 URL。

8.2 求高频词

题目描述：有一个 1GB 大小的文件，里面每一行是一个词，词的大小不超过 16 字节，内存限制大小是 1MB，要求返回频数最高的 100 个词。

分析解答：

显然，文件大小为1GB，但是内存只有1MB，不可能一次把所有的词读入内存中处理，因此也需要采用分支的方法，把一个大的文件分解成多个小的文件，从而保证每个文件都小于1MB，可以直接被读取到内存中处理。具体的思路如下：

1）遍历文件，对遍历到的每一个词，做如下hash操作：hash(x)%2000，对结果为i的词存放到文件ai中，通过这个分解步骤，每个文件的大小为400KB左右。如果通过这个操作后，某个文件的大小超过1MB，则可以采用相同的方法对这个文件继续分解，直到文件的大小小于1MB。

2）统计出每个文件中出现频率最大的100个词。最简单的方法为使用hash_map来实现，具体实现方法：遍历文件中的词，对于遍历到的词，如果hash_map中不存在，那么把这个词存入hashmap中（键为这个词，值为1），如果这个词在hash_map中存在了，那么把这个词对应的值加1。遍历完后可以非常容易地找出出现频率最大的100个词。

3）第2步找出了每个文件出现频率最大的100个词，这一步可以通过维护一个小顶堆来找出所有词中出现频率最大的100个。具体方法：遍历第一个文件，把第一个文件中出现频率最大的100个数构建成一个小顶堆（如果第一个文件中词的个数小于100，可以继续遍历第2个文件，直到构建好有100个节点的小顶堆为止）。继续遍历，如果遍历到的词的出现次数大于堆顶上词的出现次数，可以用新遍历到的词替换堆顶的词，然后重新调整这个堆为小顶堆。当遍历完所有文件后，这个小顶堆中的词就是出现频率最高的100个词。当然这一步也可以采用类似归并排序的方法把所有文件中出现频率最高的100个词排序，最终找出出现频率最高的100个词。

引申：怎么在海量数据中找出重复次数最多的一个？

前面的算法是求解top100，而这道题目是求解top1，可以使用同样的思路来求解。唯一不同的是，在求解出每个文件中出现次数最多的数据后，接下来从各个文件中出现次数最多的数据中找出出现次数最多的时候不需要使用小顶堆，只需要使用一个变量就可以完成。

8.3 找出访问百度最多的IP

题目描述：现有海量日志数据保存在一个超级大的文件中，该文件无法直接读入内存，要求从中提取某天访问百度次数最多的那个IP。

分析解答：

由于这道题只关心某一天访问百度最多的IP，因此可以首先对文件遍历一遍，把这一天访问百度的IP的相关信息记录到一个单独的文件中。接下来可以用上一节介绍的方法来求解。由于求解思路是一样的，这里就不再详细介绍了。唯一需要确定的是把一个大文件分为几个小文件比较合适。以IPV4为例，一个IP地址占用32位，因此最多会有2^32=4G种取值情况。如果使用Hash(IP)%1024值，把海量IP日志分别存储到1024个小文件中。这样，每个小文件最多包含4MB个IP地址。如果使用2048，每个文件会最多包含2MB个IP地址。因此，对于这类题而言，首先需要确定可用内存的大小，然后确定数据的大小。由这两个参数就可以确定hash函数应该怎么设置才能保证每个文件的大小都不超过内存的大小，从而可以保证每个小的文件都被一次性加载到内存中。

8.4 在大量的数据中找出不重复的整数

题目描述：在 2.5 亿个整数中找出不重复的整数。注：内存不足以容纳这 2.5 亿个整数。

分析解答：

这道题目与前面的题目类似，也是无法一次性把所有数据加载到内存中，因此也可以采用类似的方法求解。

方法一：分治法

采用 hash 的方法，把这 2.5 亿个数划分到更小的文件中，从而保证每个文件的大小不超过可用内存的大小。然后对于每个小文件而言，所有的数据可以一次性被加载到内存中，因此可以使用 hash_map 或 hash_set 来找到每个小文件中不重复的数。当处理完所有的文件后就可以找出这 2.5 亿个整数中所有不重复的数。

方法二：位图法

对于整数相关的算法的求解，位图法是一种非常实用的算法。对于本题而言，如果可用的内存超过 1GB 就可以使用这种方法。具体思路：假设整数占用 4 个字节（如果占用 8 个字节，求解思路类似，只不过需要占用更大的内存）。4 个字节也就是 32 位，可以表示的整数的个数为 2^{32}。由于本题只查找不重复的数，而不关心具体数字出现的次数，因此可以分别使用 2 个 bit 来表示各个数字的状态：用 00 表示这个数字没有出现过，01 表示出现过 1 次，10 表示出现了多次，11 暂不使用。

根据上面的逻辑，在遍历这 2.5 亿个整数的时候，如果这个整数对应的位图中的位为 00，那么修改成 01，如果为 01 则修改为 10，如果为 10 则保持原值不变。这样当所有数据遍历完成后，可以再遍历一遍位图，位图中为 01 的对应的数字就是没有重复的数字。

8.5 在大量的数据中判断一个数是否存在

题目描述：在 2.5 亿个整数中判断一个数是否存在。注：内存不足以容纳这 2.5 亿个整数。

分析解答：

显然数据量太大，不可能一次性把所有的数据都加载到内存中，那么最容易想到的方法当然是分治法。

方法一：分治法

对于大数据相关的算法题，分治法是一种非常好的方法。针对这道题而言，主要的思路为，可以根据实际可用内存的情况，确定一个 hash 函数，比如 hash(value)%1000，通过这个 hash 函数可以把这 2.5 亿个数字划分到 1000 个文件中（a1，a2，…，a1000），然后再对查找的数字使用相同的 hash 函数求出 hash 值，如果 hash 值为 i，这个数存在的话那么一定在文件 ai 中。通过这种方法就可以把题目的问题转换为文件 ai 中是否存在这个数。那么在接下来的求解过程中可以选用的思路比较多：

1）由于划分后的文件比较小，可以直接被装在到内存中，那么就可以把文件中所有的数字都保存到 hash_set 中，然后判断待查找的数字是否存在。

2）如果这个文件中的数字占用的空间还是太大，那么可以用相同的方法把这个文件继续划分为更小的文件，确定待查找的数字可能存在的文件，然后在相应的文件中继续查找。

方法二：位图法

对于这类判断数字是否存在，判断数字是否重复的问题，位图法是一种非常高效的方法。这里以 32 位整形为例，它可以表示数字的个数为 2^{32}。可以申请一个位图，让每个整数对应位图中的一个 bit，这样 2^{32} 个数需要位图的大小为 512MB。具体实现的思路：申请一个 512MB 大小的位图，并把所有的位都初始化为 0；接着遍历所有的整数，对遍历到的数字，把相应位置上的 bit 设置为 1。最后判断待查找的数对应位图上的值是多少，如果是 0 则表示这个数字不存在，如果是 1 则表示这个数字存在。

8.6 如何查询最热门的查询串

题目描述：搜索引擎会通过日志文件把用户每次检索使用的所有检索串都记录下来，每个查询串的长度为 1~255 字节。

假设目前有 1 千万个记录（这些查询串的重复度比较高，虽然总数是 1 千万，但如果除去重复后，不超过 3 百万个。一个查询串的重复度越高，说明查询它的用户越多，也就是越热门），请统计最热门的 10 个查询串，要求使用的内存不能超过 1GB。

分析解答：

从题目中可以发现，每个查询串最长为 255 个字节，那么 1 千万个字符串需要占用 2.55GB 内存，因此无法把所有的字符串全部读入内存中处理。对于这类型的题目，分治法是一种非常实用的方法。

方法一：分治法

对字符串设置一个 hash 函数，通过这个 hash 函数把字符串划分到更多更小的文件中，从而保证每个小文件中的字符串都可以直接被加载到内存中处理，然后求出每个文件中出现次数最多的 10 个字符串；最后通过一个小顶堆统计出所有文件中出现最多的 10 个字符串。

从功能角度出发，这种方法是可行的，但是由于需要对文件遍历两遍，而且 hash 函数也需要被调用 1 千万次，所以性能不是很好。针对这道题的特殊性，下面介绍另外一种性能较好的方法。

方法二：hash_map 法

虽然字符串的总数比较多，但是字符串的种类不超过 300 万个，因此可以考虑把所有字符串出现的次数保存在一个 hash_map 中（键为字符串，值为字符串出现的次数）。hash_map 所需要的空间为 300 万*(255+4)B=3MB*259B=777MB（其中 4 表示用来记录字符串出现次数的整数，占用 4 个字节）。由此可见 1GB 的内存空间是足够用的。基于以上的分析，本题的求解思路如下：

1）遍历字符串，如果字符串在 hash_map 中不存在，则直接存入 hash_map 中，键为这个字符串，值为 1。如果字符串在 hash_map 中已经存在了，则把对应的值直接+1。这一步操作的时间复杂度为 O(N)，其中 N 为字符串的数量。

2）在第一步的基础上找出出现频率最高的 10 个字符串。可以通过小顶堆的方法来完成，遍历 hash_map 的前 10 个元素，并根据字符串出现的次数构建一个小顶堆，然后接着遍历 hash_map，只要遍历到的字符串的出现次数大于堆顶字符串的出现次数，就用遍历的字符串替换堆顶的字符串，然后把堆调整为小顶堆。

3）对所有剩余的字符串都遍历一遍，遍历完成后堆中的 10 个字符串就是出现次数最多的字符串。这一步的时间复杂度为 O(Nlog10)。

方法三：trie 树法

方法二中使用 hash_map 来统计每个字符串出现的次数。当这些字符串有大量相同前缀的时候，可以考虑使用 trie 树来统计字符串出现的次数。可以在树的节点中保存字符串出现的次数，0 表示没有出现。具体的实现方法为，遍历的时候，在 trie 树中查找，如果找到，则把节点中保存的字符串出现的次数加 1，否则为这个字符串构建新的节点，构建完成后把叶子节点中字符串的出现次数设为 1。这样遍历完字符串后就可以知道每个字符串的出现次数，然后通过遍历这个树就可以找出出现次数最多的字符串。

trie 树经常被用来统计字符串的出现次数。它的另外一个大的用途就是字符串查找，判断是否有重复的字符串等。

8.7　统计不同电话号码的个数

题目描述：已知某个文件内包含一些电话号码，每个号码为 8 位数字，统计不同号码的个数。

分析解答：

这个题目从本质上来讲也是求解数据重复的问题，对于这类问题一般而言，首先会考虑位图法。对于本题而言，8 位电话号码可以表示的范围为 0000 0000～9999 9999，如果用 1bit 表示一个号码，总共需要 1 亿个 bit，大约需要 100MB 的内存。

通过上面的分析可知，这道题的主要思路为，申请一个位图并初始化为 0，然后遍历所有电话号码，把遍历到的电话号码对应的位图中的 bit 设置为 1。当遍历完成后，bit 值为 1 则表示这个电话号码在文件中存在，否则这个 bit 对应的电话号码在文件中不存在。所以 bit 为 1 的数量则为不同电话号码的个数。

那么对于这道题而言，最核心的算法是如何确定电话号码对应的是位图中的哪一位。下面重点介绍这个转化的方法。

00000000 对应位图最后一位：0x0000.......000001。

00000001 对应位图倒数第二位：0x0000.....0000010（1 向左移一位）。

00000002 对应位图倒数第三位：0x0000....0000100（1 向左移 2 位）。

00000012 对应位图的倒数第十三位：0x0000....0001 0000 0000 0000。

通常来讲，位图都是通过一个整数数组来实现的（这里假设一个整数占用 4 个字节）。由此可以得出通过电话号码获取位图中对应位置的方法为：

假设电话号码为 P。

1）通过 P/32 就可以计算出该电话号码在 bitmap 数组下标（因为每个整数占用 32bit，通过这个公式就可以确定这个电话号码需要移动多少个 32 位，也就是可以确定它对应的 bit 在数组中的位置）。

2）通过 P%32 就可以计算出这个电话号码在这个整形数字中具体的 bit 的位置，也就是 1 这个数字对应的左移次数。因此可以通过这把 1 向左移 P%32 位，然后把得到的值与这个数组中的值做或运算，这样就可以把这个电话号码在位图中对应的位设置为 1。

8.8 从 5 亿个数中找出中位数

题目描述：数据排序后，位置在最中间的数值就是中位数。当样本数为奇数时，中位数 =(N+1)/2；当样本数为偶数时，中位数为 N/2 与 1+N/2 的均值（那么 10G 个数的中位数，就是第 5G 大的数与第 5G+1 大的数的均值了）。

分析解答：

如果这道题目没有内存大小的限制，可以把所有的数字排序后找出中位数，但是最好的排序算法的时间复杂度都是 O（NlogN）（N 为数字的个数）。这里介绍另外一种求解中位数的算法：双堆法。

方法一：双堆法

这个算法的主要思路是维护两个堆，一个大顶堆，一个小顶堆，且这两个堆需要满足如下两个特性：

特性一：大顶堆中最大的数值小于等于小顶堆中最小的数。

特性二：保证这两个堆中的元素个数的差不能超过 1。

当数据总数为偶数的时候，这两个堆建立好以后，中位数显然就是两个堆顶元素的平均值。当数据总数为奇数的时候，根据两个堆的大小，中位数一定在数据多的堆的堆顶。对于本题而言，具体实现思路为，维护两个堆 maxHeap（大顶堆）与 minHeap（小顶堆），这两个堆的大小分别为 max_size 和 min_size。然后开始遍历数字。对于遍历到的数字 data：

1）如果 data<maxHeap 的堆顶元素，此时为了满足特性一，只能把 data 插入 maxHeap 中。为了满足特性二，需要分以下几种情况讨论。

① 如果 max_size<=min_size，说明大顶堆元素个数小于小顶堆，此时把 data 直接插入大顶堆中，并把这个堆调整为大顶堆。

② 如果 max_size>min_size，为了保持两个堆元素个数的差不超过 1，此时需要把 maxHeap 堆顶的元素移动到 minHeap 中，接着把 data 插入 maxHeap 中。同时通过对堆的调整分别让两个堆保持大顶堆与小顶堆的特性。

2）如果 maxHeap 堆顶元素<= data <= minHeap 堆顶元素，为了满足特性一，此时可以把 data 插入任意一个堆中，为了满足特性二，需要分以下几种情况讨论。

① 如果 max_size<min_size，显然需要把 data 插入 maxHeap 中。

② 如果 max_size>min_size，显然需要把 data 插入 minHeap 中。

③ 如果 max_size==min_size，可以把 data 插入任意一个堆中。

3）如果 data>maxHeap 的堆顶元素，此时为了满足特性一，只能把 data 插入 minHeap 中。为了满足特性二，需要分以下几种情况讨论。

① 如果 max_size>=min_size，那么把 data 插入 minHeap 中。

② 如果 max_size<min_size，那么需要把 minHeap 堆顶元素移到 maxHeap 中，然后把 data 插入 minHeap 中。

通过上面方法可以把 5 亿个数构建成两个堆，两个堆顶元素的平均值就是中位数。

这种方法由于需要把所有的数据都加载到内存中，当数据量很大的时候，无法把数据一次性加载到内存中，因此这种方法比较适用于数据量小的情况。对于本题而言，5 亿个数字，每个数字在内存中占 4B，5 亿个数字需要的内存空间为 2GB。如果可用的内存不足 2GB 的时候显然不能使用这种方法，因此下面介绍另外一种方法。

方法二：分治法

分治法的核心思想为把一个大的问题逐渐转换为规模较小的问题来求解。对于本题而言，顺序读取这 5 亿个数字：

1）对于读取到的数字 num，如果它对应的二进制中最高位为 1，则把这个数字写入 f1 中，如果最高位是 0 则写入 f0 中。通过这一步就可以把这 5 亿个数字划分成两部分，而且 f0 中的数字都大于 f1 中的数字（因为最高位是符号位）。

2）通过上面的划分可以非常容易地知道中位数是在 f0 中还是在 f1 中，假设 f1 中有 1 亿个数，那么中位数一定在文件 f0 中从小到大是第 1.5 亿个数与它后面的一个数求平均值。

3）对于 f0，可以用次高位的二进制的值继续把这个文件一分为二，使用同样的思路可以确定中位数在哪个文件中的第几个数。直到划分后的文件可以被加载到内存的时候，把数据加载到内存中后排序，从而找出中位数。

需要注意的是，这里有一种特殊情况需要考虑，当数据总数为偶数的时候，如果把文件一分为二后发现两个文件中的数据有相同的个数，那么中位数就是数据小的文件中的最大值与数据大的文件中的最小值的平均值。对于求一个文件中所有数据的最大值或最小值，可以使用前面介绍的分治法进行求解。

8.9 按照 query 的频度排序

题目描述：有 10 个文件，每个文件 1GB，每个文件的每一行存放的都是用户的 query，每个文件的 query 都可能重复。要求按照 query 的频度排序。

分析解答：

对于这道题，如果 query 的重复度比较大，可以考虑一次性把所有 query 读入内存中处理，如果 query 的重复率不高，可用的内存不足以容纳所有的 query，那么就需要使用分治法或者其他的方法来解决。

方法一：hash_map 法

如果 query 的重复率比较高，说明不同的 query 总数比较小，可以考虑把所有的 query 都加载到内存中的 hash_map 中（hash_map 中针对每个不同的 query 只保存一个键值对，因此这些 query 占用的空间会远小于 10GB，有希望把它们一次性都加载到内存中）。接着就可以对 hash_map 按照 query 出现的次数进行排序。

方法二：分治法

这种方法需要根据数据量的大小与可用内存的大小来确定问题划分的规模。对于本题而言，可以顺序遍历 10 个文件中的 query，通过 hash 函数 hash(query)%10 把这些 query 划分到 10 个文件中，通过这样的划分，每个文件的大小为 1GB 左右，当然可以根据实际情况来调整 hash 函数，如果可用内存很小，可以把这些 query 划分到更多的小的文件中。

如果划分后的文件还是比较大，可以使用相同的方法继续划分，直到每个文件都可以被读取到内存中进行处理，然后对每个划分后的小文件，使用 hash_map 统计每个 query 出现的次数，根据出现次数排序，并把排序好的 query 以及出现次数写入另外一个单独的文件中。这样针对每个文件，都可以得到一个按照 query 出现次数排序的文件。

接着对所有的文件按照 query 的出现次数进行排序，这里可以使用归并排序（由于无法把所有的 query 都读入内存中，因此这里需要使用外排序）。

8.10 找出排名前 500 的数

题目描述：

有 20 个数组，每个数组有 500 个元素，并且是有序排列好的，现在如何在这 20*500 个数中找出排名前 500 的数？使用 C/C++实现。

分析解答：

对于求 top k 的问题，最常用的方法为堆排序方法。对于本题而言，假设数组降序排列，可以采用如下方法：

1）首先建立大顶堆，堆的大小为数组的个数，即 20，把每个数组最大的值（数组第一个值）存放到堆中。

2）接着删除堆顶元素，保存到另外一个大小为 500 的数组中，然后向大顶堆插入删除的元素所在数组的下一个元素。

3）重复第 1）、2）个步骤，直到删除个数为最大的 k 个数，这里为 500。

为了在堆中取出一个数据后，能知道它是从哪个数组中取出的，从而可以从这个数组中取下一个值，把数组的指针存放到堆中，对这个指针提供比较大小的方法（比较指针指向的值）。为了便于理解，把题目进行简化：三个数组，每个数组有 5 个元素且有序，找出排名前 5 的数。

附录　真题及答案

真题 1

一、选择题

1. 下列代码的输出结果是（　　　）。

```php
<?php
    $arr = array(5=> 1, 12=> 2);
    $arr[] = 56;
    $arr["x"] = 42;
    echo var_dump($arr);
?>
```

A. array(4) { [5]=>int(1) [12]=> int(2) [13]=> int(56) ["x"]=> int(42) }

B. array(3) { [12]=> int(2) [13]=> int(56) ["x"]=> int(42) }

C. 1,2,56,42

D. 42

2. 下列代码的输出结果是（　　　）。

```php
<?php
    $father="mother";
    $mother="son";
    echo $$father;
?>
```

A. son　　　　　B. mother　　　　　C. motherson　　　　　D. error

3. 下列代码的输出结果是（　　　）。

```php
<?php
    $x=array("aaa","","ccc","ddd","");
    $y=array_unique($x);
    echo count($x) . ",". count($y);
?>
```

A. 3，1　　　　　B. 3，3　　　　　C. 5，4　　　　　D. 5，5

4. 下列代码的输出结果是（　　　）。

```php
<?php
    $qpt = 'Eat to live, but not live to eat';
    echo preg_match("/^to/", $qpt);
?>
```

A．0　　　　　　B．1　　　　　　C．to　　　　　　D．Null

5．下列代码的输出结果是（　　）。

```php
<?php
    $rest = substr("abcdef", -1);
    $rest = substr("abcdef", 0, -1);
?>
```

A．f,abcde　　　B．b,abcdef　　　C．a,fedcb　　　D．a,abcde

6．在 PHP 中，用来获取浏览器属性的方法是（　　）。

A．$_SERVER['PHP_SELF']　　　　　　B．$_SERVER['HTTP_VARIENT']
C．$_SERVER['HTTP_USER_AGENT']　　　D．$_SERVER['SERVER_NAME']

7．下列代码的输出结果是（　　）。

```php
<?php
    $x=array("aaa","ttt","www","ttt","yyy","tttt");
    $y=array_count_values($x);
    echo $y["ttt"];
?>
```

A．2　　　　　　B．3　　　　　　C．1　　　　　　D．4

8．从一个 get 的 form 中获取信息的方法是（　　）。

A．$_GET[];　　　　　　　　B．Request.Form;
C．Request.Query String;　　　D．.$_POST[];

9．下列用于二进制比较 String（不区分大小写）的方法是（　　）。

A．strcmp()　　B．stricmp()　　C．strcasecmp()　　D．stristr()

10．下列正则表达式能匹配 php|architect 的是（　　）。

A．\d{3}\|\d{8}　　　　　　B．[a-z][a-z][a-z]\|\w{9}
C．az]{3}\|[az]{9}　　　　　D．*

二、填空题

1．比较两个 String 最好用＿＿＿＿函数。

2．文件下载的时候可以使用＿＿＿＿函数。

3．会话控制可以使用＿＿＿＿和＿＿＿＿。

4．设置或读取 Session 之前，需要＿＿＿＿＿＿。

5．注销 Session 会话的形式有＿＿＿＿＿、＿＿＿＿＿和＿＿＿＿。

三、问答题

1．引用和拷贝有什么区别？

2．什么是局部变量和全局变量？函数内是否可以直接调用全局变量？

3．include()和 require()函数的用法和区别是什么？include_once()和 require_once()呢？

4．控制流程语句有哪些？

5．请写出数组与字符串之间的转换方法。

真题 2

一、选择题

1. 设有一个数据库 mydb，其中有一个表 tb1，表中有六个字段，主键为 ID，有十条记录，ID 为 0～9，以下代码的输出结果是（　　　）。

```php
<?php
    $link = MySQL_connect("localhost","MySQL_user", "MySQL_password") or die("Could not connect: " . MySQL_error());
    $result = mysql_query("SELECT id,name,age FROM mydB. tb1 where id < 5")  or die("Could not query: ". MySQL_error());
    echo MySQL_num_fields($result);
    MySQL_close($link);
?>
```

A. 6　　　　　　　B. 5　　　　　　　C. 4　　　　　　　D. 3

2. 下面程序的输出结果是（　　　）。

```php
<?php
    $a="hello";
    $b= &$a;
    unset($b);
    $b="world";
    echo $a;
?>
```

A. hello　　　　　B. world　　　　　C. NULL　　　　　D. unset

3. 以下程序的运行结果为（　　　）。

```php
<?php
    $var = FALSE;
    if (empty($var)){
        echo "null";
    }else{
        echo "have value";
    }
?>
```

A. null　　　　　　　　　　　　　B. have value
C. 无法确定　　　　　　　　　　　D. 什么也不显示，提示错误

4. 以下程序的运行结果是（　　　）。

```php
<?php
    $str = "LAMP";
    $str1 ="LAMPBrother";
    $strc = strcmp($str,$str1);
    switch ($strc){
```

```php
        case 1:
            echo "str > str1";
            break;
        case  - 1:
            echo "str < str1";
            break;
        case 0:
            echo "str=str1";
            break;
        default:
            echo "str <> str1";
    }
?>
```

A. str > str1   B. str < str1   C. str = str1   D. str <> str1

5. 以下代码返回的结果为（   ）。

```php
    <?php
        function p(){
            return 1;
        }
        if (p()){
            echo "false";
        } else{
            echo "true";
        }
    ?>
```

A. true   B. false   C. 程序运行出错   D. 根据版本来定

6. 相当于此脚本的三元运算符的是（   ）。

```php
    <?php
        if ($a<10){
            if($b>11){
                if($c==10&& $d != $c) {
                    $x=0;
                }else {
                    $x=1;
                }
            }
        }
    ?>
```

A. $x = ($a < 10 || $b > 11 || $c == 10 && $d !=$c) ? 0 : 1;

B. $x = (($a < 10 && $b > 11) || ($c == 10&& $d !=$c)) ? 0 : 1;

C. $x = ($a < 10 && $b > 11 && $c == 10 && $d !=$c) ? 0 : 1;

D. 以上都不是

7. 下列代码的运行结果是（   ）。

```php
<?php
    class A{
        public function __construct(){
            echo "Class A...<br/>";
        }
    }
    class B extends A{
        public function __construct(){
            echo "Class B...<br/>";
        }
    }
    new B();
?>
```

A. Class B...   B. Class A... Class B...

C. Class B...Class A...   D. Class A...

8. 在 PHP 面向对象中，下面关于 final 修饰符的描述中，错误的是（   ）。

A. 使用 final 标识的类不能被继承

B. 在类中使用 final 标识的成员方法，在子类中不能被覆盖

C. 不能使用 final 标识成员属性

D. 使用 final 标识的成员属性，不能在子类中再次定义

9. 下列代码的运行结果是（   ）。

```php
<?php
    class A{
        public static $num=0;
        public function __construct(){
            self::$num++;
        }
    }
    new A();
    new A();
    new A();
    echo A::$num;
?>
```

A. 0   B. 1   C. 2   D. 3

10. 下列代码的运行结果是（   ）。

```php
<?php
    class A{
        public $num=100;
    }
    $a = new A();
    $b = $a;
    $a->num=200;
    echo $b->num;
?>
```

A．100　　　　　B．200　　　　　C．没有输出　　　　　D．程序报错！

二、设计题

1．$i＝2，编程实现判断$i 是否为整型，如果是，则输出$i，如果不是，则输出"非整型变量"。

2．$m ="MY name IS PHP"，编程实现将$m 中字符串前后的空格以及中间的空格去掉，并全部转换成小写字母，最后输出$m 和$m 中字母的个数。

3．什么是 NULL？

4．PHP 中的主要错误类型是什么？它们有什么区别？

5．能扩展 Final 定义的类吗？

6．假设必须实现一个名为 class 的类 Dragonball。这个类必须有一个名为 ballCount 和一个方法的属性 iFoundaBall。什么时候 iFoundaBall 被调用，值 ballCount 增加一个？如果值 ballCount 等于 7，则 You can ask your wish 打印消息，并对值 ballCount 重置为 0。如何实施这个课程？

7．Cookie 的作用是什么？Cookie 的优点、缺点是什么？

真题 3

一、选择题

1．下面的脚本运行以后，$array 数组所包含的值是（　　）。

```php
<?php
    $array= array('1','1');
    foreach($array as $k=>$v){
        $v= 2;
    }
?>
```

A．array ('2','2')　　　　　　　B．array ('1','1')

C．array (2 , 2)　　　　　　　　D．array (Null , Null)

2．假如有个类 Person，实例化（new）一个对象$p，那么如何使用对象$p 调用 Person 类中的 getInfo 方法？（　　）

A．$p=>getInfo();　　　　　　　B．$this->getInfo();

C．$p->getInfo();　　　　　　　D．$p::getInfo();

3．以下代码的运行结果是（　　）。

```php
<?php
    class A{
        public $num=100;
    }
    $a = new A();
    $b = clone $a;
    $a->num=200;
    echo $b->num;
```

```
?>
```

A. 100   B. 200   C. 没有输出   D. 程序报错!

4. 在 PHP 面向对象中有一个通用方法 __toString()方法,下面关于此方法的描述或定义中,错误的是（　　　）。

A. 此方法是在直接输出对象引用时自动调用的方法

B. 如果对象中没有定义此方法时,直接使用 echo 输出此对象,那么会报如下错误:
Catchable fatal error: Object of class A could not be converted to String

C. 此方法中一定要有一个字符串作为返回值

D. 此方法用于输出信息的,如下:public function __toString( ){ echo "This is Class ....";}

5. 以下说法错误的是（　　　）。

A. 在外部访问静态成员属性时使用类名::静态成员属性名

B. 在外部访问静态成员属性时使用$实例化对象->静态成员属性名

C. 在外部访问静态方法时使用$实例化对象->静态方法名

D. 在外部访问静态方法时使用类名::静态方法名

6. 以下代码的运行结果是（　　　）。

```php
<?php
    $day=mktime(6,20,00,5,20,2010);
    echo date("m-d-Y  H:i:s",$day);
?>
```

A. 2010-5-20 20:06:00   B. 05-20-2010 20:06:00

C. 06-20-2010 05:20:00   D. 05-20-2010 06:20:00

7. 在 str_replace(1,2,3)函数中,1、2、3 所代表的名称是（　　　）。

A. "取代字符串","被取代字符串","来源字符串"

B. "被取代字符串","取代字符串","来源字符串"

C. "来源字符串","取代字符串","被取代字符串"

D. "来源字符串","被取代字符串","取代字符串"

8. 如果用+操作符把一个字符串和一个整型数字相加,那么结果将（　　　）。

A. 解释器输出一个类型错误

B. 字符串将被转换成数字,再与整型数字相加

C. 字符串将被丢弃,只保留整型数字

D. 字符串和整型数字将连接成一个新字符串

9. 以下代码能正确在浏览器中显示图片的是（　　　）。

A.
```php
<?php
    $img = imagecreatefromjpeg("images/scce.jpg")
    imagejpeg($img);
    imagedestroy($img);
?>
```

B.
```php
<?php
```

```
        header("content-type:image/jpeg");
        $img = imagecreatefromjpeg("images/scce.jpg")
        imagejpeg($img);
        imagedestroy($img);
    ?>
```

C.
```
<?php
        header("content-type:image/jpeg");
        $img = imagecreatefromfile ("images/scce.jpg")
        imageout($img);
        imagedestroy($img);
    ?>
```

D.
```
<?Php
        header("content-type:image/jpeg");
        $img = imageopen("images/scce.jpg")
        imagejpeg($img);
        imagedestroy($img);
    ?>
```

10. 下面关于 PHP 抽象类的描述中，错误的是（　　　　）。

A. PHP 中抽象类使用 abstract 关键字定义

B. 没有方法体的方法叫抽象方法，包含抽象方法的类必须是抽象类

C. 抽象类中必须有抽象方法，否则不叫抽象类

D. 抽象类不能实例化，也就是不可以 new 成对象

二、设计题

1. 对于用户输入一个字符串$String，要求$String 中只能包含大于 0 的数字和英文逗号，请用正则表达式验证，对于不符合要求的$String 返回出错信息。

2. PHP 数字金额转大小格式，同时说明思路。

3. 在开发项目中，需要上传超过 8MB 的文件，请说明在 php.ini 需要修改的配置项。

4. 面向对象中接口和抽象类的区别及应用场景。

5. 写出一个函数，参数为年份和月份，输出结果为指定月的天数。

6. 哪些 PHP 扩展有助于调试代码？

7. 是否可以在多个 PHP 项目之间共享 Memcache 的单个实例？

真题 1 答案

一、选择题

1. A　2. A　3. C　4. A　5. A　6. C　7. A　8. A　9. C　10. B

二、填空题

1. strcmp()。

2. header()。

3．Session，Cookie。

4．在 php.ini 中开启 Session.auto_start = 1 或者在页面头部用 session_start();开启 Session。

5．unset()，$_SESSION=array()，session_destroy()。

三、问答题

1．拷贝是将原来的变量内容复制下来，拷贝后的变量与原来的变量使用各自的内存，互不干扰。引用相当于是变量的别名，其实就是用不同的名字访问同一个变量内容。当改变其中一个变量的值时，另一个也跟着发生变化。

2．局部变量是函数内部定义的变量，其作用域是所在的函数。如果函数外还有一个与局部变量名字一样的变量，那么程序会认为它们两个是完全不同的两个变量。当退出函数的时候，其中的局部变量就同时被清除。

全局变量是定义在所有函数以外的变量，其作用域是整个 PHP 文件，但是在用户自定义的函数内部是无法使用的。如果一定要在用户自定义的函数内部使用全局变量，那么就需要使用 global 关键字声明。也就是说，如果在函数内的变量前加上 global 来修饰，那么函数内部就可以访问到这个全局变量，不仅可以利用这个全局变量进行运算而且可以对这个全局变量进行重新赋值。全局变量还可以使用 $GLOBALS['var'] 来调用。

3．include()和 require()出现错误后的错误级别不一样。include_once()和 require_once()在加载之前要判断是否已经导入。

4．1）三种程序结构：顺序结构、分支结构、循环结构。

2）分支：if/esle/esleif、switch/case/default。

3）使用 switch 需要注意以下几点内容：

case 子句中的常量可以是整型、字符串型常量、常量表达式等，但不允许是变量。同一个 switch 子句中，case 的值不能相同，否则只能取到首次出现 case 中的值。

4）循环：for、while、do...while。

需要注意的是，因为 do...while 语句是先执行语句再测试条件，条件不符后终止，所以，do...while 循环至少执行一次，而且 do...while 后面必须加入分号结尾。而 while 语句是先测试条件再执行语句，条件不符后终止。

5．1）explode (String $separator , String $String [, int $limit])：使用一个分隔字符来分隔一个字符串。

2）implode (String $glue , array $arr)：使用一个连接符将数组中的每个单元连接为一个字符串。

真题 2 答案

一、选择题

1．D 2．A 3．A 4．D 5．B 6．D 7．A 8．D 9．D 10．B

二、设计题

1．
```php
<?php
    $i=2;
    if(is_Integer($i)){
```

```
            echo "是整型变量";
        }else{
            echo "非整型变量";
        }
    ?>
```

2．
```php
<?php
$m = " MY name IS PHP ";
$m = str_replace(" ","",$m);
$m = strtolower($m);
echo $m;
echo strlen($m);
?>
```

3．NULL 是一个只有一个值的特殊类型：NULL。要给一个变量 NULL 值，只需像这样分配：$my_var = NULL;，特殊常数 NULL 通常惯例大写，但实际上是不区分大小写的，例如：$my_var = null;。

已分配为 NULL 的变量具有以下属性：它在布尔上下文中评估为 FALSE。当使用 isset() 函数进行测试时，会返回 FALSE。

4．在 PHP 中，有三种主要的错误类型：

1）通知：脚本执行过程中发生的简单非关键错误。通知的一个例子是访问未定义的变量。

2）警告：比通告更重要的错误，但脚本继续执行。警告的一个例子是 include() 一个不存在的文件。

3）致命：这种类型的错误导致脚本执行发生时终止。致命错误的示例是访问不存在的对象或 require() 不存在的文件的属性。

理解错误类型是非常重要的，如果是新入门的程序员，那么它们可以帮助您了解开发过程中发生了什么，知道在调试期间应该在代码中寻找什么。

5．不能扩展 Final 定义的类。一个 Final 类或方法声明防止子类或方法覆盖。

6．
```php
phpclass dragonBall{
    private $ballCount;
    public function __construct(){
        $this->ballCount=0;
    }
    public function iFoundaBall(){
        $this->ballCount++;
        if($this->ballCount===7){
            echo "You can ask for your wish.";
            $this->ballCount=0;
        }
```

```
    }
  }
?>
```

7. 使用 Cookie 的优点如下：①可配置到期规则。Cookie 可以在浏览器会话结束时到期，或者可以在客户端计算机上无限期存在，这取决于客户端的到期规则。②不需要任何服务器资源。Cookie 存储在客户端并在发送后由服务器读取。③简单性。Cookie 是一种基于文本的轻量结构，包含简单的键值对。④数据持久性。虽然客户端计算机上，Cookie 的持续时间取决于客户端上的 Cookie 过期处理和用户干预，Cookie 通常是客户端上持续时间最长的数据保留形式。

使用 Cookie 的缺点如下：①大小受到限制。大多数浏览器对 Cookie 的大小有 4096 字节的限制，尽管在当今新的浏览器和客户端设备版本中，支持 8192 字节的 Cookie 已愈发常见。②用户配置为禁用。有些用户禁用了浏览器或客户端设备接收 Cookie 的能力，因此限制了这一功能。③潜在的安全风险。Cookie 可能会被篡改。用户可能会操纵其计算机上的 Cookie，这意味着会对安全性造成潜在风险或者导致依赖于 Cookie 的应用程序失败。另外，虽然 Cookie 只能被将它们发送到客户端的域访问，历史上黑客已经发现从用户计算机上的其他域访问 Cookie 的方法。可以手动加密和解密 Cookie，但这需要额外的编码，并且因为加密和解密需要耗费一定的时间而影响应用程序的性能。

真题 3 答案

一、选择题

1. B 2. C 3. A 4. D 5. B 6. D 7. B 8. B 9. B 10. C

二、设计题

```php
1. <?php
   class regx {
       public static function check($str) {
           if(preg_match("/^([1-9,])+$/",$str)) {
               return true;
           }
           return false;
       }
   }
   $str="12345,6";
   if(regx::check($str)) {
       echo "suc";
   }else{
       echo "fail";
   }
?>
```

2．function Floatohz($value){
```
$result='';
$v_a=array('分','角','零','块','十','百','千','万','十','百','千','亿');
$v_b=array('零','一','二','三','四','五','六','七','八','九','十');
$v_c=array();
$value=(String)$value;
$value=sprintf("%0.2f",$value);
$len=strlen($value);
for($i=$len;$i>=0;$i--){
    $val=$value[$i];//$VALUE 不是数组
    if($val!='.'){
        if($val!='0')
            $v_c[]=$v_b[$val].$v_a[$len-$i-1];
    }
}
$v_c=array_reverse($v_c);
foreach($v_c as $val){
    $result.=$val;
}
unset($v_a);unset($v_b);unset($v_c);
return $result;
}
$value='23058.54';
print Floatohz($value);
```

3．upload_max_filesize

post_max_size

4．接口：是抽象类的特殊情况，不允许有属性，只允许有常量，所有的方法都是抽象方法。

抽象类：不一定所有的方法都是抽象方法。

相同：都不能实例化。

5．function getDays($year,$month){
```
    Return (strtotime($year."-".($month+1)."-1")-strtotime($year."-".$month."-1"))/
(3600*24);
}
```

6．该扩展名的名称是 Xdebug。它使用 DBGp 调试协议进行调试。它是高度可配置的，适应于各种情况。

Xdebug 在调试信息中提供以下详细信息：

1）堆栈和功能跟踪在错误信息中。

2）用户定义功能的全参数显示。

3）显示发生错误的功能名称、文件名和行号。

4）支持会员功能。

5）内存分配。

6）保护无限递归。

Xdebug 也提供以下内容：

1）PHP 脚本的分析信息。

2）代码覆盖率分析。

3）具有与前端调试器交互式调试脚本的功能。

4）Xdebug 也可通过 PECL。

7. 是的，可以在多个项目之间共享单个 Memcache 实例。Memcache 是一个内存存储空间，可以在一个或多个服务器上运行 Memcache。还可以将客户端配置为与特定实例集进行通话。因此，可以在同一主机上运行两个不同的 Memcache 进程，但它们完全独立。除非，如果已经对数据进行了分区，那么就需要知道从哪个实例获取数据或从中输入数据。